AF905988

Bernd Mühlstraßer

Die Baureihe E 69

Die bayerischen Lokalbahn-Elloks und die Strecke Murnau – Oberammergau

EISENBAHN KURIER
VORBILD UND MODELL

EK-Verlag

Impressum

Titelbild

Eine alltägliche Szene, die den meisten Eisenbahnfreunden immer verborgen blieb: Mit einem Eilzug aus Garmisch kehrte eine Garnitur für den Verkehr im Ammertal täglich von der Durchschau zurück und wurde in Murnau einfach abgehängt.
Die „Diensthabende" E69 für den eine Stunde später verkehrenden N6615 holte sich ihre Wagen von Gleis 1, um ihn auf Gleis 2 bereit zu stellen. Am 26. Juni 1979 ist es 169 005, die sich für den Nachmittagsdienst nach Oberammergau bereit macht. Die Schwester 169 003 beobachtet das aus dem Hintergrund.

AUFNAHME: MICHAEL MAISS

Rückseite

„Modellbahn-Motive" waren zwischen Murnau und Oberammergau eigentlich Alltag! Durch die herbstliche Steigung bei Jägerhaus bringt 169 004 am 27. September 1976 ihre Übergabe ins Ammertal.

AUFNAHME: MARTIN WELZEL

ISBN 978-3-8446-6079-1

www.eisenbahn-kurier.de

Bearbeitung/Gestaltung: Nicolai Schmidt

Bildbearbeitung: Sandra Schnellbach, Sabine Ressel, Rico Schreiber

Alle Rechte, auch die des auszugsweisen Nachdrucks, vorbehalten.

Unser Gesamtverzeichnis erhalten Sie kostenlos unter Tel. 0761 70 310 0 oder unter service@eisenbahn-kurier.de

© EK Medien GmbH 2026 – Printed in Germany

EK-Verlag – EK Medien GmbH – Munzinger Straße 5a – 79111 Freiburg

Inhalt

△ **Bild 1** • Ob Sommer, ob Winter. Ob Sonne oder Schnee. Der Weg in die höhere Schule wurde täglich von diesem herrlichen Anblick „eröffnet". Abfahrbereit stehen die beiden Morgenzüge um Punkt 6 Uhr im Bahnhof Oberammergau. AUFNAHME: BERND MÜHLSTRASSER

▽ **Bild 2** • Für Schneemotive war wegen der Tageszeit jedoch ein verspäteter Wintereinbruch im Mai 1977 nötig, um dieses Motiv bei Helligkeit festzuhalten. AUFNAHME: PETER ZINK

Ein Wort zuvor

Punkt 5.25 Uhr springt der Radiowecker an. Die Bayern-Hymne erklingt, anschließend folgt das gesprochene „Impressum" des Bayerischen Rundfunks: „Hier ist eine Anstalt des Öffentlichen Rechts, Intendant Reinhold Vöth ..." . Anschließend folgt „Start mit Schwung". Jetzt war es aber höchste Zeit, dieses Motto anzunehmen und aufzustehen. Punkt 5.58 Uhr durch die Haustüre, ein paar Meter über die Straße, Schritt für Schritt auf zwei im Bahnhof stehende Zuggarnituren, Schritt für Schritt auf zwei freundlich grüßende E 69-Gesichter zu. Jene auf Gleis 2 wird mich gleich um 6.05 Uhr, zuverlässig wie Tag für Tag, in die Schule fahren und der Zug auf Gleis 1 vermutlich acht Stunden später, um 14.01 Uhr, wieder zurückbringen. Kann ein Tag inspirierender starten?

Diese und andere Alltagsszenen eines pubertierenden Jugendlichen mussten ganz einfach ein Leben prägen. Nie mehr sollte mich die Leidenschaft, die Verbundenheit zu diesen Begleitern der Kindheit wieder los lassen. Das musste doch Folgen haben! Die dritte „Folge" dieser Lebenslinie halten Sie, verehrte Leserin, lieber Leser, nun also in den Händen. Zum dritten Male fasse ich die Geschichte von fünf ebenso kleinen, unscheinbaren, wie auch geschichtsprägenden Lokomotiven in einem Buch zusammen. Mit neuem Blick in die Gegenwart und schärferem auf die Vergangenheit. E 69 hören einfach nicht auf, Geschichte zu schreiben.

Als ich das neue Projekt vorbereitete, ahnte ich allerdings noch nicht, was noch passieren sollte. Ein wenig nachrecherchieren, ein wenig nachschärfen – das war doch selbstverständlich. Bis mich im November 2024 eine Mail mit einer eingescannten Seite erreichte. Ein übliches Formblatt der frühen Bundesbahn. Eine Seite aus einem Betriebsbuch. Die eingetragene Loknummer ließ mich am Verstand zweifeln – E 69 01! Immer galt das „Tagebuch" der LAG 1 als verschollen, verloren für immer. Konnte man die Biografien der anderen E 69 ganz zuverlässig nachzeichnen, die alte E 69 01 blieb immer ein unbeschriebenes Blatt. Eine Lok ohne Geschichte, ein Mitspieler ohne Karten. Die bange Frage, ob das zugesandte Formular hält, was es verspricht, war bald beantwortet. Ich nahm Einsicht in das komplette Betriebsbuch dieser bislang so schweigsamen Lady. Sie vertraute mir alle ihre Geheimnisse, ihr ganzes Schicksal, 71 Jahre nach ihrer Abstellung, nun Fakt für Fakt an. Noch nie konnte dieses Material publiziert werden – und Sie sind nun die ersten, die mit eintauchen dürfen in das völlig neue Kapitel in der Geschichte der E 69.

Dagegen gab es bei der verschlungenen Biographie der LAG 4 nach meinem letzten Buch noch viele neue, konkrete Ergebnisse zur Entstehung, die teilweise auch den von mir vertretenen Thesen entgegenstanden. Ich fand es daher nur fair, diese neuen Erkenntnisse nicht einfach „unauffällig" hier mit einfließen zu lassen, sondern dem mit seinem Rechercheteam so detailliert die Urzeit des Wechselstrom-Bahnbetriebs aufklärenden Autor Wolfgang-D. Richter hier selbst das Wort zu erteilen: Die neuesten Erkenntnisse rund um LAG 4 und der Weg hierzu, stellt er daher in diesem Buch in zwei Kapiteln dar. Herr Richter hat mich auch bei der Arbeit rund um die anderen Loks tatkräftig unterstützt.

Dies gilt natürlich auch für viele andere Wegbegleiter über drei Ausgaben zur Baureihe E 69, ganz besonders vom ersten bis zum letzten Arbeitsschritt über diese 27 Jahre für meinen guten Freund Brian Rampp. Danke für die permanente „Rückfall-Ebene"!

Abschließend noch zwei eher ungewöhnliche Dinge: Ein Buch zu „erklären", ist vielleicht genauso unangebracht, wie, wenn das bei einem Witz nötig ist. Mir ist es aber dennoch wichtig, auf meinen Ansatz der Fotoauswahl einzugehen, die ja schon beim Titelbild beginnt. Es wäre ein leichtes, einen Bildband nach dem Motto „Kleine bunte Loks in herrlicher Landschaft" vorzulegen. Unerschöpflich und ganz, ganz süß. Doch bei der Fotoauswahl blieb ich an eher statischen Betriebssituationen hängen. Das war dann auch das Kriterium: Die Arbeitstiere E 69 in der für sie so typischen, in sich geschlossenen Betriebswelt zu zeigen. Im Betriebswerk, im Bahnhof oder auch beim Rangieren. Ich versuche, Sie in den Alltag und in die kleine Eisenbahnwelt der Ammergauer Bahn mitzunehmen. Nicht nur als Ansichtskarten-Motiv, sondern mit der stoischen Solidität, mit der die Loks fast ein Jahrhundert ihre Heimatstrecke prägten. Steigen Sie mit ein, in die Welt der Lokalbahn, in die Zeit, als eine Eisenbahn noch die Kulturlandschaft bestimmte.

Und als zweites: Lassen Sie uns in Kontakt bleiben. Ich gebe meine Leidenschaft seit vielen Jahren gerne an andere weiter, in Text und Wort. Ob hin und wieder in Koblenz an und auf der E 69 03, ob regelmäßig auf der Murnauer Denkmallok oder in Vorträgen und Beiträgen. Ich freue mich daher, wenn wir uns „am Original" treffen, wenn ich erfahren darf, ob meine Liebe zu den fünf Rackern auch bei anderen Eisenbahnfreunden auf Widerhall trifft. Daher finden Sie unterstehend auch eine Kontakt-Mailadresse, falls Sie Fragen, Lob oder Kritik los werden wollen.

Als ich Anfang der achtziger Jahre gleichzeitig von meiner Jugend und den aktiven E 69 Abschied nehmen musste, stellte ich mir die Frage: „Was mache ich denn in meinem Leben, wenn es keine 69er mehr gibt?". Die Frage war falsch gestellt! Fast 50 Jahre später muss ich diese Frage umformulieren: „Was machen denn die E 69 mal, wenn es keinen Mühlstraßer mehr gibt?

In diesem Sinne: Bühne frei für die fünf Hauptakteure, aufbügeln, losfahren!

Oberammergau/Berlin,
im Sommer 2026
Bernd Mühlstraßer
(Kontakt: 169003@gmx.de)

Die Eisenbahn im Ammertal

Prolog

Wollten wir die Biografie einer berühmten Persönlichkeit kennenlernen, so gäbe sich der Leser wohl kaum damit zufrieden, nur Lebensdaten, Größe, Gewicht und Aussehen des Titelheldens zu erfahren. Nein, die Welt, in der er lebte, die Gedanken, gesellschaftlichen und persönlichen Entwicklungen seiner Zeit, machen den Beschriebenen zu einem lebendigen Menschen, lassen Faszination erkennen. Wir leben und leiden mit dieser Gestalt, weil wir in seine Welt eintauchen können. Wenn wir nun gleich in die Eisenbahnwelt der Lokbaureihe E 69 eintreten wollen, dann können wir dabei nicht trennen, was nicht zu trennen ist. Die E 69 waren mit ihrer Stammstrecke Murnau – Oberammergau derart symbiotisch verbunden, wie es bei kaum einer anderen Lokbaureihe der Fall war. Die Strecke prägte die Loks, und die Loks bestimmten den Takt der Bahnlinie. Nie ließe sich die Faszination der kleinen Maschinchen so verstehen, wenn uns nicht das Schicksal der Strecke begleiten würde. Und so wird in diesem Baureihenbuch auch die Bahnstrecke Murnau – Oberammergau eine große Rolle spielen. Knüpfen wir in diesem Buch also erst zarte Bande zur Eisenbahnwelt im Ammertal. Wenn Sie dann in die fesselnde Geschichte dieser besonderen „Strecken-Lok-Romanze" eingedrungen sind, werden Sie im nachfolgenden Kapitel über die Baureihe E 69 auf jedes Detail in deren wechselvollen Geschichte gespannt sein. Denn es ist nicht die trockene, auf technischen Daten basierende Bilanz, die das Faszinierende dieser kleinen Lokzwerge ausmacht. Vielmehr liegt der Reiz im ständigen verändern, anpassen und sich nicht unterkriegen lassen der fünf Maschinen – quasi menschliche Eigenschaften in der Lokbiografie. Und so ist es notwendig, in der Geschichte noch einige Jahre weiter in die Vergangenheit einzudringen, als von einer kleinen, zweiachsigen Ellok noch gar nicht die Rede war …

Langes Warten auf die Bahn

Der schwarze Tod klopfte im Jahre 1633 an viele Türen im Bayerischen Oberland. Besonders betroffen war auch das kleine Gebirgsdorf Oberammergau. Kaum eine Familie, die keine Opfer der Pest zu beklagen hatte. In ihrer Verzweiflung schworen die Gemeindeoberen schließlich, die Geschichte vom Leiden und Sterben Jesu alle zehn Jahre darzustellen, würde Gott dem Sterben ein Ende bereiten. Fortan raffte die Pest keinen Oberammergauer mehr dahin. So gründete sich mit der ersten Aufführung im Jahre 1634 die bekannteste Passionsspieltradition überhaupt. Bis in die heutige Zeit haben sich die Oberammergauer an ihr Gelübde gehalten und spielen in jedem zehnten Jahr die Leidensgeschichte des Heilands. Im Zusammenhang mit „Dem Passion", wie es in Oberammergau heißt, wurden Ende des 19. Jahrhunderts immer mehr Rufe nach einem Bahnanschluss ins Ammertal laut. Zumal zusammen mit dem „Stahlbad Kohlgrub", das damals zu den bekanntesten Kurorten Deutschlands zählte, zwei überdurchschnittlich frequentierte Reiseziele dadurch erschlossen würden. Dennoch war das oberbayerische Gebirgstal in den ersten Jahrzehnten der Eisenbahn-Euphorie noch leer ausgegangen. Gerade der Weg nach Oberammergau war strapaziös, vor allem vom Loisachtal aus musste ein

◁ **Bild 3**
Emsiges Treiben herrscht beim Bahnbau im Abschnitt des Kohlgruber Dammes. Viele Arbeiter kamen aus Italien, nicht wenige wurden hier heimisch. Eine ausgeliehene Tenderlok der Bayerischen Staatsbahn hilft mit.

Aufnahme: Sammlung Karl Unhoch

beschwerlicher Pass, der Ettaler Berg, bezwungen werden. Auch die Ammerschlucht bei Echelsbach auf der klassischen Route von Augsburg stellte für Reisende eine große Hürde dar.

Mit Eröffnung der Bahnstrecke Weilheim – Murnau im Mai 1879 war der eiserne Strang näher ans Ammertal gerückt, dennoch dauerte es weitere 13 Jahre, bis konkret über eine Zugverbindung in dieser Region nachgedacht wurde. Und hierbei war der Passionsort Oberammergau zunächst offensichtlich wenig „zugkräftig“, obwohl zur Passion 1890 bereits mehr als 150.000 Besucher anreisten; vielmehr kamen die treibenden Kräfte für den Bahnbau vorwiegend aus Kohlgrub. Unter der Führung des Realitätenbesitzers Heinrich Baumgartner hatten sich insgesamt sieben Herren zu einer Interessengemeinschaft zusammengeschlossen. Sie beabsichtigten dabei den Bau einer Eisenbahnstrecke von Murnau über Bad Kohlgrub bis ins unbedeutende Altenau. Hierzu wurde eine Projektierungskonzession vom Bayerischen Staat beantragt, die schließlich Ende 1892 erteilt wurde. Die Wahl des Endpunktes Altenau hatte offensichtlich zwei Gründe: Zum einen plante man eine Fortsetzung der Bahn bis nach Lechbruck, also über die Ammerschlucht in Richtung Allgäu, und zum anderen wollte man wohl der zurückhaltend agierenden Gemeinde Oberammergau ein wenig auf die Beine helfen, indem man den lukrativen Bahnanschluss nur knapp acht km vor der „Haustüre“ des Passionsdorfes enden lassen wollte.

In der Projektierungskonzession wurde dem Konsortium nachdrücklich mitgeteilt, dass mit einem Bauzuschuss des Bayerischen Staates nicht zu rechnen sei, mit einer Ausführung staatlicherseits schon gleich gar nicht. So befolgten die Kohlgruber Geschäftsleute die Empfehlung der Behörden, die weiteren Projektarbeiten der Localbahn Actien-Gesellschaft (LAG) in München zu übertragen, die sich beim Bau und Betrieb kleinerer Bahnstrecken bereits einen guten Namen erworben hatte. Auch die von Murnau aus nach Garmisch-Partenkirchen weiterführende Bahnstrecke war im Jahre 1889 durch die LAG gebaut und betrieben worden. Tatsächlich wurde die LAG nun mit der konkreten Planung und Berechnung einer Bahn ins Ammertal betraut – mit dem für die Initiatoren niederschmetternden Ergebnis, dass eine Bahnstrecke Murnau – Kohlgrub – Altenau selbst für diese kleine Bahngesellschaft nicht von Interesse sei. Die Verwirklichung sollte vielleicht doch durch private Bemühungen versucht werden …

So verfasste Heinrich Baumgartner im Jahr 1895 eine Denkschrift, unterlegt mit Zahlenmaterial über die zu erwartenden Beförderungsleistungen, um für das Bahnprojekt zu werben. Nun schien sich doch noch Erfolg einzustellen, denn schon bald zeigte die Actiengesellschaft Elektricitätswerke, vormals O. L. Kummer & Co Dresden mit Sitz in München, Interesse am Bahnbau. Diese hatte nur kurze Zeit zuvor die Konzession zum Bau und Betrieb einer elektrischen Bahnstrecke von Bad Aibling nach Feilnbach eingereicht, die schließlich 1897 in Betrieb ging. Offensichtlich kam von dieser Seite aus nun endlich der logische Folgeschritt, die Bahn bis Oberammergau zu projektieren. Zumindest wurde die Projektierungskonzession um diesen Abschnitt erweitert und in Oberammergau für kostenlose Grundüberlassung geworben.

In allen an der geplanten Strecke gelegenen Orten hatten sich mittlerweile Konsortien gegründet, die vor Ort der Bahn den Weg ebnen wollten. So waren beispielsweise in Oberammergau sieben Vertrauensmänner (Bürgermeister Johann Lang, Josef Mayr, Schnitzer Johann Lang, Ökonom Georg Krach, Josef Korntheuer, Schnitzer Corbinian Rutz und Gastwirt Gregor Breitsamter) bemüht, den Bahnbau voranzutreiben. Unterammergau wurde durch Leonhard Hutter, Anton Burkhardt, Jacob Daser, Mattäus Daisenberger und Dr. Müller, Altenau durch Josef Niklas, Alois Müller und Leonhard Gluth vertreten.

Sogar das nicht an der Bahnstrecke gelegene Bayersoien schickte mit Martin Greinwald und Georg Utzschneider zwei Männer ins Rennen. Am stärksten war die Fraktion naturgemäß in Kohlgrub, wo die Ortshonoratioren Benedikt, Lehmann, Lindauer, Amboß, Krauss, Maier, Noll, Faller und Lang für die Bahn kämpften. Die Aufstellung der Namen ist insoweit von Interesse, als auch heute noch die Geschicke der Gemeinden häufig von Nachfahren dieser Familien-Dynastien geleitet werden.

Im Jahr 1896 nahm die Bahnstrecke ins Ammertal dann endlich die wichtigsten Hürden: Im März reichte Erwin Bubeck als Vertreter der Actiengesellschaft Elektricitätswerke die Konzession zum Bau und Betrieb einer Eisenbahn Murnau – Oberammergau ein, die schließlich Anfang 1897 erteilt wurde. Wie beim Namen des Betreibers zu erwarten, sollte die Strecke als elektrische Eisenbahn betrieben werden.

Bereits kurz nach Konzessionserteilung begann die Kommanditgesellschaft Philipp Holzmann & Cie mit dem Bahnbau. Als Betreiber fungierten die Tochtergesellschaft der AG Elektrizitätswerke und die Aktiengesellschaft Süddeutsche Elektrische Lokalbahnen (SEL) mit Sitz in München. Außer der Bahnlinie Murnau – Oberammergau betrieb diese auch die Aiblinger Bahn. Im Oberland hatte die Gesellschaft mit den geplanten Linien Murnau – Habach – Bichl, Kohlgrub – Lechbruck, Garmisch – Mittenwald und Garmisch – Eibsee noch zahlreiche ehrgeizige Projekte in der Schublade, von denen jedoch unter ihrer Regie keine weiteren mehr ausgeführt wurden.

Erste Planungen sahen als Ausgangspunkt der Bahnstrecke einen Bahnhof nahe am Ortszentrum von Murnau vor, etwa dort, wo heute in Murnau das Kurgästehaus steht. Doch schon bald fiel die Entscheidung für eine sinnvolle Verknüpfung mit den bestehenden Eisenbahnen Murnau – Garmisch und München – Murnau, sodass der Bahnhof gleich neben dem bestehenden Gleisfeld angelegt wurde. Dadurch entstand hier ein Bahnhofsgelände mit drei verschiedenen Bahnverwaltungen. Ganz westlich lagen die Gleisanlagen der Staatsbahn, östlich davon die neue Bahn nach Oberammergau und in der Mitte befanden sich die Betriebsanlagen der LAG für ihre Lokalbahn nach Garmisch.

Über die Gleise dieser durch die LAG-betriebenen Strecke wurde im Bereich des Murnauer Bahnhofes auch der Anschluss an die Ammergauer Bahn geschaffen. Außerdem überquerte die Lokalbahn Murnau – Kohlgrub – Oberammergau, kurz als LMKO bezeichnet, nach gut 500 m die Bahnstrecke nach Garmisch. Als Gegenleistung für diese Brückenüberführung ließ sich die LAG von der Ammergauer Bahn die Straßenabschrankung ihres Gleises errichten.

Heinrich Baumgartner (1840-1927)

Geboren als Sohn eines Arztes in Niederbayern. Kunsthändler in München. Nach 1880 baute er in Bad Kohlgrub das bekannte Lindenschlösschen. Zunehmend engagierte Baumgartner sich in seiner Wahlheimat Kohlgrub, gründete 1883 den Verschönerungsverein. Kurz darauf begann eine unermüdliche Arbeit zur Verwirklichung seiner Bahnidee ins Ammertal. Ohne seine Überzeugungsarbeit wäre der Bau sicherlich über Jahre hinweg nicht zustande gekommen.

Viele Jahre später, mit über 80 Jahren, initiierte Baumgartner auch noch den Kohleabbau im Bereich Kohlgrub/Aschau, ein allerdings nur kurzfristiges Intermezzo. Am 11. Januar 1927 verstirbt er mit 87 Jahren in einem Oberammergauer Altenwohnsitz. Unter den von ihm gepflanzten Bäumen des Kohlgruber St.-Rochus-Friedhofes wurde er begraben.

◁ **Bild 4** Der eiserne Strang erreicht den Endbahnhof Oberammergau! Während die Gleise noch provisorisch verlegt sind, stehen Lokschuppen, Empfangsgebäude und Bahnhofswirtschaft schon. Links ist das berühmte Passions-Theater zu sehen.

Aufnahme: Sammlung Bernd Mühlstrasser

Die Arbeiten an der Strecke gingen zunächst trotz schwieriger Terrain-Verhältnisse überraschend zügig voran, hatte die bauausführende Firma Holzmann doch auch reichlich Erfahrung und technisches Gerät mitgebracht. Schon bald jedoch gerieten die Arbeiten in Verzug, folglich war die bereits für 1898 geplante Betriebsaufnahme bald illusorisch. Zeit und Geld verschlangen vor allem die hohen Dämme, die bei Murnau-Ort und kurz nach Kohlgrub aufgeschüttet werden mussten. Die lange Rampe mitten durch den Kohlgruber Grund erhielt schnell die Bezeichnung „Millionendamm". Zumindest bis Kohl-

▽ **Bild 5** • Eine Bleistiftzeichnung von Fritz Bergen zeigt den Endbahnhof Oberammergau am Tag vor der offiziellen Eröffnung, als es bereits die interessierte Bevölkerung an ihre neue Station zieht.

Abbildung: Sammlung Bernd Mühlstrasser

Bahnhof und Passionstheater am Tage vor der Bahneröffnung.

In Oberammergau vor dem Passionsspiel.

Von **Johannes Proelss.** Mit Bildern von **Fritz Bergen.**

Nachdruck verboten. Alle Rechte vorbehalten.

Das einst so weltentlegene, durch seine Passionsspiele so weltberühmt gewordene Oberammergau begrüßt die neue Spielzeit mit den Wahrzeichen einer neuen Entwicklungsepoche. Die für elektrischen wie für Dampfbetrieb eingerichtete Eisenbahn, welche am 6. April

die Oberammergauer sagen „der Passion" — Einen vom Hohen Rat, und sein lockenumwallter Kopf hatte schon ganz das ehrwürdige Aussehen, das dieser Rolle zukommt. Wie an allen Traditionen, welche die Darstellung der Passion betreffen, halten die Oberammergauer an dem Brauche fest, den Christus, seine

Bild 6 ▷
„Die elektrische Bahn wird mit Dampf eröffnet" – so titelten die Gazetten am 5. April 1900. Den noch nicht vollständig hergestellten Bahnhof Oberammergau erreicht ein mit zwei LMKO-Dampfloks bespannter Eröffnungszug unter großer Anteilnahme der Bevölkerung.

Aufnahme: Sammlung Karl Unhoch

grub schritten die Arbeiten soweit voran, dass Ende 1898 eine erste Probefahrt in den Kurort stattfinden konnte. Doch im weiteren Abschnitt sollte die Premierenfahrt noch weitere 14 Monate auf sich warten lassen. Erst kurz nach dem Jahreswechsel 1900 erreichte der erste Probezug Oberammergau.

Eigentlich sollte die Bahn elektrisch betrieben werden. An den Anlagen wurde auch gearbeitet, doch stellte sich bei der Ausführung der geplanten, aufwendigen Drehstromtechnik schnell heraus, dass eine Betriebstauglichkeit dieses Stromsystems für eine derartige Strecke nicht zu erreichen war. Zwar war das Kraftwerk Kammerl in der Ammerschlucht bei Saulgrub bereits 1899 fertiggestellt worden, doch mussten die Pläne, die Stromzufuhr durch eine zwischen den Gleisen liegende Stromschiene zu erreichen, schnell fallengelassen werden. Die Konstrukteure entschieden sich daher zum Bau einer aufwendigen Dreiphasen-Oberleitung. Diese bereitete vor allem im Bahnhofsbereich größte Probleme, sodass die Arbeiten an der elektrischen Ausrüstung mehr und mehr ins Hintertreffen gelangten. So wundert es auch nicht, dass die endlich für Anfang 1900 ins Auge gefasste Betriebseröffnung mit Dampfbetrieb erfolgen sollte. Für die Betreibergesellschaft, die seit 3. Februar 1899 nun als Aktiengesellschaft Süddeutsche Elektrische Lokalbahnen (SEL) mit Sitz in München fungierte, war dies ein gehöriger Imageverlust. In die Bredouille kam man außerdem durch den frühen Tod des Technikers Döllgast, der die erfolgreiche Ausführung des Kammerls und auch eines E-Werks an der Partnach in Garmisch gewährleistet hatte. Darüber hinaus verschlangen die sich fast drei Jahre hinziehenden Bauarbeiten und die Experimentiererei am elektrischen System deutlich höhere Summen als kalkuliert. So sollen sich die Baukosten schließlich auf knapp vier Millionen statt der kalkulierten zwei Millionen Mark belaufen haben.

Davon war jedoch nicht die Rede, als endlich für den 5. April 1900 die Eröffnungsfeierlichkeiten der Bahnstrecke angekündigt waren. Unter großer Anteilnahme der örtlichen Bevölkerung nahm die Bahn nun ihren Betrieb auf. Wenige Tage zuvor behinderte noch meterhoher Schneefall die „offizielle Presse- und Probefahrt", nun ging es aber bei besten Verhältnissen endlich los. Mit Kommerzienrat Kummer und Direktor Bubeck sowie vielen weiteren geladenen Gästen erreichte der Eröffnungszug gegen Mittag unter „herzlichen Zurufen der Festteilnehmer" erstmals Oberammergau – die Eisenbahn hatten den Passionsort endlich erreicht. Doch kaum war der Festrummel ver-

▽ **Bild 7** • Voller Passionsbetrieb herrscht dann schon, als Michael Zeno Diemer 1900 ein Aquarell vom Oberammergauer Bahnhof anfertigte.

Abbildung: Sammlung Bernd Mühlstrasser

stummt, kam es zu ersten Zwischenfällen auf der Bahnlinie. Im ersten Betriebsmonat entgleisten vier Züge! Nochmals erschien eine Kommission der Königlich Bayerischen Staatseisenbahnen (K.Bay.Sts.B.), welche die Strecke bereits abgenommen hatte, im Ammertal. Nachdem zuvor jedoch umfangreiche Nachbesserungen seitens der LMKO vorgenommen worden waren, konnte erneut nur die Betriebstauglichkeit der Strecke konstatiert werden. Am Sicherheitsstandard der Linie ins Ammertal gäbe es keine grundlegenden Bedenken, ein Fehler zeigte sich nur bei einer Weiche in Seeleiten, woraufhin die Staatsbahn kurzfristig 40 Arbeiter entsandte, um „die Weiche umzulegen".

Beförderungszahlen in den ersten Betriebsmonaten im Jahr 1900

Monat	Personen (Lokalzüge)	Personen (Festspielzüge)-	Güter [t]
April	8.957	0	2.827
Mai	14.965	6.667	4.238
Juni	28.937	23.796	2.790
Juli	40.847	26.746	1.959
August	43.070	28.903	2.205
September	40.596	29.418	1.994
Oktober	10.712	4.221	2.006
November	6.817	0	1.737
Dezember	7.482	0	1.464
Summe	**202.383**	**119.751**	**21.220**

Im ersten Betriebsjahr wurden insgesamt 322.134 Personen befördert.

Start mit Schwung

Ende Mai 1900, nicht ganz zwei Monate nach Betriebsbeginn der Bahn, begannen nun die ersten Passionsspiele in Oberammergau, zu denen direkt mit dem Zug angereist werden konnte. Hierzu wurde der Fahrplan um neun durchlaufende Zugpaare von München nach Oberammergau und eines in direkter Verbindung mit Garmisch-Partenkirchen ergänzt. Die Rückfahrkarte München – Oberammergau in der 2. Klasse kostete damals 15,30 M.

Speziell für die erste Passions-Fahrtensaison erstellte Generaldirektor Erwin Bubeck persönlich eine „Beschreibung der Stationsanlage in Oberammergau". Darin erwartete er durch den erhöhten Verkehr „keine besonderen Schwierigkeiten. Dagegen erwachsen solche um so mehr durch die zum Abtransport bestimmten Abendzüge …" Diese „offizielle Vorahnung" erfüllte sich schneller als befürchtet.
Zugzahl und -länge forderten die Bahnstrecke, die Lokomotiven und das Personal in den kommenden Monaten aufs Höchste, und es konnte nicht ausbleiben, dass weiterhin zahlreiche Pannen und Probleme auftauchten. So klappten die Fahrkartenverkäufe über das Hoheitsgebiet der LMKO hinaus selten und die Pünktlichkeit der zu Spielbeginn erwarteten Züge war häufig nicht gewährleistet. Umgekehrt beschwerte sich die LMKO aber beispielsweise bereits am 21. Mai 1900 bei der Gemeinde Oberammergau, als sich das Ende der Passionsspiele bis 17.40 Uhr verzögerte, gut eine Dreiviertelstunde über das reguläre Ende hinaus. Zug Nummer 8 um 17.28 Uhr sei dadurch „überflüssig" geworden und ausgefallen. Die Gemeinde sollte zukünftig doch für pünktliche Spielzeiten sorgen. Pünktlicher wurde zumindest die LMKO, als nämlich rasch klar wurde, dass nur durch professionelle Hilfe Ordnung in den Bahnverkehr zu bringen war. Mit Verstärkung durch die Bayerische Staatsbahn, die den Personalstand auf 250 Beschäftigte hochschraubte, konnte der Verkehr bis zum Ende der Spielsaison Anfang Oktober 1900 dann doch recht zufriedenstellend abgewickelt werden. In diesem Zeitraum beförderte die Bahn knapp 300.000 Fahrgäste, davon reisten 119.751 in den durchgehenden Spielzügen.

Wie hoch die Schwankungen in den Beförderungsleistungen waren, zeigt obige Aufstellung aus dem ersten Betriebsjahr: Durch den gewaltigen Passionsverkehr konnte die Bahn Gesamteinnahmen von 593.968,09 M verzeichnen, von denen nach Abzug der Betriebskosten von 270.000 M immerhin ein Reingewinn von rund 320.000 M verblieb. Also doch ein recht erfolgreicher Start in die Bahngeschichte. Mit Elan schien es nun ins zweite Jahr zu gehen, in dem erneut die Aufnahme des elektrischen Betriebs angekündigt wurde. Bislang gelangten elf von Krauss & Co. in München 1899 und 1900 gebaute C1'n2t-Dampftenderloks der Gattung D XI, bezeichnet als LMKO 1 bis 11, zum Einsatz. Die Maschinen hatten eine Leistung von 300 PS. Alle kamen später noch zu den Königlich Bayerischen Staatseisenbahnen (K.Bay.Sts.B.) und dann zur Deutschen Reichsbahn (DR). Es handelte sich um die Loks 98 482 bis 488 sowie 561 bis 563, wobei die letzte erst am 14. November 1951 beim Bw Kempten abgestellt wurde.

Für den geplanten elektrischen Betrieb waren fünf 22,5 m lange Triebwagen bei der Waggonfabrik Weimar AG bestellt worden. Die Fahrzeuge, angelehnt an die Kastenform der damaligen Schnellzugwagen, scheinen für den Betrieb auf der kurvenreichen Strecke aus heutiger Sicht völlig überdimensioniert, hatten sie doch einen langen und mit 52 t ungewöhnlich schweren Aufbau. Dieser sollte auf zwei preußischen Regeldrehgestellen mit einstufiger Primärfeder lagern. Wegen der nur auf 13 t begrenzten Achslast hätten die Fahrzeuge in dieser Ausführung nicht einmal die Zulassung für ihre geplante Linie nach Oberammergau erhalten. Daher, so heutige Erkenntnisse, orderte der Hersteller Ende 1900 bei der Maschinenfabrik Augsburg-Nürnberg AG (MAN) angepasste dreiachsige Drehgestelle nach, die im Februar 1901 abgeliefert wurden. Als die Fahrzeuge nun also endlich – zumindest auf dem Papier – einsatztüchtig waren, zeichnete sich am Ort der Bestimmung bereits das finanzielle Desaster und das Scheitern des Drehstrombetriebs ab. Ob daher eines der Fahrzeuge jemals auf der Bahn zumindest zur Probe fuhr, ist nicht ganz klar, jedoch existiert ein Foto, das einen Triebwagen mit LMKO-Beschriftung zeigt, darauf ist auch eine zweipolige Oberleitung erkennbar. Einiges deutet darauf hin, dass die Wagen keinesfalls für die LMKO zum Einsatz kamen, eventuell aber während der Konkursverwaltung von der Bayerischen Staatsbahn zu Probezwecken kurzfristig auf die Oberammergauer Bahn gebracht wurden, um Erkenntnisse zum elektrischen Betrieb zu sammeln.

Anfang des Jahres 1901 kam es an der Dresdner Börse zu ersten Kursstürzen bei den Aktien der Kummerschen Elektrizitätswerke, deren Notierung schließlich von 140 auf 16 M fiel. Das weltweit agierende Unternehmen war durch globale Wirtschaftskrisen in Schieflage geraten. Der Hersteller der Ammergauer Triebwagen lieferte daher seine Fahrzeuge nicht mehr an die LMKO aus. 1903 tauchten zwei der Fahrzeuge auf der Wechselstrom-Versuchsstrecke Niederschöneweide – Spindlersfeld (4,1 km) auf. Am 14. August 1903 wurde dort die erste Einphasenwechselstrom-Bahn der Welt im Versuchs- und Plan-Probebetrieb durch die Königlich Preußische Eisenbahnverwaltung (K.P.E.V.) sowie die Union-Elektrizitäts-Gesellschaft (spätere AEG) eröffnet. Zwei umgerüstete, nun mit dreiachsigen Drehgestellen ausgestattete Murnau-Oberammergauer-Triebwagen kamen zu einem recht erfolgreichen Einsatz. Dass

△ **Bild 8** • Einer der für die LMKO vorgesehenen Triebwagen, noch in der ursprünglichen Ausführung mit zweiachsigen Drehgestellen.
Aufnahme: Werkfoto AEG, Sammlung Brian Rampp

sie dadurch wertvolle Erkenntnisse für die elektrische Zukunft ihrer ehemals geplanten Einsatzstrecke in Oberbayern liefern würden, konnte damals noch niemand erahnen. In jedem Fall leisteten die in Bayern so schmählich gescheiterten Fahrzeuge über den Umweg UEG in Preußen entscheidenden Anschub für den elektrischen Eisenbahnbetrieb mit Wechselstrom. Zum ersten, jedoch nicht letzten Mal führte ein „Ping-Pong-Effekt" zwischen Ammertal und Berlin damit zu entscheidenden Fortschritten auf dem Weg in die Zukunft des elektrischen Eisenbahnbetriebs.

Nach Abschluss dieser Versuchsreihe gelangten die beiden Triebwagen, wie zuvor schon die drei nicht verwendeten, als umgebaute Personenwagen der Gattung BCC in den Bestand der Direktion Elberfeld, dort als Fahrzeuge 603 bis 606 noch 1911 nachzuweisen. Schon bald danach aber wurden sie in der Werkstätte Opladen ausgemustert.

Schnelles Ende im Jahr 1

Im Laufe des Jahres 1901 ließ es sich auch an der Ammergauer Strecke nicht mehr verbergen – die Aktiengesellschaft Süddeutsche Elektrische Lokalbahnen (SEL) und ihr Mutterkonzern Kummer glitten in den Bankrott. Die Arbeiten an der elektrischen Ausrüstung wurden eingestellt und im Sommer 1901 der Fahrplan gekürzt. Dennoch entwickelte sich das Verkehrsaufkommen durchaus günstig, so standen den nur knapp 6.000 Reisenden im Januar und Februar 1901 bereits 13.963 in den Sommermonaten gegenüber, auch der Güterverkehr steigerte sich um gut acht Prozent. Dennoch endete das Wirken der LMKO am 1. Oktober 1901 endgültig – kommissarisch übernahm die Bayerische Staatsbahn Betrieb und Personal. Offensichtlich nahm sie sogleich einschneidende Kürzungen im Fahrplan vor – fielen doch nun die Beförderungszahlen um mehr als die Hälfte, von 9.142 Personen im September auf nur noch 4.053 im Oktober. So stand am Ende des Jahres auch ein Verlust von 63.891 M in den Büchern.

Auf Sparflamme lief der Betrieb im Jahr 1902. Die Staatsbahn führte den Verkehr weiterhin zu Lasten der ehemaligen Betreiber durch. Für die vom Konkurs betroffenen Bahnstrecken Murnau – Oberammergau und Aibling – Feilnbach wurde nun ein Käufer gesucht. Großes Interesse zeigte der Elektro-Konzern Brown, Boveri & Cie (BBC). In einem Papier an die Anliegergemeinden forderte BBC jedoch für die erwarteten jährlichen Aufwendungen von 16.800 M bis zur Passion 1910 einen Zuschuss der Kommunen von 15.000 M im Jahr. Wie zugespitzt die Lage bereits war, wird durch eine Passage dieses Briefwechsels deutlich: „ Im Falle einer Ablehnung der Subventionen kann es nicht verhütet werden, dass die Liquidatoren die Aufstellungen des Abbruchwertes der Bahn beschleunigen!"

Es kam in der Folgezeit weder zur Betriebsübernahme durch die BBC, noch zum Abbruch der Bahn. Vielmehr unterzeichnete am 19. November 1903 die Localbahn Actien-Gesellschaft (LAG) aus München den Kaufvertrag für die beiden Konkurs-Bahnen zum Schleuderpreis von nur 740.000 M, wobei die Ammergauer Bahn mit 576.000 M zu Buche schlug. Mit der Betriebsübernahme durch die LAG hielt endlich gut organisiertes, fortschrittliches und straffes Bahnmanagement Einzug auf der Oberammergauer Bahn.

Mit neuem Betreiber zum Erfolg

Offiziell übernahm die renommierte Privatbahngesellschaft LAG zum 1. Januar 1904 das Regiment auf der Bahnlinie. Neben den Betriebsanlagen behielt sie lediglich die Dampfloks LMKO 1 bis 3, die dort als LAG 62 bis 64 eingereiht wurden. Bereits 1908 gelangten auch diese Maschinen, wie direkt bei der Betriebsübernahme alle acht weiteren LMKO-Loks, an die Königlich Bayerischen Staatseisenbahnen (K.Bay.Sts.B.) und wurden später von der Deutschen Reichsbahn (DR) als 98 561 bis 563 eingereiht.

So ganz nach dem Zuschnitt der LAG war die Strecke ins Ammertal jedoch nicht. Im Vergleich zu anderen LAG-Linien war sie ihr zu groß dimensioniert. Jedenfalls versäumte die LAG auch Jahre nach dem Erwerb kaum eine Gelegenheit, darauf hinzuweisen, dass die Bahn so gar nicht nach ihrem Geschmack sei. So kritisierte sie die viel zu hohen Anlagekosten mit den zwangsläufig negativen Geschäftsergebnissen, ebenso die ungünstigen Steigungsverhältnisse mit dem dadurch bedingten großen Kohlenverbrauch bei Dampfzug-Betrieb. Warum die LAG dennoch den Betrieb übernommen hatte, rechtfertigte sie mit dem extrem niedrigen Kaufpreis in Verbindung mit dem positi-

Die Localbahn Actiengesellschaft München (LAG)

Die LAG entstand 1887 in München durch die Lokomotivfabrik Krauss und den Bahnbauunternehmer Lechner & Krüzner. Schnell machte sich die Gesellschaft einen guten Namen als effiziente und solide Betreibergesellschaft von insgesamt 29 Bahnen, vorwiegend in Bayern, aber auch in Sachsen, Österreich und Ungarn. 1895 wurde zwischen Meckenbeuren und Tettnang Europas erste elektrische Vollbahn eröffnet. Ebenfalls elektrisch betrieben wurde ab 1899 ein Teilabschnitt der größten LAG-Linie, der Isarthalbahn. Weitere bekannte Bahnstrecken waren Sonthofen – Oberstdorf, Fürth – Cadolzburg, Murnau – Garmisch und Türkheim – Wörishofen, aber auch die Walhalla-Bahn und die Forster Stadteisenbahn.

Das solide und aufstrebende Unternehmen geriet in den zwanziger Jahren durch den kriegsbedingten Verlust der ungarischen Linien erstmals in finanzielle Schwierigkeiten, die in den Folgejahren durch antisemitische Hetze der Nazis zunahmen und in der Verstaatlichung der LAG 1938 gipfelten. Eigentlicher Hintergrund dieser „feindlichen Übernahme" waren wohl die kriegswichtigen Waffentransporte aus Geretsried und Pullach, die nicht länger über eine nichtstaatliche Isartalbahn geführt werden sollten. So endete am 1. August 1938 die Geschichte einer der größten und erfolgreichsten deutschen Privatbahnbetreiber durch die politisch erzwungene Eingliederung bei der Deutschen Reichsbahn.

ven Umstand, dass das Kraftwerk Kammerl fertiggestellt war und bereits die örtlichen Stromnetze in Murnau und Kohlgrub speiste. Dennoch kam die LAG zu dem vernichtenden Ergebnis, „dass bei dem ursprünglichen Bau der Bahn die Ausrüstung derselben für den elektrischen Betrieb mit der teuren Wasserkraftanlage – angesichts des vorliegenden geringen Verkehrsumfanges – keine Berechtigung hatte …" Vielleicht diente eine derartige Einschätzung aber auch nur der Rechtfertigung, warum die LAG derart unter Preis an die Strecke gelangt war. Es sprach jedoch für den unternehmerischen Geist der LAG, unter den gegebenen Umständen das Beste aus der Situation machen zu wollen und die Idee des elektrischen Betriebs nicht nur weiter zu verfolgen, sondern sogar grundlegend neu zu erarbeiten. Hierzu wurde die Firma Siemens intensiv in die Beratungen einbezogen. Erstes Ergebnis war die endgültige Abkehr vom Drehstrom-System, da hier vor allem Probleme mit der Geschwindigkeitsregelung bei den starken Neigungswechseln erwartet wurden. Ausschlaggebend für den Verzicht auf das bereits teilweise installierte Stromsystem waren aber die nötigen komplizierten Fahrleitungsanlagen mit den sehr hohen Folgekosten.

Eigentlich war nun der Weg frei für einen Gleichstrombetrieb. Hier hatte die LAG doch schon sehr positive Erfahrungen sammeln können, allen voran mit der Münchner Isarthalbahn, auf der seit 1899 ein sehr dichter Vorortverkehr mit elektrischen Triebwagen abgewickelt wurde. Einfachheit und kostengünstiger Fahrzeugunterhalt waren weitere Pluspunkte für das System, das Anfang des 20. Jahrhunderts im Eisenbahnbetrieb nahezu obligatorisch war. Negativ erwies sich jedoch der Umstand, dass bei diesem Stromsystem relativ hohe Leitungsverluste auftraten und somit bei den Gegebenheiten der Oberammergauer Bahn zahlreiche zusätzliche Einspeisungen und zwei zusätzliche, bediente Unterwerke nötig wären, die dann letztlich mit erhöhten Betriebskosten von jährlich mehr als 6.000 M langfristig keinen kostendeckenden elektrischen Betrieb zugelassen hätten.

So zog die LAG die noch weitgehend unerprobte Wechselstrom-Lösung ins Kalkül. Erst Anfang des Jahrhunderts war es gelungen, einen leistungsfähigen Einphasen-Wechselstrommotor zu konstruieren. Ausschlaggebend waren die geringen Leitungs- und Umformverluste, die Leistungsfähigkeit von Wechselstrom-Motoren gerade bei ständig wechselnden Geländeverhältnissen und die einfache Fahrleitungsanlage. Negativ zu Buche schlug lediglich die aufwendigere und vor allem schwerere Ausrüstung der Triebfahrzeuge.

Als Ergebnis der Untersuchungen wurde der Vergleich der Wirkungsgrade und Anlagekosten vorgelegt, nach denen Wechselstrom den erzeugten Strom zu 71 %, Gleichstrom nur zu 62 % und der ursprüngliche Drehstrom zu 66 % ausnutzen könne. Die Anlagekosten für Leitungs- und Fahrzeugeinrichtungen erhöhten sich bei Drehstrom um 16 % und bei Gleichstrom um 25 % gegenüber dem Wechselstrom-System. Somit musste die Entscheidung fast zwangsläufig auf Einphasen-Wechselstrom fallen, weil hierin das leistungsfähigste und gleichzeitig langfristig günstigste System gefunden wurde.

An dieser Stelle ist es notwendig, ausführlicher auf das Kraftwerk „Kammerl" einzugehen – schließlich ist es dessen Fertigstellung und störungsfreiem Betrieb seit 1899 zu verdanken, dass sich die LAG trotz anfänglicher Widerstände überhaupt für den elektrischen Zugverkehr entschied.

◁ **Bild 9**
Nach Übernahme durch die LAG wird auch wieder an der Fahrleitung gearbeitet. LAG 63, die vormalige LMKO 2, ist im Winter 1904/05 bei Jägerhaus mit einem Bauzug unterwegs.

Aufnahme: Sammlung Karl Unhoch

Die Energiezentrale der Bahn – das Kraftwerk Kammerl

Das bis 2013 betriebene Kraftwerk befindet sich in der wildromantischen, heute unter strengem Naturschutz stehenden Ammerschlucht, gut drei Kilometer westlich von Saulgrub entfernt. Etwa einen Kilometer flussabwärts von Altenau befindet sich ein Wehr, an dem der 1,4 km lange Werkskanal von der Ammer abzweigt. Bereits kurz nach dieser Anlage führt der Kanal durch einen 400 m langen Tunnel, der unmittelbar in den „Eisernen Steg", einer hohen Wasserbrücke über die „Kleine Ammer", mündet. Anschließend schlängelt sich der Kanal bis zum Kraftwerk am Bergrücken oberhalb der Ammer.

Ein rechteckiges Maschinenhaus beherbergte in den Anfangsjahren zwei 500 PS- und zwei 30 PS-Spiralturbinen. An die großen Turbinen wurde ein kräftiges Schwungrad mit 240 U/min gekoppelt, um gleichlaufende Leistung zu erbringen. Diese Turbinen trieben mittels Riemenkupplung je einen Maschinensatz, bestehend aus einer Bahnstrom- und einer Beleuchtungsmaschine, an. Zunächst für Drehstrom ein-

△ **Bild 10**
Das Kraftwerk Kammerl in der „Scheibum" im Bauzustand von 1905. Links die Turbinenhalle, rechts ein Wohnhaus für die Maschinisten. Auf Höhe des Fotostandpunkts befindet sich der Wasserkanal, der mittels Wasserschloss und Rohrsystem direkt in die Halle geleitet wird.

Aufnahme: Sammlung Siemens Forum

Bild 11 ▷
Turbinen, Generatoren und Schalttafel im Maschinenhaus des Kraftwerks Kammerl im Jahr 1905. Später wurde die Schalttafel modernisiert, die alten Stromerzeuger aber liefen bis zum Schluss weitgehend unverändert.

Aufnahme: Sammlung Siemens Forum

Elektrische Bahn

Murnau-Oberammergau.

△ **Bild 12** • In der Ansicht von der Straßenseite die Wartehalle von Murnau.

◁ **Bilder 13 und 14**
Das Stationsgebäude von Oberammergau in den Ansichten vom Gleis (unten links) und von der Seite (unten rechts).

Abbildungen: Original-Bauzeichnungen, Sammlung Manfred Plischka

△ **Bild 15** • Der Localbahnhof von Murnau in der Ansicht von der Straßenseite.

△ **Bild 16** • Nahezu unverändert zeigt sich die Turbinenhalle auch noch heute. AUFNAHME: BERND MÜHLSTRASSER

gerichtet, wurden die Bahnstrommaschinen dann auf Wechselstromerzeugung umgerüstet und erzeugten 280 kW des 5.500-Volt / 16-Hertz-Bahnstrom. Bereits 1908 wurde die Anlage um eine dritte Turbine ergänzt, welche bereits beim Bau als Erweiterungsmöglichkeit vorgesehen war.

Die Beleuchtungsmaschinen erzeugten, wie damals üblich, Drehstrom für bahneigene Beleuchtungen sowie zur Kostendeckung Energie für die zahlreichen Ortsnetze im Umkreis der Bahnstrecke. So waren z. B. in Murnau im Jahr 1904 insgesamt 1.664 Glühlampen, acht Bogenlampen und 13 Motoren angeschlossen. Weitere Ortsnetze waren Aschau, Kohlgrub, Saulgrub, Altenau und Oberammergau sowie die abseits der Bahn gelegenen Netze von Neuegling, Rieden, Seehausen und Peustelsau. Mit der Bahn ging also dem Ammertal und dem Murnauer Raum „das Licht auf". Hierzu gehörte auch die örtliche Straßenbeleuchtung in den angeschlossenen Gemeinden.

Privatnutzer der Elektrizität mussten übrigens genau alle Verbrauchseinrichtungen angeben. So kostete eine 25 W-Glühlampe im Wohnzimmer jährlich 30 M, im Schlafzimmer ging man jedoch von einer „selten benützten Lampe" zum Sonderpauschalpreis von nur 21 M aus! Stammtischlampen kosteten einen zehnprozentigen Zuschlag. Bis 1. Juni 1926 lag die Stromversorgung in den Händen der LAG, danach übernahmen die Isar-Amperwerke, heute zu e.on gehörend, bis in die heutige Zeit alle Ortsnetze. Die Baukosten für das Kammerl betrugen rund 800.000 M. Mehr als 100 Jahre leisteten die Turbinen und Transformatoren der Ursprungsausrüstung 24 Stunden täglich ihren zuverlässigen Dienst. Im Laufe der Zeit wurden elektronische Steuerungselemente und Schalttafeln modernisiert, sodass der Betrieb weitgehend automatisiert laufen konnte. Die Ausrüstung zur Stromerzeugung bedurfte jedoch keiner grundliegenden Änderung. So galt das Kammerl, trotz geringer erzeugter Strommengen, bis zur Stilllegung der alten Turbinenhalle nach 113 Jahren am 3. August 2012 als rentabelste DB-Energie-Anlage. In den Jahren 2013 bis 2015 erfolgte ein Umbau des Kraftwerks mit der Installation einer 50 Hz-Kaplan-Turbine für Drehstrom (back to the roots...) neben dem alten Hauptgebäude. Der gewonnene Strom dient nun nicht mehr dem Bahnbetrieb, sondern wird ins öffentliche Netz der Bayernwerke eingespeist. Die wassertechnischen Anlagen, also der Kanal und die Wehranlagen, blieben dabei weitgehend unverändert.

Die alte Turbinenhalle mit ihren erhaltenen Turbinen und Generatoren ist mittlerweile ein technisches Denkmal, um das sich ein rühriges Betreuerteam kümmert. Ein Besuch des Kraftwerks und des Kanalsystems ist von besonderem Interesse und in den Sommermonaten regelmäßig möglich.

(weiter auf Seite 20)

Auf den folgenden drei Seiten ein Gastbeitrag zur übergeordneten Bedeutung der Ammergauer Bahn.

◁ **Bild 17**
Der „Eiserne Steg" – ein Äquadukt, mit dem der Abschnitt zwischen Wassertunnel und dem Kanal überbrückt wird.

AUFNAHME: BERND MÜHLSTRASSER

Murnau–Oberammergau - nur ein Teil vom Ganzen

Auch wenn es in der Geschichtsschreibung manchmal so aussieht, als wäre die Wechselstrom-Elektrifizierung zwischen Murnau und Oberammergau ein eher singuläres Ereignis gewesen, stellt man bei näherer Betrachtung fest, dass es nicht nur konzeptionelle Verknüpfungen mit anderen Projekten aus dieser Zeit gab. Selbst auf Komponentenebene lassen sich in den überlieferten Unterlagen Hinweise auf einen Austausch und die Weiterverwendung von Bauteilen anderer Anwendungen finden. Die Entscheidung der Localbahn Actien-Gesellschaft (LAG) zu Erwerb und Umbau der Strecke auf Einphasenbetrieb war für die Siemens-Schuckertwerke (SSW) ein wichtiger Schritt, um im Wettbewerb um zukünftige Elektrifizierungen mit diesem System bestehen zu können.

In den Jahren 1903 und 1904 war die Union-Elektricitäts-Gesellschaft (UEG) mit der Versuchsstrecke Niederschöneweide – Spindlersfeld und dem ersten kommerziellen Betrieb auf der Stubaitalbahn in Vorleistung gegangen. In der Folge konnte sich die Allgemeine Elektricitäts-Gesellschaft (AEG), die sich die UEG rechtzeitig einverleibt hatte, auch den Löwenanteil der Hamburger S-Bahn-Ausrüstung aus den Jahren 1906-07 sichern: 54 der 60 Doppeltriebwagen waren mit Winter-Eichberg-Motoren des Typs W.E. 51 ausgestattet, nur sechs Züge wiesen eine SSW-Ausrüstung mit Reihenschluss-Fahrmotoren des Typs WBM 281 auf. [Die Kennziffer der SSW-Fahrmotoren ist kein Hinweis auf den Entwicklungsstand, sondern gibt den Läuferinhalt an] Erst später wurde deutlich, dass man auf das falsche Konzept gesetzt hatte, die kompensierten Repulsionsmotoren der AEG fielen nicht nur aufgrund ihres schlechteren Wirkungsgrades auf, sondern sorgten vor allem wegen ihres hohen Bürsten- und Kommutatorverschleißes für einen hohen Wartungsaufwand. Zur Jahrhundertwende war Siemens & Halske (S&H) noch von der Zukunft des

△ **Bild 18** • Die ehemalige Drehstromversuchslok von Lichterfelde mit Einphasenausrüstung, um 1905. Im Hintergrund sind schon die Bauarbeiten zum Teltow-Kanal erkennbar, die zur Aufgabe der Versuchsstrecke führten.
Aufnahme: Sammlung Wolfgang-D. Richter

▽ **Bild 19** • Zum Einbau der Einphasen-Wechelstrom-Ausrüstung gelangte die ehemalige Drehstrom-Versuchslok zu MAN nach Nürnberg. Das ehemalige Schuckert-Werk, inzwischen „Nürnberger Maschinen- und Anlagenbau" der SSW, lag gerade einmal einen Kilometer nördlich des gemeinsamen Anschlussgleises. Aufnahme: MAN-Archiv, DB Museum; Sammlung Wolfgang-D. Richter

△ **Bild 20** • Nach Aufgabe der Lichterfelder Versuchsstrecke wurde auf dem Werksgelände in der Siemensstadt ein neues Probegleis angelegt.
AUFNAHME: SAMMLUNG WOLFGANG-D. RICHTER

Drehstroms für Vollbahnanwendungen überzeugt. Walter Reichel, der die Technik im Rahmen der gemeinsam mit der AEG gegründeten Studiengesellschaft verantwortete, hatte in seiner Veröffentlichung „Verwendung des Drehstroms für den Betrieb elektrischer Bahnen" von 1903 schon das Rollmaterial für eine geplante Schnellbahn Berlin – Hamburg konzipiert. Als die Königlich Preußische Eisenbahn-Verwaltung (K.P.E.V.) das System dann – alleine schon wegen der komplizierten Fahrdrahtanlage – ein für alle Mal beerdigte, verließ Reichel die Firma und übernahm den Lehrstuhl für Elektrotechnik in Berlin-Charlottenburg. Für Siemens – nach der Übernahme der Elektrizitäts-Aktiengesellschaft (E.A.G.) vormals Schuckert im April 1903 nun als Siemens-Schuckertwerke firmierend – war dies letztlich ein Glücksfall.

Im gleichen Jahr wechselte Rudolf Richter von Siemens & Halske (S&H) in Wien nach Berlin und konnte sich, gerade einmal 27 Jahre alt, ab 1904 mit der Motorenentwicklung befassen. Ihm ist es zu verdanken, dass die SSW einen entscheidenden Entwicklungssprung machen konnten: seine Ideen zur Reduktion des Bürstenfeuers, das bisher der Anwendung von Reihenschlussmotoren im Wege stand, waren genial. Sowohl die Maßnahmen zur Kompensation der Wendespannung als auch die Verbesserung der Anlaufeigenschaften durch Widerstandsverbinder zwischen Anker und Kommutator hatten keinerlei nachteilige Nebenwirkungen, sondern führten durch geschickte Anordnung sogar zu einer Leistungssteigerung um bis zu 20 %. In der Folge stieß auch der zwei Jahre jüngere Paul Müller dazu; beiden stand noch eine lange Karriere bevor – Rudolf Richter wurde 1908 Chefkonstrukteur der Maffei-Schwartzkopff-Werke (MSW) und nahm 1912 eine Professur an der TH Karlsruhe an, Paul Müller ging 1908 als Chefkonstrukteur zu den Bergmann-Elektrizitätswerken und kehrte 1933 zu den SSW zurück; zuletzt hatte er eine Professur an der TU Berlin inne.

Die ersten Versuche der SSW mit Einphasenmotoren waren schon 1903, noch auf der ehemaligen Drehstrom-Versuchsstrecke in Lichterfelde, unternommen worden. Es ist davon auszugehen, dass hier auch wesentliche Komponenten der ursprünglichen LAG-Ausrüstung erprobt wurden; einzelne Bauteile der Dachausrüstung finden sich in gleicher Ausführung auf den Triebwagen wieder, die Ende 1904 bei der LAG in Betrieb gingen. Konsequent war die Ausrüstung der ersten Lok für Murnau-Oberammergau, der LAG 1, mit den gleichen Hauptkomponenten - Trafo und Fahrmotoren - wie sie bei den zuvor gelieferten Triebwagen schon im Einsatz waren (die in allen Veröffentlichungen zu lesende Typenbezeichnung des Motors „WBM 28,5-35" passt in keiner Weise zu den bekannten Abmessungen, diese legen eine Kennziffer von „285" nahe, die hier in der Folge zur Anwendung kommt).

Als man 1908 an die Beschaffung einer zweiten Lok ging, entschied sich die LAG für einen eigenen Weg: Konzeptfindung und Montage erfolgten in Eigenregie, wobei man durchaus dem Haus SSW treu blieb und die benötigten Komponenten dort in Auftrag gab. Dort sah man sich von der Gesamtverantwortung aber entbunden – daher gibt es für die LAG 2 keine SSW-Fabriknummer, genauso wenig wie für die LAG 3 und 4; erst mit der LAG 5 kehrte man zur Beschaffung eines kompletten Fahrzeugs zurück. Bemerkenswert ist ein Passus im Schriftwechsel zwischen Georg Lotter, der damals für die Auslegung des Mechanteils bei Krauss verantwortlich war, und Oberingenieur Heimpel von der LAG, dem er am 30. Dezember 1908 schreibt: „Die gewichtigen Gesichtspunkte (Vorhandensein von zwei Reserve-Motoren, Auswechselbarkeit der Motoren und Radsätze mit der Lokomotive

No.1) lassen die Beibehaltung der in der Ihnen übersandten Radsatz-Zeichnung angegebenen Maße: Achsschaft 140 mm, Stärke in der Nabe: 145 mm wünschenswert erscheinen." Dies lässt vermuten, dass die LAG die zweite Lok erst einmal mit den vorhandenen Reservemotoren ausrüsten wollte. Allerdings war 1908 die Motorbauart der Triebwagen und der LAG 1 schon überholt, die deutlich leistungsfähigeren WBM 281 für die S-Bahn Hamburg waren aber 1906 letztmals gebaut worden und nicht mehr in Produktion. Aber WBM 280 waren für die Triebwagen der Bahn Rotterdam – Haag – Scheveningen gerade im Bau, da hätte man sich durchaus dranhängen können. [Triebwagen der 1908 mit 10 kV, 25 Hz elektrifizierten Bahn Rotterdam – 's-Gravenhage (Den Haag) – Scheveningen] Neu zu bauende Motoren anstelle der in Murnau liegenden Reserve hätten eine deutliche Erhöhung der Beschaffungskosten zur Folge gehabt; es gab aber noch eine mögliche dritte Lösung, die sich aus den damaligen Aktivitäten ableiten lässt. Mit der auf Einphasenbetrieb umgebauten Drehstromlok von Marienfelde – Zossen wurden um 1906 auf dem Gelände des neuen Standorts in der Siemensstadt Versuchsfahrten mit den von Rudolf Richter konzipierten Fahrmotoren durchgeführt.

Hans Behn-Eschenburg von der Maschinenfabrik Oerlikon (MFO), der während seiner Versuche auf der Strecke Seebach – Wettingen auch vom ursprünglichen Umformer-Konzept auf den Weg zur Anwendung von Reihenschlussmotoren gelangt war, zeigte sich sehr interessiert an den Lösungen der SSW und lud diese zu einer Beteiligung an den Versuchsfahrten ein. So entstand das Konzept einer auch aus heutiger Sicht modernen sechsachsigen Drehgestell-Lok, die 1907 an der Nonnendammallee ihre ersten Fahrten unternahm und anschließend in die Schweiz entsandt wurde. Die Resultate schienen überzeugend gewesen zu sein, denn die MFO schloss mit den SSW einen Vertrag zur Nutzung der Lösungen ab, die Richter inzwischen auch in der Schweiz zum Patent angemeldet hatte.

Schon im Laufe des Jahres 1908 zeichnete sich ein Ende des Versuchsbetriebes ab; die aufgrund der beschränkten Kraftwerksleistung nur mit vier Fahrmotoren ausgelieferte Maschine konnte ihre volle Leistungsfähigkeit nicht mehr unter Beweis stellen. Ihr modernes Konzept mit Einzelachsantrieben war der Zeit voraus und die Entscheidungsträger verfolgten andere Ziele – so bestätigte Wittfeld seine Überzeugung anlässlich eines Treffens mit Vertretern der Firmen AEG, FGL und SSW im April 1909: „Die Zahnräder bringen große Unannehmlichkeiten mit sich. Die Gefahr des Eindringens von Staub und Schmutz in den Motor, die Unzugänglichkeit des auf der Zahnradseite liegenden Ankerlagers, das Geräusch usw. Es wird sich daher empfehlen, von Zahnradmotoren grundsätzlich abzusehen und den Motor hoch zu lagern, sodass er fest im Rahmen sitzt, vollständig gegen die Achsen abgefedert und bequem zugänglich ist." Walter Reichel, der inzwischen zu den SSW zurückgekehrt war, scheint der Aufforderung, die Errungenschaften der inzwischen zum Wettbewerber gewechselten Entwickler zu ignorieren, gerne gefolgt zu sein. Doch die konzeptionellen Misserfolge, die er in den nächsten Jahren einfahren sollte, bestätigen nur die Fehlentscheidung Wittfelds: weder die badischen A1 und A2 noch die preußische EG 501 konnten die in sie gesetzten Erwartungen erfüllen.Für die Seebach – Wettinger Versuchslok gab es somit keine Zukunft im angedachten Einsatzbereich, wo sie mit 990 kW installierbarer Leistung mehr als wettbewerbsfähig gewesen wäre – und damit blieben auch die beiden Fahrmotoren vom Typ WBM 280 im Regal, die mit Rücksicht auf die Energieversorgung der Schweizer Versuchsstrecke nie eingebaut worden waren.

Liegt da nicht nahe, dass die beiden Fahrmotoren einer anderen Verwendung zugeführt wurden. Nachdem die Versuchslok im Jahr 1912 für die S&H-Güterbahn auf Gleichstrombetrieb umgebaut worden war, tauchen zwei weitere WBM 280 in Murnau auf – 1914 sind sie als in der LAG 1 eingebaut dokumentiert. Die Verwendung gebrauchten Materials ist auch von den Gleichstrombahnen der LAG bekannt; da wurden Motoren von Kummer, MFO und Schuckert durch SSW-Bauarten ersetzt, die im Jahr des Einbaus längst nicht mehr produziert wurden. Nach der Erneuerung der E-Ausrüstung der LAG 3 durch Brown, Boveri & Cie. (BBC) tauchten die beiden ursprünglich dort eingebauten Fahrmotoren vom Typ WBM 281 (vermutlich im Rahmen der Serienfertigung für die Hamburger S-Bahn gebaut) auch noch in der LAG 1, als inzwischen dritte Ausrüstungsvariante, auf. Und im Reigen der Fahrzeuge und ihrer Ausrüstung wird uns auch die Marienfelder Versuchslok noch einmal begegnen.

Wolfgang-D. Richter

Bild 21 ▷
Fahrmotor WBM 280 für die Versuchslok Seebach-Wettingen; in allen Details baugleich mit der in **LAG 2** angewendeten Ausführung.

Aufnahme: Sammlung Wolfgang-D. Richter

△ **Bild 22** • Oberammergauer Bahnhofsansicht 1905: der zweigleisige Lokschuppen, Empfangsgebäude mit Wartehalle, Bahnhofsrestauration und Güterschuppen. Auf Gleis 1 steht einer der neuen LAG-Triebwagen. Aufnahme: Siemens Forum

Mit Triebwagen in eine neue Epoche

Nachdem die Untersuchungen der Siemens-Schuckertwerke (SSW) in Berlin ein eindeutiges Votum für Einphasen-Wechselstrom ergaben, bestellte die LAG im März 1904 dort die neue elektrische Ausrüstung für die Strecke. Siemens entfernte zunächst stellenweise die alte Fahrleitung, soweit sie überhaupt verlegt war, und installierte ab Juni 1904 alle neuen elektrischen Anlagen. Die neue Fahrleitung war dabei in den Geraden an Holzmasten mit schmiedeeisernen Auslegern, in Krümmungen und im Bahnhofsbereich an Gittermasten montiert. Die geschwungenen Ausleger wurden beim Umbau auf Gittermasten 1953 umgedreht weiterverwendet, nun das Tragseil statt des Fahrdrahts haltend. Damit lebten die optisch auffälligen Ursprungsausleger, die Bauart war einzigartig in Deutschland, auf ihrer Strecke nahezu 100 Jahre weiter, bis unansehnliche Betonmasten ab 2012 im Ammertal Einzug hielten.

◁ **Bild 23** Geschwungene Ausleger prägten die Oberleitung (hier 1905, aber auch noch nach dem Umbau 1953). Die Ursprungsmasten wechselten zwischen einfachen Holz- und filigranen Stahlvarianten. Auffällig, der sehr leichte Oberbau aus Kies, auch auf dem „Millionendamm" durch Bad Kohlgrub.

Aufnahme: Sammlung Bernd Mühlstrasser

Die Arbeiten gingen zügig und problemlos voran, sodass bereits im November 1904 mit Probefahrten und Schulungseinweisungen begonnen werden konnte, nachdem die vier Motorwagen bereits am 21. September 1904 abgenommen wurden. Mit den MAN-Triebwagen kamen auch zwei Personenwagen, LAG 155 und 156, zur Bahn. Mit diesen zusammen erfolgten im Herbst 1904 zahlreiche Probefahrten. Gleichzeitig versetzte die LAG auch weitere Personenwagen nach Murnau. Von der Isartalbahn kamen sechs sowie weitere von den Bahnen in Oberstdorf, Füssen und Zirndorf. Damit gründete sich parallel zu den neuen elektrischen Triebwagen auch jener Personenzugwagen-Bestand, der der Bahn dann sogar bis in die sechziger Jahre weitgehend treu blieb.

Am 30. Dezember 1904 lud die LAG schließlich Presse- und Honoratioren zur offiziellen Probefahrt ein, die problemlos über die Bühne ging.

△ **Bild 24** • Mit einer erstaunlich langen Garnitur steht Sommertriebwagen LAG 675 im Bahnhof Kohlgrub, wo noch das ursprüngliche Bahnhofsgebäude steht..
Aufnahme: Verkehrsmuseum Nürnberg, Sammlung Stephan Beständig

Planmäßig verkehrte ab 1. Januar 1905 ein Umlauf mit elektrischer Kraft. Der volle Betrieb mit zwölf Zügen am Tag wurde dann zum 24. Januar 1905 aufgenommen. Die Strecke nach Oberammergau war damit die erste Wechselstrombahn, auf der dauerhaft fahrplanmäßig mit Einphasen-Wechselstrom niedriger Frequenz gefahren wurde. Als solche kann sie als Urzelle des heutigen elektrischen Zugverkehrs in Europa gelten. Im Vergleich zu den heute noch bei der DB eingespeisten 15 kV, 16,7 Hz lag die Spannung mit 5,5 V, 16 Hz allerdings niedriger.

Mit Triebwagen setzte die Bahnverwaltung auf Bewährtes, waren diese doch die Standardlösung im elektrischen Zugverkehr. Auch die LAG hatte hier schon Erfahrung und setzte diese beispielsweise seit 1899 auf der Isartalbahn im großen Stile ein. Neu war jedoch im Fahrzeugbereich die Anwendung des Einphasen-Wechselstroms, womit die Fahrzeuge für die Oberammergauer Bahn reichlich Neuland darstellten.

▽ **Bild 25** • Wintertriebwagen LAG 677 im Sommer 1905 vor der Murnauer Werkstätte. Vorn rechts ist die Niederspannungs-Stromabnehmerstange aus Bambus für den Schuppen eingehängt.
Aufnahme: Siemens Forum

△ **Bild 26** • In der Murnauer Werkstätte konnten die Triebwagen zum Achs- und Motorausbau angehoben werden. Aufnahme: Siemens Forum

▽ **Bild 27** • Detailaufnahme der Dachaufbauten eines LAG-Triebwagens mit den beiden Lyra-Bügeln. Im Hintergrund ist das Lokalbahnhofsgelände gut zu überblicken: Standpunkt ist der Lokschuppen, links hinten sind der Staats- und mittig der Lokalbahnhof zu erkennen. Das Gleis rechts führt in die Kiesgrube, in der Oberbaumaterial gewonnen wurde. In der Nachkriegszeit hatte dieser Gleisanschluss dann eine ganz andere Bedeutung. Aufnahme: Siemens-Forum

△ **Bild 28** • Unterhalb von Bad Kohlgrub steht LAG 674 für den Pressefotografen, als Sommertriebwagen an der durchgehenden Mittelwand erkennbar. AUFNAHME: SIEMENS FORUM

Besondere Phantasie bewies die LAG mit der Wahl von zwei verschiedenen Wagentypen. Grundlage dieser Entscheidung war die Überlegung, dass die maximale Turbinenleistung des Kraftwerkes nicht über das ganze Jahr zur Verfügung stand. In den niederschlagsarmen Wintermonaten und dem damit verbundenen Rückgang der Wasserkraft rechnete man lediglich mit gut 300 PS Leistungspotential auf der Strecke, das für zwei gleichzeitig auf der Strecke laufende Fahrzeuge ausreichen musste.

Unter dieser Vorgabe errechnete Siemens ein maximales Zuggewicht von 50 t für einen beladenen Zug, womit die Wagen demzufolge recht klein gehalten werden mussten. Es galt, vorhandene Kapazitäten möglichst ökonomisch auszunutzen.

Erfahrungsgemäß war im Winter mit einem niedrigeren Personenverkehr als im Sommer zu rechnen. In der wärmeren Jahreszeit mit den Urlauberströmen stieg die Zahl der zu befördernden Fahrgäste auf bis über 1.000 Reisende pro Tag an. Durch die Wahl zweier unterschiedlicher Triebwagen-Varianten als Sommer- und Wintertriebwagen wollte man diesem Umstand gerecht werden. Dabei waren die Fahrzeuge konstruktiv natürlich identisch, bei der Aufteilung der Aufbauten variierten sie jedoch.

So hatten die Sommertriebwagen, bezeichnet als LAG 674 und 675, einen reinen Personenwagenaufbau mit 30 Plätzen in der 3. und 16 in der 2. Wagenklasse. Bedarfsweise wurden an die 27,5 t schweren Wagen noch entsprechend dem Aufkommen Güter- oder Personenwagen angehängt.

Die Winterversion LAG 676 und 677 wies dagegen nur 20 Sitzplätze für die 3. Klasse und acht der zweiten Klasse auf, außerdem waren noch ein Postraum und ein Gepäckabteil vorhanden. Mit einem Gewicht von 26 t waren die Wagen etwas leichter und konnten somit noch etwas mehr zusätzliche Anhängelast befördern. Beide Versionen hatten an den Fahrzeugenden identische Führerstände, die vom Fahrgastraum abgetrennt waren.

Selbstverständlich war die Unterscheidung nach Sommer- und Winterwagen nicht ultimativ, sodass beide Wagentypen ganzjährig im Einsatz waren. Dies war bei einem Bedarf von zwei Triebwagen für den fahrplanmäßigen Verkehr schon allein aus unterhaltungstechnischen Gründen notwendig.

Als die Triebwagen bei MAN bestellt wurden, stellte sich die Frage der Achsanordnung. Aus den Kapazitätsanforderungen ergab sich eine Wagenkastenlänge von gut zwölf Metern. Die Konstrukteure

Triebwagen LAG 674 - 677	
Achsanordnung	A1A
Länge über Puffer	13,8 m
Gewicht	26/27,5 t
Leistung	148 kW
Motoren	WBM 285/35
Steuerung	Walzenschalter
Fahrstufen	11
Sonstiges	selbst. Westinghouse-Bremse

mussten zwischen einer vierachsigen Drehgestellversion, womit die LAG eigentlich gute Erfahrungen auf der Isartalbahn gemacht hatte, und einer Ausführung mit drei Achsen auswählen. Aus Gewichtsgründen fiel die Wahl dann auf die lauftechnisch etwas kritischere Lösung mit drei Lenkachsen, vielleicht war dies dem Kostendruck geschuldet. Der Achsabstand betrug jeweils vier Meter, die mittlere Achse war seitenverschiebbar angeordnet.

Wie erwähnt, betrat die LAG mit der elektrischen Ausrüstung der Wagen weitgehend Neuland. Der „revolutionäre“ Einphasen-Wechselstrom wurde über zwei auf dem Wagendach angeordnete Schleifbügel aufgenommen. Diese waren mittels Druckluftzylinder und Anpressfedern an die Fahrleitung angelegt. Sogenannte „Winddruckflügel“ im unteren Rohrbereich sollten dafür sorgen, dass auch bei

△ **Bild 29** • Nach dem Ausbau wurden die Motoren gereinigt und gewartet – vor allem die Innenbesichtigung bei einer Maß war offensichtlich wichtig ... Die Aufnahme entstand in der Werkstätte Murnau im Jahr 1913. AUFNAHME: SAMMLUNG BERND MÜHLSTRASSER

stärkerem Gegenwind ein Wegdrücken von der Leitung unmöglich war.

Eine Hochspannungsleitung führte über ein Starkstromrelais und eine Schmelzsicherung auf dem Dachaufbau mittels Porzellaneinführung in einem geerdeten Messingrohr senkrecht durch den Wagen zum Hochspannungsausschalter und zum unter dem Wagenkasten angebrachten Transformator vom Typ WBT 1a. Dieser sollte diese und weitere Fahrzeuge der LAG in den nächsten Jahrzehnten noch lange begleiten und war in einem ölgefüllten und mit Kühlrippen versehenen Blechkasten eingelagert. Mittels eines Walzenschalters konnten aus dem Trafo in Schaltabteilungen jeweils 17,5 V Fahrströme entnommen und den beiden Motoren zugeführt werden. Diese waren als mehrpolige Reihenschlussmotoren konstruiert worden und leisteten jeweils 100 PS.

Das Schaltwerk bestand aus einer Hauptwalze, belegt mit einer doppelten Reihe von Schleifstücken und leicht abklappbar dagegen drückenden Bürstenkontakten. Eine Löschwalze sollte die beim Auf- und Abschalten in den nächsten Kontakt auftretenden Funkenflüge aufnehmen. Diese Konstruktion bewährte sich sehr gut, es war ein weitgehend ruckfreies Anfahren möglich, auch die Abnutzung blieb gering. Da die Motoren auf der Achse direkt unterhalb des Fußbodens lagerten, dürften die Reisenden sowohl akustisch, als auch über die Vibrationen, einen gut nachfühlbaren Eindruck von der neuen Technik und Kraft gehabt haben.

Der Luftdruck für die Bremsanlage wurde über einen Achskompressor auf dem mittleren Radsatz produziert, sodass die Triebwagen nur bei Bewegung Druckluft erzeugen konnten, was im Betrieb sicherlich zu einigen Schwierigkeiten nach längerem Stillstand bzw. beim Aufrüsten der Fahrzeuge geführt hatte.

In die beiden Lokschuppenbereiche in Murnau und Oberammergau konnte mittels einer am Wagenende aufgesteckten, tragbaren Stromabnehmer-Stange mit Niederspannung von 150 V in den Schuppenbereich eingefahren werden.

Mit Anlieferung der Triebwagen begann für die Werkstätte Murnau eine einzigartige Geschichte hochwertiger Unterhaltung elektrischer Triebfahrzeuge. Diese ging sowohl für die Triebwagen, als auch später für die Elloks lange Zeit über das gewohnte Maß eines kleinen Bahnbetriebswerkes (Bw) hinaus. Auch Arbeiten, die gewöhnlich in den großen Ausbesserungswerken ausgeführt wurden, sollten vor Ort erledigt werden. Schließlich war der elektrische Betrieb nach Oberammergau ein „Inselverkehr“, an keiner anderen Stelle konnten die Fahrzeuge betrieben und somit auch nicht entsprechend untersucht werden. So erfolgte bereits die Inbetriebsetzung der Fahrzeuge durch Siemens in der Murnauer Betriebswerkstätte. Alle notwendigen Unterhaltungsmaßnahmen wurden im bestens ausgestatteten Murnauer Lokschuppen erledigt. So war an den Triebwagen wöchentlich z. B. der Motor mit Luftstrahl zu reinigen. Einmal im Monat mussten der Fahrschalter und der Transformator sowie das Schaltwerk einer Revision unterzogen werden. Vierteljährlich wurden die Motoren ausgebaut, gründlich revidiert und gereinigt. Im Abstand von zwei Jahren stand eine komplette Hauptuntersuchung auf dem Programm, bei der alle Bauteile gründlich aufgearbeitet wurden. Bei erforderlichem Neuanstrich sollte der Triebwagen in der Regel jedoch in die LAG-Hauptwerkstätte in Thalkirchen geschickt werden. Später übernahm Murnau auch diese Arbeiten.

Zunächst zeigte die LAG sich mit den Leistungen der Triebwagen recht zufrieden. Messfahrten mit planmäßigen Zügen und überdurchschnittlicher Zuladung auf 55 t Gesamtgewicht führten zu sehr guten Ergebnissen. Der Wirkungsgrad von über 70 % bestätigte die hervorragende Eignung des gewählten Stromsystems für den Eisenbahnbetrieb.

Im Laufe der Betriebsjahre machte weniger der neuartige elektrische Teil der Wagen den Werkstätten Kopfzerbrechen, vielmehr zeigte sich, dass die Wahl der dreiachsigen Anordnung für die kurven- und steigungsreiche Bahnstrecke nicht gerade optimal war. Schlechter Lauf und hoher Verschleiß ließen im Laufe der Zeit immer mehr die neugelieferten Loks im Personenzug-Dienst heimisch werden, der Triebwagenbetrieb geriet zusehends

Bild 30 ▷
Außer den „Pressefotos" vom Betriebsbeginn 1905 existieren kaum Aufnahmen der Triebwagen vom Einsatz auf der Strecke. Eine Rarität daher dieses Dokument vom Endbahnhof in Oberammergau. „Das halbe Dorf" ist erschienen, um Einheimische am Zug zu verabschieden, der Anlass bleibt im Dunklen.

Aufnahme: Sammlung Bernd Mühlstrasser

ins Abseits. Die vier MAN-Fahrzeuge stellten sich zumindest als „unpraktisch" dar. Waren im Winter kaum Fahrgäste zu befördern, herrschte dagegen in den Sommermonaten großer Andrang. Dabei reichte die Zugkraft jedoch nicht aus, um an den Motorwagen genügend Verstärkerwagen anzuhängen. So mussten im sommerlichen Ausflugsverkehr Zugbildungen aus zweiachsigen Sommer- und Wintertriebwagen sowie zusätzlich bis zu vier Personenwagen gebildet werden – unrationeller ließ sich der Betrieb kaum gestalten.

Darüberhinaus zeigten die Fahrzeuge nach gut 15 Dienstjahren bereits erste Verschleißerscheinungen, was in Kombination mit der unrationellen Betriebsabwicklung zur raschen Abstellung der letzten Triebwagen bereits bis 1919 führte. Das, obwohl die drei damals zur Verfügung stehenden Elloks allein für den Betrieb nicht ausreichen konnten. Die LAG konnte sich aber angesichts der vielen Einsatzproblematiken nicht einmal zum Weiterbetrieb im Passionsjahr 1922 oder bis zur Ablieferung einer weiteren Lok durchringen. Sehr ungewöhnlich war auch, dass nach der Ausmusterung der vier Fahrzeuge alle Spuren ausgelöscht wurden und somit eine unverzügliche Verschrottung anzunehmen ist. Gängige Praxis der LAG war es eigentlich, derartige Fahrzeuge weiter zu verwenden. So hätte sich, wenn schon der Bedarf für die Oberammergauer Bahn nicht mehr gesehen wurde, ein Umrüsten auf Gleichstrombetrieb und somit ein Einsatz z. B. auf der Isartalbahn offeriert. Oder zumindest, der elektrischen Ausrüstung entledigt, als Personenwagen angeboten, wie dies bei anderen LAG-Fahrzeugen geschehen war. Über das Ende der Wagen herrscht ebenso wenig Klarheit, wie zuvor schon über die letzten Betriebsjahre. Nützlich konnten sie sich dennoch machen: Mit ihren elektrischen Bauteilen, vor allem Motoren und Trafos, füllten sie das Ersatzteillager der Murnauer Werkstätte. Die Fahrzeuge selbst standen nur bei der Ablieferung wegen ihrer Bedeutung als erste Wechselstrom-Triebwagen im Licht der Öffentlichkeit – offensichtlich stahl ihnen schon gut ein Jahr später die erste an die Strecke gelieferte Ellok, die LAG 1, die Schau.

▽ **Bild 31** • Die Triebwagen wurden mit übersichtlichen Führerständen ausgerüstet, ein für die Zeit sehr moderner und komfortabler Arbeitsplatz. Aufnahme: Sammlung Bernd Mühlstrasser

△ **Bild 32** • Mit einem Güterzug ist **LAG 1** im Winter 1906 bei Seeleiten unterwegs. Aufnahme: Siemens Forum

Premiere für die erste Ellok

Bereits einige Wochen nach Aufnahme des elektrischen Zugverkehrs mit den Triebwagen wurde die LAG, vom vollen Erfolg des Wechselstrom-Betriebs animiert, zu weiteren Entwicklungen auf diesem Gebiet ermutigt. Die LAG war schon immer ein Unternehmen, bei dem mit spitzem Bleistift gerechnet wurde. Die Tatsache, dass die Triebwagen im Vergleich zur einfacher gehaltenen Gleichstrom-Ausrüstung der anderen LAG-Fahrzeuge schwerer waren, ließen den Gedanken an eine elektrische Lokomotive reifen. Hier war das größere Gewicht der Wechselstromausrüstung nämlich als erhöhtes Reibungsgewicht willkommen. Das Rechenbeispiel der LAG war denkbar einfach: Ein Motorwagen mit 50 Sitzplätzen wog 30 t. Bei einer elektrischen Lok schlägt das Triebfahrzeug mit etwa 20 t ins Gewicht, ein Personenwagen mit ebenfalls etwa 50 Plätzen mit 10 t. Eine Erhöhung des Zuggewichtes tritt nicht ein, dagegen aber kann die elektrische Ausrüstung in einer Lok jedoch deutlich übersichtlicher und somit wartungsfreundlicher und damit kostengünstiger untergebracht werden. Im Betrieb gestaltet sich der Rangierdienst viel handlicher, und der Vorteil des beim Triebwagen nicht nötigen Umsetzens zum Richtungswechsel entfällt in der Regel auf der Oberammergauer Bahn, weil meist Wagen mitgenommen werden. Entsprechend schien der LAG eine elektrische Lok für den Betrieb auf dieser Strecke am zweckmäßigsten.

Daher richtete die LAG bereits im April 1905 an Siemens eine erste Anfrage, der am 3. Juli 1905 die Bestellung einer elektrischen Lok folgte. Bereits im Oktober war das Fahrzeug gefertigt und anschließend nach Murnau gebracht worden. Dort erfolgte in den Folgewochen der Einbau der elektrischen Ausrüstung, sodass die Lok im Februar 1906 erstmals auf die Strecke gehen konnte.

Groß war das Interesse der Fachwelt an dieser „ersten Vollbahn-Ellok für Einphasen-Wechselstrom“, also an der Ur-Oma aller heutigen Elloks. Intensiv kam die Maschine nun vor Güterzügen, aber auch im Personenzugdienst der Triebwagen zum Einsatz und konnte dabei alle in sie gesetzten Erwartungen nicht nur erfüllen, sondern übertreffen.

Mit dieser universell einsetzbaren Maschine, den vier Triebwagen und den weiterhin vorgehaltenen Dampfloks war der Fuhrpark für die Oberammergauer Bahn zunächst groß genug. Die Erfahrungen mit lokbespannten Zügen überzeugten die LAG zwar auf ganzer Linie, doch waren die zuerst beschafften Triebwagen nagelneu und auf einer anderen Strecke nicht fahrtüchtig, sodass der Betrieb nun erst einmal in dieser Form weitergeführt wurde. Erst mit Blick auf die im Zehnjahres-Rhythmus für 1910 anstehenden Passions-Spiele in Oberammergau kam wieder Bewegung in den Fahrzeugpark. Für die Festspiele wurde erneut ein großer Ansturm erwartet und dabei konnten die Triebwagen kaum helfen. Für die zahlreichen Sonderzüge waren Dampfloks erforderlich, denn sogar im Regeldienst war die Kapazität der elektrischen Wagen nun zu gering. So erhielt die LAG im Jahre 1909 ihre zweite elektrische Lok, bezeichnet als LAG 2. Die Erfahrungen mit der ersten Lok wurden hier umgesetzt, die Lok sollte stärker und robuster ausgeführt zum Einsatz gelangen.

Eine ausführliche Beschreibung der beiden ersten Elloks sowie der in den Folgejahren weiter beschafften Maschinen enthält das separate Kapitel „Die Lok-Familie E 69“ weiter hinten in diesem Buch.

Im Passionsverkehr stellte die LAG 2 dann bereits eine wichtige Unterstützung für die Dampfloks dar, von denen in der Regel drei Maschinen für einen Sonderzug benötigt wurden. Daher beorderte die LAG ab Juni 1910 zusätzlich 13 Dampfloks zum Bw Murnau. Insgesamt wurden in den kommenden vier Monaten 224.000 Passionsfahrgäste befördert, was erneut Höchstleistungen von Personal und Maschinen forderte. Mit Abschluss der Spiele kehrte erstmals in der Geschichte der Bahn für eine längere Phase der Alltagsbetrieb ein. Ruhige Jahre, die weitgehend nur von kleineren Änderungen geprägt waren.

Keine Auswirkungen auf den Bahnbetrieb hatten die im Mai 1910 wieder aufflammenden Pläne einer weiteren Eisenbahnstrecke im Ammertal. Erneut war es unter anderem Heinrich Baumgartner, der den Eisenbahnverkehr dieser Region durch neue Strecken fördern wollte. In einem ausführlichen Aufsatz warb er für eine Linie Bad Kohlgrub – Lechbruck im Allgäu. Die Linie sollte, entgegen der ersten Planung vom 19. Jahrhundert, nun nicht mehr in Altenau, sondern eben in Bad Kohlgrub abzweigen. Sie sollte über Bayersoien, Echelsbach (mit 70 m-Brücke über die Ammer) nach Wildsteig und Steingaden bis nach

Lechbruck führen, was einer Länge von 22,2 km entsprach. Mit Datum vom 13. Februar und 21. Mai 1910 wurden verschiedene Projektierungskonzessionen erteilt. In dem erwähnten Bericht wird ein „ausgezeichneter, wirtschaftlicher Erfolg" der Bahnstrecke prognostiziert, beispielsweise wegen des hohen Pilgerverkehrs zur „Wies", einer bekannten Rokoko-Kirche zwischen Wildsteig und Steingaden sowie wegen des hohen Güterverkehrs, namentlich von der Kohleförderung in Peiting. Dass die Bahn jedoch knapp 10 km an diesem Zechenort vorbeiführte, wurde offenbar weniger berücksichtigt. Offensichtlich zeigten hier alle möglichen Investoren mehr Weitblick als das Komitee zum Streckenbau. Niemand wagte sich an die Verwirklichung des aus heutiger Sicht absolut hoffnungslosen, mit 1,8 Millionen M Baukosten veranschlagten Projekts. Allein für die Ammerbrücke bei Echelsbach war eine halbe Million Mark eingeplant. Lechbruck musste sich daher mit seiner Bahnstrecke von Markt Oberdorf begnügen und Peiting erhielt 1917 endlich einen Bahnanschluss durch die Linie (Weilheim –) Peißenberg – Schongau.

Für die Oberammergauer Bahn kam im Herbst 1912 eine dritte Ellok nach Murnau, die weitgehend der LAG 2 glich und als LAG 3 im Februar 1913 in Betrieb ging. Somit erwuchs den Triebwagen zunehmend Konkurrenz, mehr und mehr waren nun die Elloks in allen Diensten zu Hause.

Mit Ausbruch des Ersten Weltkrieges gingen die Leistungen auf der Bahn etwas zurück. So blieb auch ein Gesuch der Gemeinde Oberammergau vom 16. Dezember 1914 ungehört, die einen Abendzug von Oberammergau nach Murnau forderte. Die LAG verwies auf die Rückgänge im Verkehrsaufkommen durch den Krieg bei Geschäftsreisen und Musterkoffern, zeigte sich allerdings bereit, den Zug zumindest zwischen Weihnachten und Mitte Januar für Skifahrer durchzuführen.

Schwerwiegender aber war die im Kriegsverlauf beginnende Krise der LAG. Durch Verlust der ausländischen Bahnstrecken schlitterte die bis dato so akkurat und solide geführte Gesellschaft weitgehend unschuldig in Schwierigkeiten. Im weiteren Verlauf kamen bei der LAG auch zunehmend Aktionäre ans Ruder, die nicht mehr ihre Wurzeln im Umfeld der Eisenbahn hatten, sondern vor allem spekulativ agierten.

All dies konnte auf den Betrieb der LAG-Strecken vor Ort natürlich nicht ohne Auswirkungen bleiben. Investitionen unterblieben zunehmend und am laufenden Betrieb wurde gespart. So schrieb die einflussreiche Fürst Quart-Isnysche Verwaltung Grafenaschau am 19. Januar 1920 an

△ **Bild 33** • Beschauliche Idylle „an der Elektrischen" in Oberammergau, vermutlich zwischen 1918 und 1920. Vor dem Züglein steht **LAG 3** und im Hintergrund sieht man, wie sich **LAG 2** im Güterverkehr nützlich macht.
Aufnahme: Sammlung Stephan Beständig

die Anliegergemeinden einen Aufruf, sich doch gemeinsam für eine Verstaatlichung der Oberammergauer Strecke einzusetzen, die nun spruchreif sei und auch von der Bevölkerung gewünscht werde. Am 22. Januar desselben Jahres reichten daraufhin die Gemeinden Murnau, Bad Kohlgrub, Saulgrub, Unterammergau, Bayersoien und Oberammergau an die Abgeordnetenkammer eine Resolution ein. Sie stellten einen Antrag zur Übernahme der Bahn durch den Staat. Begründet wurde der Wunsch mit *„den enorm hohen Fracht- und Personentarifen, zu denen die LAG durch Verlust außerdeutscher Bahnen gezwungen ist, diese zu verlangen, um sich einigermaßen über Wasser halten zu können. Die Strecke an sich rentiere sich, hat 1919 einen Überschuss von 200.000 M erwirtschaftet. Holzreichtum, Wetzsteinindustrie in Unterammergau und Bayersoien, die Passion in Oberammergau, Torfwerke in Bayersoien mit fünf Wagenladungen täglich und der Kohlebergbau in Kohlgrub werden die Rentabilität in Zukunft sichern …"* Doch Staat und Bayerische Staatsbahn rissen sich schon damals nicht um eine kleine Nebenbahn und lehnten das Gesuch am 25. März 1920 ab.

Eine erste Betriebseinschränkung im Weihnachtsverkehr 1920 hatte jedoch andere Gründe: Der geringe Wasserlauf der Ammer beeinträchtigte in zunehmendem Maße den Bahnverkehr und die örtlichen Stromlieferungen. Um ihre Einnahmen in den Ortsnetzen nicht zu verlieren, setzte die LAG im Zugverkehr für Wochen Dampfloks ein, um Strom zu sparen.

△ **Bild 34** • Einige Reisende warten im gerade umgebauten Bahnhof Saulgrub auf die Einfahrt des Sommertriebwagens nach Oberammergau. Zum Zeitpunkt der Aufnahme 1918 stand der Triebwageneinsatz schon kurz vor seinem Ende.
Aufnahme: Sammlung Karl Unhoch

In der Krise die Katastrophe – der Unfall von Grafenaschau

In all diese Probleme platzte dann auch noch der größte Eisenbahnunfall der LAG. Einen Tag vor dem Unglück, am 1. Juni 1921, wurde auf der Strecke der neue Sommerfahrplan eingeführt. Er wies maximal sechs Zugpaare auf, in der ruhigen Saison fuhren gar nur vier Züge in jede Richtung. Darunter auch jener Personenzug, der Murnau um 10.15 Uhr verließ und im vorangegangenen Winterfahrplan den entgegenkommenden Güterzug aus Oberammergau in Bad Kohlgrub kreuzte. Im neuen Fahrplan war nun diese Zugbegegnung in den aus Einsparungsgründen unbesetzten Bahnhof Grafenaschau verlegt worden. Das Personal des Personenzuges hatte dort die Weichen zu stellen und die Zugkreuzung abzuwickeln. So funktionierte das Ganze am 1. Juni auch ohne Probleme. Am Folgetag bespannte LAG 1 den Personenzug, während LAG 2 mit dem Güterzug unterwegs war. Damals hatten die Loks noch weitgehend fest zugeteilte Personale. Der auf der LAG 1 eingeteilte Lokführer Heckl hatte den Ruf, nicht ganz zuverlässig zu sein, gleiches galt für den Zugbegleiter. So dachten offensichtlich beide nicht an die verlegte Kreuzung, als sie gegen 10.30 Uhr in den Bahnhof Grafenaschau einfuhren und nach kurzem Aufenthalt die Fahrt fortsetzten. So setzte sich der Personenzug in Bewegung, obwohl der Güterzug mit LAG 2 bereits durch Jägerhaus rollend das starke Gefälle herunterratterte. Gegen 10.35 Uhr bogen aus den beidseitig unübersichtlichen Kurven sowohl bergwärts als auch in Talrichtung Züge in die kurze Gerade bei Kilometer 7,1. Die von beiden Lokführern eingeleitete Notbremsung konnte den die Steigung herauf fahrenden Personenzug mit LAG 1 noch zum Stehen bringen. Die wegen der abspringenden Bremser weitgehend ungebremsten Güterwagen schoben jedoch LAG 2 nahezu mit unvermindertem Tempo auf ihre Schwesterlok, die mit hoher Gewalt gerammt wurde. Die Wagen des Personenzuges schoben sich völlig ineinander und zerbarsten teilweise, die Güterwagen sprangen aus den Schienen oder bohrten sich in die Zuglok. Beim Betrachten der Bilder verwundert es, dass das Chaos aus Holz und Metall lediglich drei Schwer- und zehn bis zwölf Leichtverletzte Fahrgäste forderte.

Der Verkehr konnte zunächst nur zwischen Murnau und Grafenaschau weitergeführt werden, doch bereits am 4. Juni war der Abendzug ab Murnau um 22 Uhr wieder auf der gesamten Strecke unterwegs. Die Karriere der beiden am Unfall schuldigen LAG-Mitarbeiter war damit beendet. Der Unglückslokführer Heckl verdiente sich seine Brötchen in der Folgezeit als Eierhändler in Murnau …

Der Schaden an Fahrzeugen und Gleisanlagen belief sich letztlich auf mehr als zwei Millionen Mark. Die Zerstörungen an den Loks, vornehmlich an LAG 2, deren Aufbauten nahezu zerplatzt waren, waren so gravierend, dass sie wohl auf Monate hin nicht mehr einsatzfähig waren. Nachdem die Triebwagen bereits zwei Jahre zuvor ihren Dienst quittieren mussten, verblieb nun lediglich LAG 3 als elektrisches Fahrzeug, die nun Unterstützung von Dampfloks anderer LAG-Bahnen benötigte. Um dem abzuhelfen, bediente sich die LAG auf dem „Schnäppchenmarkt“ bei Siemens und erwarb die 1922 angelieferte LAG 4, von der in einem Extra-Kapitel viel zu berichten ist.

Dieses Unglück war natürlich nicht dazu angetan, die Betriebsführung der LAG bei der Bevölkerung und der Gemeinde in besseres Licht zu rücken. Unter diesen Voraussetzungen standen nun die wegen der Kriegsereignisse ins Jahr 1922 verlegten Passionsspiele an, bei denen erneut Zuschauerrekorde erwartet wurden. Am 13. Januar 1922 machte die Gemeinde Oberammergau daher in einem Brief an das Eisenbahnministerium deutlich, dass sie die LAG aufgrund deren wirtschaftlicher Situation nicht in der Lage sieht, den Passionsverkehr abzuwickeln. Dies sei schon in der unzuverlässigen Stromlieferung an die Gemeinde ersichtlich, die

▽ **Bild 35** • Hochbetrieb an der Werkstätte Murnau: Vorne links **LAG 3** mit dem modernen Stromabnehmer, dahinter **LAG 2** und rechts die erste Ellok **LAG 1**.

Aufnahme: Sammlung Bernd Mühlstrasser

△ **Bild 36 •** Großes Chaos an der Unfallstelle bei Grafenaschau am 2. Juni 1921. Völlig zertrümmert vor allem die vordere **LAG 2**. Mehr in Form geblieben scheint **LAG 1**. Unterhalb der Unfallstelle diskutieren Fahrgäste und Personal. Im hellen Kittel ist auch der schuldige Lokführer Heckl mit von der Partie.

Aufnahme: Sammlung Bernd Mühlstrasser

Bild 37 ▷
Auch die bergfahrende Personenzuggarnitur wurde beim Aufprall schwer beschädigt. Glücklicherweise lief hinter **LAG 1** ein Gepäckwagen.

Aufnahme: Sammlung Bernd Mühlstarsser

Bild 38 ▷
Durch den Unfall waren nun wieder verstärkt Dampfloks im Einsatz. Lange Zeit in Murnau stationiert waren die beiden 1´Cn2tv-Loks LAG 27 und LAG 28. Auf unserer Aufnahme hat LAG 2 ihre Dampfkollegin LAG 28 kalt aus dem Schuppen gezogen, um sie dem Fotografen Ernst Schörner zu präsentieren.

Aufnahme: Ernst Schörner

meist unter dem vereinbarten Werte läge. Im Dezember 1921 fiel die Versorgung gar für drei Wochen aus, weil morsche Holzmasten brachen. Als besonders dreist von der LAG empfand die Passionsgemeinde, dass sich diese den höheren Betriebsaufwand durch den Passionsverkehr mit einer Zahlung von vier Millionen Mark durch die Gemeinde absichern lassen wollte. Die Gemeinde fand dies ungeheuerlich und schlug der Staatsbahn vor, die Passionszüge auf der Staatsstrecke nach Garmisch bis Oberau fahren zu lassen und mittels Pferde- und Omnibus-Verkehr die Reisenden nach Oberammergau zu befördern. Paradoxerweise ist dieser Vorschlag zwar 1922 nicht umgesetzt worden und die mehr als 200.000 Reisenden waren sicher über die Ammergauer Bahn befördert worden, doch 78 Jahre später, für die Spielzeit des Jahres 2000, dachte die Deutsche Bahn AG genau über diese Betriebsabwicklung nach. Die Gründe lasen sich ähnlich: Investitionsstop, Abbau von Leistungen, keine Kreuzungsmöglichkeiten. Letztlich wurde dies aber dann doch die letzte von der Oberammergauer Bahn begleitete Passionsspielzeit.

Trotz der anfänglichen Bedenken und Ressentiments gegenüber einer erfolgreichen Spielsaison absolvierte die LAG auch 1922 einen erfolgreichen Passionsverkehr auf der Oberammergauer Bahn. Es wurden sogar eigens zwei neue Dampfloks durch die LAG angeschafft, die Maschinen LAG 80 und 81. Diese waren an die Staatsbahnloks der Bauart GtL 4/4 angelehnt und gelangten später als 98 1601 und 1602 zur Reichsbahn. Nach der Passionsspielsaison leisteten sie ihre Dienste aber zunächst auf der Isarthalbahn der Localbahn AG.

△ **Bild 39** • Beschaulicher Alltagsbetrieb in den zwanziger Jahren: Auf einer der seltenen Betriebsaufnahmen von **LAG 1** bringt die kleine Lok ihre Lokalbahn-Garnitur durch Saulgrub. Aufnahme: Sammlung Karl Unhoch

Mit Investitionen aus der Krise

Der Erfolg im Passionsjahr 1922 konnte die wirtschaftliche Krise der Nachkriegszeit und die Schwierigkeiten der LAG nicht übertünchen. So lief die Betriebsabwicklung in den zwanziger Jahren weitgehend auf niedrigem Niveau ab. Die Beförderungszahlen sanken gar in der zweiten Hälfte dieses Jahrzehnts auf unter 200.000 Personen, lediglich der Güterverkehr entwickelte sich sehr positiv. 1924 wurden noch 30.436 t befördert, 1927 konnte mit einem nie mehr erreichten Spitzenwert von 59.025 t fast die doppelte Menge abgefahren werden.

Investitionen auf der Bahn gab es zunächst lediglich in einer Erweiterung der Murnauer Werkstätte. Das dortige Betriebswerk errichtete bereits die LMKO Ende des 19. Jahrhunderts beim Bau der Bahn. Damals entstand im Bahngelände zwischen Lokalbahnhof Murnau und der Station Murnau Ort eine Wagenhalle mit zwei Gleisen sowie ein eingleisiger Lokomotivschuppen. Letzteren hatte die LAG bereits unmittelbar nach Übernahme der Bahn 1904 wieder abgerissen. Durch das Einfügen einer Trennmauer wurde die Halle nun in der Mitte halbiert. Eines der beiden Gleise führte durch beide Hallenhälften, das zweite endete nun in der Hallenmitte. Dafür entstand an der linken Außenwand entlang ein neues Gleis, das durch eine Verlängerung des Hallendaches in voller Länge überdacht war. Die

◁ **Bild 40**
Ob für diese „komische" Lokformgebung der Oberammergauer Hausberg „Kofel" Modell gestanden hat? Ähnlichkeiten in der Linienführung lassen sich nicht leugnen. Auf jeden Fall nutzte das Personal den Aufenthalt im Endbahnhof für ein Erinnerungsfoto mit der **LAG 4**.

Aufnahme: Sammlung Otto Messmer

△ **Bild 41** • Eine Urlaubserinnerung vom 3. August 1929 auf dem Balkon des Hotel Wehe zeigt „nebenbei" eine der ganz seltenen Betriebsaufnahmen der **LAG 4**-Ursprungsvariante und Hochbetrieb im Murnauer Lokalbahnhof. Auf Gleis 1 steht die gepflegt erscheinende „Halblok" schon abfahrbereit vor einem Lokalbahnzug. Etwas länger ein zweiter Zug auf Gleis 2, an dem gerade noch **LAG 3** zu erkennen ist. Im Hintergrund Bahnanlagen und Stellwerk der „Staatsbahn-Linie" nach Mittenwald. Aufnahme: Sammlung Friederike Keup

Anlagen des Bw wurden durch den Umbau auf die Wartung der Elloks ausgerichtet, nachdem die ursprünglichen Einrichtungen für die Triebwagen-Unterhaltung nun schon seit Jahren überflüssig waren.

Die für 1930 anstehenden nächsten Passionsspiele, denen bereits vier Jahre später Jubiläumsspiele folgen sollten, ließen Ende der zwanziger Jahre zahlreiche weitere Investitionen auf der Bahn nötig werden. Die Gleisanlagen im Murnauer Lokalbahnhof erfuhren eine umfassende Umgestaltung und die Ausrüstung mit neuer Signaltechnik. Für die vielen zusätzlich in Murnau stationierten Lokomotiven mussten die Versorgungsanlagen im Bw-Bereich erweitert werden. So wurde sogar eine maschinentechnische Fahrdienstleitung eingerichtet sowie eine alte Brunnenanlage wieder in Betrieb gesetzt.

Neu entstand in Murnau auch ein Putzgraben für Dampfloks im Bereitstellungsgleis und neuzeitliche Leuchten sollten die Ausleuchtung der Murnauer Bahnanlagen sicherstellen. Entlang der Strecke erfolgte der Ausbau des Bahnhofsgebäudes Grafenaschau und ein Neubau in Kohlgrub, wo auch ein Wasserkran aufgestellt wurde. In Oberammergau errichtete die LAG eine neue Güterhalle und vergrößerte die Gepäckabfertigung. Auch die Wasserversorgung am Endpunkt wurde auf drei Wasserkräne erweitert, ebenso um einen Hochbehälter mit 5 m^3 Fassungsvermögen zum raschen Bewässern mittels Schlauch.

Alle Bahnhöfe erhielten ferngesteuerte Weichen, die Fahrleitung wurde auf der gesamten Streckenlänge überarbeitet so-

▽ **Bild 42** • Der neue Kraftprotz für das Ammertal ist da! Im April 1930 ist der Neuzugang auf ersten Probefahrten unterwegs. Beim Feierstündchen im Lbf Murnau hat sie sich elegant gekleidet. Aufnahme: Sammlung Otto Messmer

△ **Bild 43** • Dichtes Gedränge am 22. Juni 1930 im Endbahnhof Oberammergau. Auf den Gleisen 1 und 3 sind gerade zwei Sonderzüge zum Passionsspiel angekommen, die Fahrgäste ergießen sich in den Bahnhof. Während den linken Zug zwei Dampfloks heraufgeschleppt haben, hat der Zug auf Gleis 3 Schub von **LAG 5** erhalten. Die Wagenabstellgleise sind bereits voll belegt.

AUFNAHME: SAMMLUNG BERND MÜHLSTRASSER

wie in den Bahnhofsbereichen durch vermehrten Einsatz von Querträgern übersichtlicher gestaltet. Alle Masten wurden neu gestrichen, jene aus Holz erhielten Eisenbetonfüße. Auch das Kraftwerk Kammerl wurde modernisiert, eine neue Schaltanlage eingerichtet.

Herausragendste Neuanschaffung war jedoch die fünfte Ellok der Strecke, die rechtzeitig zur Passionssaison 1930 in Betrieb gehen konnte. Diese deutlich größer und leistungsstärker dimensionierte, als LAG 5 bezeichnete Lok, leistete im Passionsverkehr bereits wertvolle Dienste. Dennoch musste der Fahrzeugpark kräftig von Dampfloks unterstützt werden. Es wurde ein Bestand von 13 Stück aufgebaut, wovon acht Maschinen von der Deutschen Reichsbahn (DRG) angemietet waren. Die LAG schickte neben den Murnauer Loks LAG 27 und 28 ihre Thalkirchner

◁ **Bild 44**
Während ein weiterer Sonderzug in Oberammergau eingetroffen ist, steht auf dem Nachbargleis **LAG 1** mit der regulären Garnitur bereit.

AUFNAHME: SAMMLUNG BERND MÜHLSTRASSER

△ **Bild 45** • Eine beeindruckende Wagenschlange quält sich zur Passion 1930 den Kohlgruber Damm hinauf. Drei Tenderloks teilen sich die Last. Aufnahme: Sammlung Hans Greinwald

So gerüstet bewältigte die Bahn auch die Spiele des Jahres 1930 anstandslos und mit 552.307 Reisenden konnte eine Höchstmarke erreicht werden, auch wenn der Anteil der mit dem Zug anreisenden Gäste erstmals rückläufig war.

In den nur vier Jahren zwischen diesen und den nächsten Jubiläumsspielen (300 Jahre Passion Oberammergau) brachen die Beförderungszahlen wirtschaftsbedingt drastisch ein. Mit nicht mal 113.000 Personen wurde 1932 ein Ergebnis erzielt, das an

Loks 69, 80 und 81 auf die Oberammergauer Bahn, von der DRG kamen die 98 417, 432, 443, 448, 539, 662, 663 und 666 aus den Betriebswerken Regensburg, Nürnberg und Würzburg auf die Strecke. Hierbei wurde an 98 666 die fällige Untersuchung im Bw Murnau ausgeführt. Dabei bemängelte die LAG den im Vergleich zu den eigenen Maschinen schlechten Unterhaltungszustand der Reichsbahn-Maschinen. So mussten bei einzelnen Loks die Aschkastenklappen durch Gewichte beschwert werden, um sie dicht abschließen zu können. Das Personal wurde von anderen LAG-Strecken herangezogen, in großer Zahl von der Lausitzer Eisenbahnverwaltung, an der die LAG mit 87 % beteiligt war.

Betriebstechnisch waren die Passions-Züge in der Regel durch zwei Dampfloks bespannt, auf der Fahrt von Grafenaschau bis Altenau in beiden Richtungen durch eine zusätzliche Schiebelok unterstützt. Wegen der unmittelbar nach den beiden Bahnhöfen einsetzenden starken Steigung entschloss sich die Betriebsleitung, die Züge zum Ansetzen der Lok nicht anhalten zu lassen, sondern die Schublok auf den fahrenden Zug aufschließen zu lassen. Hierzu wurden die Lokführer besonders eingeschult, die Geschwindigkeit des Zuges bei diesem, der Eisenbahn-Fahrtvorschrift eigentlich widersprechendem Manöver auf 10 km/h begrenzt. Offensichtlich kam es aber zu keinen Problemen bei dieser Betriebsabwicklung.

△ **Bild 46** • Günstig in Sonderzügen der Deutschen Reichsbahn nach Oberammergau! Mit einem mehrseitigem Prospekt warben DR und Mitteleuropäisches Reisebüro (MER) für Sonderzüge aus dem Reichsgebiet. So kostete eine Anreise aus dem Schwarzwald in der 3. Wagenklasse samt individueller Rückfahrt nur 7 Reichsmark. Abbildung: Sammlung Bernd Mühlstrasser

◁ **Bild 47** • Wie gemalt! Vermutlich um 1935 rollt **LAG 2** mit einem bunten Güterzug nach Altenau ein. Zeitlos die typische Ortskulisse von Altenau mit dem markanten, für die Region ungewöhnlichen Kirchturm. Die Gebäude sind bis heute weitgehend unverändert, auf der Wiese im Vordergrund hat sich bald nach dieser Aufnahme der der örtliche Friedhof angesiedelt.

Aufnahme: Sammlung Historisches Archiv Altenau

◁ **Bild 48**
Neues Gesicht im Ammertal: Im Sommer 1934 kehrt **LAG 4** in neuem Gewand zurück. Auf einer ihrer ersten Fahrten erhielt sie im Bahnhof Unterammergau noch Unterstützung von LAG 28.

Aufnahme: Slg. Bernd Mühlstrasser

die Konkursjahre der Anfangszeit erinnerte. Die Güterleistungen lagen sogar unter dem Wert von 1903! Entsprechend erfolgte eine drastische Einschränkung des Verkehrsangebotes. Dennoch erfuhr der Streckenausbau vor den Passionsspielen 1934 eine Fortsetzung.

In Murnau erhielten die Anlagen des Bw im Rahmen eines erneuten Umbaues die Form, die bis zum Ende in den achtziger Jahren beibehalten wurde. So verlängerte die LAG die gesamte Halle um acht Meter, was durch den Fassadenunterschied mit Fachwerk-Trägern bzw. verputzten Wänden sichtbar war. Die erst 1926 eingezogene Trennmauer wurde wieder abgetragen, sodass in die Halle wieder zwei gleich lange Gleise führten. In Altenau wurde der Bahnhof um ein Wohngebäude ergänzt, und Oberammergau erhielt eine Bahnsteighalle quer zu den Gleisen. Die nach den Passionsspielen 1930 abgestellte Ellok LAG 4 – der Sonderling unter den fünf Maschinen – wurde nach vierjähriger Abstellzeit in München-Thalkirchen wieder neu aufgebaut und den anderen Loks angeglichen. Somit standen fünf leistungsfähige Elloks für den Verkehr zur Verfügung, die erneut durch LAG- und DRG-Dampfloks Unterstützung erhielten. Dennoch mussten erstmals rückläufige Reisendenzahlen verzeichnet werden, die um gut 20.000 Personen unter den letzten Ergebnissen lagen. Der zunehmende Individual- und Omnibusverkehr wirkte sich immer negativer aus. Die LAG konnte dies verschmerzen, da dieser Entwicklung zumindest ein wieder spürbarer Aufwärtstrend im Alltagsbetrieb gegenüberstand, entwickelte sich doch das Reisenden- und Güteraufkommen wieder deutlich nach oben. 1937 wurde mit 325.361 beförderten Personen ein bislang nicht annähernd erreichter Wert verzeichnet.

Der zweigleisige Ausbau der Strecke München – Garmisch-Partenkirchen zur Vorbereitung der Olympischen Spiele im Jahr 1936 machte im Frühsommer 1935 einen Umbau der Brückenüberführung dieser Strecke bei Murnau Ort nötig. Auf Kosten der Staatsbahn wurde ein Widerlager-Flügel abgebrochen und zurückversetzt neu aufgebaut, die Stahlträgerbrücke der Oberammergauer Bahn über die Gleise der Garmischer Strecke musste dementsprechend verlängert werden.

△ **Bild 49** • Auch für die Passionsspiele 1934 stellte die Reichsbahn Lokhilfe. 98 870 ist eine der vielen 98er, die erneut Schwerstarbeit leisten mussten. Ein Teil der ebenfalls zugeteilten Personale trifft sich in Murnau zum Erinnerungsfoto.

Aufnahme: Sammlung Bernd Mühlstrasser

◁ **Bild 50**
Nichts scheint vom Beginn an bis zum Ende der fünfziger Jahre auf der Ammergauer Bahn so beständig wie der eingereihte Postwagen gleich hinter der Zuglok. Auch der Mitte der dreißiger Jahre von **LAG 5** nach Oberammergau bespannte Personenzug ist damit vor dem Lokschuppen am Endbahnhof angekommen.

Aufnahme: Ernst Schörner, Sammlung Stephan Beständig

△ **Bild 51** • Die zeittypische Maskerade hat der LAG nichts genutzt: Auch wenn sich **LAG 1** und der Murnauer Lokalbahnhof noch so führertreu herausgeputzt haben – die LAG wird 1938 verstaatlicht. Sehenswert sind die abenteuerliche Balkenkonstruktion für den Stromabnehmer der Lok sowie die massiven Betonprellböcke.

AUFNAHME: SAMMLUNG FÜRSICH

Das Ende der LAG

Den wieder zurückkehrenden Erfolgen der LAG ab Mitte der dreißiger Jahre standen große politisch motivierte Probleme gegenüber. Bereits ab 1933 betrieben die Nationalsozialisten massive Hetzkampagnen gegen die LAG wegen „jüdischer Unterwanderung". Zwei Vorstandsmitglieder der LAG legten schließlich ihre Ämter nieder, um den extremen Druck auf die LAG zu lindern.

Die wahren Gründe lagen aber anders, sodass die Einflussnahme der Nazis auch nicht zurückging. Es waren wohl vor allem strategische Gründe, warum die damals regierenden Machthaber gegen die LAG vorgingen. Die umfangreichen Transporte von

▽ **Bild 52** • Der spartanische Nachkriegsfahrplan war gültig ab dem 24. September 1945.

ABBILDUNG: SAMMLUNG EISENBAHN-ARCHIV.DE

12

Strecke Murnau—Oberammergau

Kp (31,1) 2. 3. Klasse (70 t)

Oberammergau—Murnau

Höchstgeschwindigkeit 40 km/h

Last Oa—A 130 t
A—S 80 t
S—Gr 130 t ⑩
Gr—M 105 t

E 69 01–04 oder L 34.09

Mindestbremshundertstel I 55, II 62

			2573		Sa. 2581		2569		
1	2	3	4	6	4	6	4	6	8
		Oberammergau . .	—	6 30	—	12 10	—	4 45	
3,3		Unterammergau . .	6 36	37	12 16	17	4 51	52	5,0
1,5		Scherenau Hp . . .	×	39	×	19	×	56	2,0
2,3		Altenau	43	44	23	24	5 00	5 01	3,0
2,4		Saulgrub	49	50	29	30	06	07	5,0
1,1		Bad Kohlgrub Hst	×	52	×	32	×	09	2,0
1,5		Kohlgrub Ort . .	55	56	35	36	12	13	3,0
2,3		Jägerhaus Hp . .	×	7 00	×	40	×	17	4,0
3,9		Grafenaschau	7 06	07	46	47	23	24	6,0
2,3		Seeleiten-Berggeist Hp	×	11	×	51	×	28	4,0
1,6		Ramsachleite Hp .	×	14	×	54	×	31	3,0
1,1		Murnau Ort Hp .	×	17	×	57	×	34	2,0
0,4		**Murnau** ▼	7 20	—	13 00	—	5 37	—	2,0
23,7									41,0

13

Kp (31,1) 3. Klasse (70 t)

Murnau—Oberammergau

Höchstgeschwindigkeit 40 km/h

Last M—Gr 105 t
Gr—BK 80 t ⑩
BK—A 105 t
A—Oa 130 t

E 69 01–04 oder L 34.09

Mindestbremshundertstel I 55, II 62

			2574		Sa 2582				
1	2	3	4	6	4	6			8
Entfernung km	Beschränkung der Höchstgeschw. im Gefälle km/h	Betriebstellen	Ankunft	Abfahrt	Ankunft	Abfahrt			Kürzeste Fahrzeiten M
		Murnau	—	8 15	—	14 40			
0,4		Murnau Ort Hp .	×	17	×	42			2,0
1,1		Ramsachleite Hp .	×	19	×	44			2,0
1,6		Seeleiten-Berggeist Hp	×	22	×	47			3,0
2,3		Grafenaschau	8 26	27	14 51	52			4,0
3,9		Jägerhaus Hp . .	×	35	×	15 00			7,0
2,3		Kohlgrub Ort . .	41	42	15 06	07			5,0
1,5		Bad Kohlgrub Hst	×	46	×	11			3,0
1,1		Saulgrub	48	49	13	14			2,0
2,4		Altenau	55	56	20	21			5,0
2,3		Scherenau Hp . . .	×	9 00	×	25			3,0
1,5		Unterammergau . .	9 03	04	28	29			2,0
3,3		**Oberammergau** ▼	9 10	—	15 35	—			5,0
23,7									43,0

△ **Bild 53** • Nach Übernahme durch die Deutsche Reichsbahn erhielten die Loks nicht nur eine neue DR-Betriebsnummer, sondern auch sonstigen „Zierrat“: **E 69 04** am 6. Mai 1941 im Ausbesserungswerk München-Freimann. Aufnahme: Sammlung Brian Rampp

Rüstungsgütern aus Geretsried über die Isartalbahn waren schließlich der Auslöser, die Localbahn Actien-Gesellschaft mit Reichsgesetz vom 16. Juni 1938 zum 1. August gleichen Jahres zu verstaatlichen, auch die geplante Neugestaltung der Bahnanlagen im Großraum München trug zu dieser Entscheidung bei. Sie war zumindest nach außen die Begründung für diesen Schritt.

Somit ging auch die Bahnstrecke nach Oberammergau mit ihrem gesamten Fuhrpark in das Eigentum der Deutschen Reichsbahn (DR) über. Die Bevölkerung des Ammertals sah dies überwiegend positiv, denn an der Betriebsführung änderte sich unmittelbar nichts und auch das Personal wurde übernommen. An den Seiten der kleinen Loks ragten nun jedoch die Schriftzüge der Deutschen Reichsbahn und die Maschinen fanden Eingliederung in das Nummernschema der DR mit der Baureihen-Bezeichnung E 69: Aus LAG 1 wurde E 69 01, aus LAG 2 E 69 02, LAG 3 wurde zur E 69 03, LAG 4 zur E 69 04, und LAG 5 fuhr nun mit der Nummer E 69 05. Betriebstechnisch wollte die DR viele Aufgaben des Bw Murnau zunehmend in ihre zentralen Ausbesserungswerke übernehmen, aber bis auf wenige Ausnahmen blieben doch alle Arbeiten an den Loks in Murnau, das dadurch eine Sonderstellung in der Werkstättenordnung der Reichsbahn innehatte. Die Ausrüstung der Werkstatt blieb weiterhin überdurchschnittlich. Der Arbeitsumfang umfasste weitreichende Leistungen, die sonst nur in den großen Ausbesserungswerken ausgeführt wurden.

In den ersten Kriegsjahren wurde der Betrieb auf der Oberammergauer Bahnlinie weitgehend unverändert weitergeführt. Die Zugleistungen blieben auch in dieser Zeit auf gleichem Niveau, wenngleich sich Personalbestand und Beförderungsstrukturen kriegsbedingt wandelten. Erst mit dem bis ins oberbayerische Voralpenland immer deutlicher spürbaren Zusammenbruch Nazi-Deutschlands gingen ab Ende 1944 die Leistungen auf der Bahn stärker zurück, der Fahrplan 1944/45 wies nur

▽ **Bild 54** • Der Kriegsalltag zeigte sich 1943 im Ammertal auch im Bahnbetrieb: An **E 69 04** sind die Loklaternen verdunkelt, die Pufferbohle zur besseren Sichtbarkeit weiß umrandet. Die gepflegte Maschine trägt den Reichsadler auf der Tür. Aufnahme: Carl Bellingrodt

noch vier Zugpaare und einen Abendzug auf. Im April 1945 herrschte noch an fast allen Tagen regulärer Betrieb auf der Bahn.

Zu kriegsbedingten Schäden kam es an den Betriebsanlagen nicht. Dennoch blieb die Strecke nicht von direkten Kriegseinwirkungen verschont. So geriet im April 1945 ein von Murnau kommender Zug bei Jägerhaus unter Fliegerbeschuss. Zum Glück ging dieser Vorfall ohne Verletzte vonstatten. Schon in den Monaten zuvor versuchte man sich vor den zunehmenden Bombenangriffen in Süddeutschland zu schützen. Bei Fliegeralarm-Vorwarnung wurden alle in Murnau befindlichen E 69 gemeinsam nach Berggeist auf die Strecke gefahren, um dort in einem bewaldeten Abschnitt gesichert zu werden. Man befürchtete vor allem einen Angriff auf die Bahn- und Bw-Anlagen in Murnau sowie auf die Brücke der Ammergauer über die Garmischer Bahn. All dies hätte im „Erfolgsfall“ massive Betriebsbeschränkungen und eine Streckenunterbrechung zur Folge gehabt. Mit dem Abfahren aller Loks wollte man einen Betrieb auch im Falle von Kriegsschäden in Murnau gewährleisten.

Zum Kriegsende im Mai 1945 lag der Bahnverkehr weitgehend still. Nur an neun Tagen waren einzelne Züge, vor allem wohl mit Gütern, unterwegs – das Reisebedürfnis der Bevölkerung dürfte allerdings auch nicht besonders groß gewesen sein. Im Juni 1945 genügte noch meist der tägliche Einsatz von E 69 03, um alle Leistungen zu erbringen, während bis kurz vor Kriegsende alle fünf Loks nahezu täglich im Einsatz waren. Auch im Juli und August 1945 wurden wenige, wenn auch zunehmend mehr Züge eingesetzt. Ab August arbeitete auch die Werkstätte wieder. Bis Jahresende 1945 stiegen die Leistungen permanent an und ab 1946 wurde weitgehend ein normaler Bahnbetrieb gefahren.

Die fünfziger Jahre – Umbruch und enttäuschte Hoffnungen

Lange galten die fünfziger Jahre als die große Wende für die Oberammergauer Bahn – ein Wechsel von der verträumten bayerischen Lokalbahn, hin zur großen modernen Bahn einer weiten Welt. In Wirklichkeit brachten diese Jahre vor allem enttäuschte Hoffungen und gescheiterte Versuche, den Bahnbetrieb ins Ammertal neu zu ordnen.

In den ersten Nachkriegsjahren verlief der Betrieb nach Oberammergau noch ohne wesentliche Änderungen. Lediglich im Bereich des Bw Murnau gab es viel zu tun. Ein neues Aufgabengebiet erschloss sich die Werkstätte mit umfangreichen Wagenausbesserungen von kriegsbedingt beschädigten Wagen. Hierzu war der Personalbestand auf mehr als 70 Eisenbahner angewachsen. Die Schadwagen waren auf dem teilweise noch erhaltenen zweiten Streckengleis der Garmischer Hauptbahn abgestellt und wurden nach und nach dem Bw Murnau zugeführt. Sofern möglich, kamen sie zur Reparatur in die Werkstätte, andernfalls wanderten sie in die „Zerlegergruppe“, ein längeres Gleis, das aus dem Bw in die benachbarte Kiesgrube führte. Die LAG gewann dort früher Oberbaumaterial für die Strecke.

Die größtenteils ausgebrannten Wagen wurden in der Regel von E 69 01 übernommen und je nach „Schicksal“ ins Bw oder in die Kiesgrube rangiert. Dort arbeiteten vorwiegend aus Oberschlesien vertriebene ehemalige Reichsbahner, aber auch aus Murnau und Garmisch stammende Beamte, die auf ihre Entnazifizierung warten mussten und nicht mehr im regulären Dienst eingesetzt werden durften. Diese Arbeiten dauerten bis ins Jahr 1949.

△ **Bild 55** • Kaum verheilten die Kriegswunden, erschütterte ein schwerer Unfall das Werdenfelser Land. An Weihnachten 1946, stießen am 23. Dezember E 44 166 und E 60 07 in Hechendorf folgenreich zusammen. Die Murnauer E 60 stand anschließend jahrelang im Bw Murnau abgedeckt abgestellt, ehe sie wieder ausgebessert wurde. Ersatzteile wanderten zu den E 69. AUFNAHME: RBD MÜNCHEN SAMMLUNG BRIAN RAMPP

◁ **Bild 56**
Für die Passionsspiele 1950 arbeitete die Murnauer Werkstätte ihre E 69 gründlich auf. **E 69 03** hat am 30.Juni 1949 ihren Kuraufenthalt gerade beendet und zeigt sich in bestem Pflegezustand. Bw-Maler Ostermeier hat sie in makellosem Grün neu gestrichen.

Aufnahme: Alois Führmann

In der Lokwerkstätte herrschte ebenfalls Hochbetrieb. Das Bw Murnau beherbergte nun auch ständig Fahrzeuge für den Hauptbahnbetrieb. Vorwiegend war es die für den Rangierbetrieb Murnau und Schubdienst am Hechendorfer Berg benötigte Baureihe E 60, die im Bw Murnau stationiert wurde. E 60 07 gelangte als erste 1946 an den Staffelsee, aber auch zu zweifelhafter Berühmtheit. Am 23. Dezember desselben Jahres wurde sie bei einem schweren Unfall in Hechendorf unter

Lokbeheimatungen im Bw Murnau

54 1607	xx.08.1952 – xx.11.1952
70 093	06.06.1941 – 06.09.1941
86 543	24.10.1949 – 25.11.1949
98 823	07.10.1950 – 23.12.1950
98 1601	05.06.1952 – 20.07.1952
E 52 34	04.05.1949 – 11.06.1949
E 60 05	06.12.1947 – 29.02.1948
E 60 06	02.12.1949 – 20.01.1950
E 60 07	11.07.1946 – 23.12.1946
	24.12.1946 – 24.03.1949 (Z)
	04.02.1952 – 22.02.1952
E 60 10	01.02.1947 – 03.02.1952
	29.02.1952 – 05.02.1954

◁ **Bild 57**
Stolz präsentieren sich Werkstattarbeiter und der malende Lokführer (in der Mitte) vor ihrem Werk. Auf ihrer ersten Fahrt wird **E 69 03** von ihrer Schwester **E 69 04** begleitet.

Aufnahme: Sammlung Bernd Mühlstrasser

△ **Bild 58** • Ein wahrlich ungewohnter Anblick im Ammertal muss dieser Fahrzeugtyp gewesen sein. Versuchsweise kam ein Hamburger S-Bahn-Triebzug der Baureihe ET 99 im Jahr 1949 für Messfahrten auf die Oberammergauer Strecke. Die Aufnahme zeigt einen aus Fahrzeugen der Baureihe ET 99 gebildeten Vollzug am 28. Mai 1954 in seiner Heimat zwischen den Bahnhöfen Dammtor und Sternschanze. Aufnahme: Walter Hollnagel, Sammlung Robin Garn

einer E 44 begraben und fast vollständig zerstört. Die Maschine kam daraufhin als Torso ins Bw Murnau zurück und verblieb dort auf einem extra errichteten „Freistand“ und unter Planen abgedeckt. So blieb sie für die nächsten Jahre abgestellt. Erst 1949 waren im RAW Freimann wieder Kapazitäten zum Ausbessern einer derart schwer beschädigten Lokomotive frei. Als Ersatz kam E 60 10 nach Murnau, bislang kriegsbeschädigt im österreichischen Wörgl abgestellt. In Murnau konnte die Lok repariert werden. Anschließend war sie bis in die siebziger Jahre eine der „treuesten“ Murnauer E 60 (wenn auch als Lok des Bw Garmisch) und ist heute Museumslok im DB Museum Koblenz. Als E 60-Ersatz war für einige Wochen die große E 52 34 in Murnau beheimatet, sie ist heute ebenfalls Museumslok. Aber auch Fremdloks kamen von Zeit zu Zeit ins Bw Murnau, um dort in der hochqualifizierten Werkstätte gewartet zu werden. Alle diese Maschinen konnten jedoch nicht mit eigener Kraft ins Bw fahren. Vielmehr fuhren sie in der Regel „mit Schwung“ und abgesenktem Stromabnehmer aus dem Hauptbahn-Bereich in die Übergabegruppe zur Oberammergauer Bahn, um dort von einer E 69 übernommen und zur Werkstätte gefahren zu werden. Bei einer solchen Fahrt sollte Ende der vierziger Jahre auch einmal eine immerhin 106,2 t schwere E 75 ins Bw geschoben werden. Unter dieser Last wurde eine Weiche dann aber „wie Butter“ zusammengedrückt und die Lok stand urplötzlich im Schotter. Die Gleisanlagen im Bereich des Lokalbahnhofes waren mittlerweile abgefahren und gerade noch für die Gewichte der E 69 tragfähig. Aufgrund dieses Zwischenfalls entschloss sich die DB nun zu einem grundlegenden Umbau der Murnauer Gleisanlagen.

Die Werkstätte widmete sich in den Jahren 1948 und 1949 intensiver denn je ihren E 69. Für die bevorstehenden Passionsspiele 1950 wollte man die Maschinen nochmals in besten Zustand versetzen und arbeitete sie mustergültig auf. So entstand aus der ungeliebten E 69 04 durch weitreichende Umbauarbeiten eine leistungsfähige und störungsfreiere Alternative zu den Haupteinsatzloks E 69 02 und E 69 03. Außerdem erhielten alle Loks einen Generator, um die von Gas auf elektrisches Licht umgerüsteten Lokalbahnwagen, die nach wie vor auf der Strecke zum Einsatz kamen, mit Energie zu versorgen. Vielleicht wollten die Murnauer ihre Loks aber einfach nur „gut trainiert“ ins Rennen gegen die erstmals auftauchende Konkurrenz schicken! Denn 1949 erschien in Murnau ein Fahrzeug, mit dem sich die Bahn zumindest im Passionsverkehr eine leistungsfähige Alternative zu den E 69 oder dampfgeführten Zügen versprach. Aus Hamburg-Ohlsdorf reiste ein S-Bahn-Triebzug der Baureihe ET 99 an. Dort betrieb die DB bis 1955 ebenfalls ein Einphasen-Wechselstrom-Netz niedriger Frequenz. Die Fahrdraht-Spannung der Hamburger S-Bahn wich mit 6 kV, 25 Hz etwas von der Oberammergauer Bahn ab. Knapp zwei Wochen lang kam nun ein ET 99 im Versuchsbetrieb auf der Strecke Murnau – Oberammergau zum Einsatz. Vorwiegend befuhren die nicht öffentlichen Messzüge den steilen Abschnitt von Grafenaschau bis Bad Kohlgrub-Kurhaus. Messdaten wurden erfasst, die Kollektor-Temperaturen überwacht. Schließlich stand fest, dass das Fahrzeug – wohl auch wegen der verminderten Leistung durch die um 500 V niedrigere Spannung – für einen Betrieb auf dieser Strecke nicht geeignet war. So kehrte der Triebwagen nach wenigen Tagen in einer mehrtägigen Reise wieder zurück „vom Alpenrand zur Waterkant“.

△ **Bild 59** • Vor der Spielsaison wird im April 1950 die alte Oberleitung nochmals gründlich gewartet. Kurz nach Oberammergau sind die Eisenmanschetten an den Holzmasten gut erkennbar. Bis 2005 konnte man einzelne dieser Halterungen noch am Gleisbett entdecken. Aufnahme: Sammlung Brian Rampp

△ **Bild 60** • Zu den Passionsspielen 1950 gelangten erstmals Dampflokomotiven der Baureihe 64 auf die Bahn. 64 458 läuft vor einem Spielzug als zweite Lok. Das Personal nimmt vor dem Bubikopf im Bahnhof Oberammergau Aufstellung zu einem Erinnerungsfoto. Aufnahme: Sammlung Michael Spicker

Dampflokbaureihe 64 in Murnau (Sommer 1950)

Lok	vom Bw	in Murnau	nach Bw
64 214	München Ost	15.05. – 30.09.	Thalkirchen
64 284	Ingolstadt	15.05. – 28.09.	Ingolstadt
64 336	München Ost	15.05. – 30.09.	Thalkirchen
64 338	München Ost	16.05. – 05.10.	Thalkirchen
64 431	München Ost	16.05. – 30.09.	Thalkirchen
64 458	Mühldorf	15.05. – 06.10.	Hildesheim
64 500	Mühldorf	17.05. – 30.09.	Thalkirchen
64 502	München Hbf	29.03. – 25.09.	München Hbf
64 513	Mühldorf	15.05. – 30.09.	Rosenheim
64 518	Rosenheim	18.05. – 28.09.	Rosenheim
64 519	Rosenheim	16.05. – 28.09.	Rosenheim
64 520	Rosenheim	17.05. – 28.09.	Rosenheim

Im selben Jahr setzte sich mit der zugkräftigen Dampflok 86 543 (ab 24. Oktober 1949 in Murnau beheimatet) die Suche nach einer leistungsfähigen Baureihe fort, mit der die nach kriegsbedingter Pause ersten Passionsspiele seit 16 Jahren bestritten werden sollten. Als die Maschine nach einem Monat wieder in ihr Stamm-Bw Rosenheim zurückkehrte, hatte sie zwar überzeugende Leistungen gezeigt, aber dem leichten Oberbau sehr zugesetzt. Folglich entschied man sich für die Passionsspiele 1950 zu Gunsten des Bubikopfs, der Baureihe 64. Deren erste Vertreterin tauchte mit 64 502 bereits im März 1950 in Murnau auf. Insgesamt kamen für die Spiele zwölf Maschinen ins Bw Murnau (siehe Kasten), um die gewaltigen Verkehrsströme ins Ammertal zu bewältigen. In der Regel verkehrten die Spielzüge aber wie seit Anfang des Jahrhunderts – mit zwei Zugloks und einer Schublok, also drei Maschinen der Baureihe 64 am Zug oder einer E 69 als Schub.

Konnte sich die DB dank der überzeugenden Leistungen der altbewährten Triebfahrzeuge schon beim Material nicht innovativ präsentieren, sollte doch zumindest die Logistik fortschrittlich und zuverlässig sein. So richtete sie im Bahnhof Murnau eine Zugüberwachung ein. Hierzu ist anzumerken, dass die Spielzüge die vom Reisebüro DER (Deutsches Reisebüro) aus ganz Deutschland zugeführt wurden und u.a. als Zuggattung „Oa“ bezeichnet wurden, auf ihrem gesamten Laufweg unter Zugüberwachung standen. Für damalige Betriebsabwicklungen ein fast einzigartiges Privileg. Die zulaufenden Züge hatten absolute Priorität, nur Hilfszüge hatten Vorrang. Schließlich mussten die Fahrgäste pünktlich zum Spielbeginn im knapp 5.000 Besucher fassenden Passionstheater sitzen. Ein Ausweichen verspäteter Fahrgäste auf andere Vorstellungen wäre nicht möglich gewesen. So gelang es, annähernd alle Besucher in der Spielzeit von Mai bis September 1950 pünktlich ans Ziel zu bringen.

Ein einziges Mal musste eine Vorstellung um 30 min verschoben werden. Eine Meisterleistung der frisch gebackenen Deutschen Bundesbahn (DB), schließlich waren die Beförderungszahlen auf einem nie für möglich gehaltenen und leider auch nie mehr wieder erreichten Wert angekommen.

Lediglich zwei unglückliche Vorfälle belasteten diese Spielsaison. So ist der Passionsverkehr auf tragische Weise dafür verantwortlich, dass alle Maschinen der Baureihe E 44 ein verlängertes Vordach erhielten. Grund dafür war, dass bei einem Regelzug Garmisch – München eine zwei-

Regelmäßige Reisezüge Passion 1950

DER 982/1982	Hamburg-Altona – Oberammergau	Di
DER 992/1992	Dortmund – Oberammergau	Di
DER 1984	Augsburg – Oberammergau	Fr
DER 1994	Augsburg – Oberammergau	Fr
P Oa 906	München – Oberammergau	Wiederholungsspieltag
P Oa 908	München – Oberammergau	Wiederholungsspieltag
P Oa 916	München – Oberammergau	vor allen Spieltagen
P Oa 918	München – Oberammergau	vor allen Spieltagen
P Oa 904	Augsburg – Oberammergau	Wiederholungsspieltag
P Oa 1904	Weilheim – Oberammergau	Wiederholungsspieltag
Lp 2562 (E 69)	Lr Murnau – Grafenaschau	an allen Spieltagen
Kp 2562 (E 69)	Grafenaschau – Oberammergau	an allen Spieltagen
Kp 2567 (E 69)	Oberammergau – Murnau	an allen Spieltagen
DER 1983/983	Oberammergau – Hamburg-Altona	Di
DER 1993/993	Oberammergau – Dortmund	Di
DER 1985	Oberammergau – Buchloe	Fr
DER 1995	Oberammergau – Oberstdorf	Fr
P Oa 901	Oberammergau – München	zwei Tage nach allen Hauptspielen
P Oa 902	Oberammergau – München	zwei Tage nach allen Hauptspielen
P Oa 909	Oberammergau – München	Wiederholungsspieltag
P Oa 911	Oberammergau – München	Wiederholungsspieltag
P Oa 913	Oberammergau – Augsburg	Wiederholungsspieltag
P Oa 1913	Oberammergau – Weilheim	Wiederholungsspieltag

- Bei durchlaufenden Zügen Richtung Oberammergau wurden in Murnau an allen Wagen die Kupplungen um zwei Umdrehungen gelockert und in umgekehrter Fahrtrichtung entsprechend angezogen.
- Anschlussverbindungen: auf Züge aus Oberammergau warten Züge nach Augsburg / München bis zu 30 min
- Spielzüge maximal 270 t, sonst mit Vorspann+Schub oder in zwei Teilen

vorgeplante Züge:	12 Wagen Ci	(256 t/156 m/672 Plätze)
	10 Ci+9 Bi	(260 t/158 m/636 Plätze)
	9 Ci+3 Bci	(246 t/159 m/651 Plätze)
Lasten:	Zuglok 64 + Vorspann 64	Grenzlast 283 t
	Zuglok 64 + Vorspann 64 + Schublok 64	Grenzlast 425 t
	Zuglok 64 + Vorspann 64 + Schublok E 69 02-04	Grenzlast 394 t
	Zuglok 64 + Vorspann 64 + Schublok E 69 01	Grenzlast 368 t
	Zuglok 64 + Vorspann 64 + Schublok E 69 05	Grenzlast 452 t
	Zuglok E 69 01 + Schublok 64	Grenzlast 226 t
	Zuglok E 69 02-04 + Schublok 64	Grenzlast 252 t
	Zuglok E 69 05 + Schublok 64	Grenzlast 310 t
Kp-Züge (E 69):	aus 1 Packwagen + 4 Cl + 1 Bl (tw + 1 Post)	
Reservewagen:	Bf München Hbf 5 Ci / Bf. Murnau 2 Ci / Bf. Oberammergau 2 Ci	
Murnau Lbf:	zusätzlicher Fahrdienstleiter am Haltepunkt Murnau Ort (u.a. für Übergaben Murnau Hbf)	
	zusätzliche Lokdienstleitung Bw Murnau, Einrichtung einer Zugüberwachung in Murnau	
	15 Loks BR 64 zugeteilt	
Oberammergau:	fahrbares Stellwerk am Weichenkopf; zwei Rangierteams	
	Behelfsbahnsteig a. Gütergleis 1a / Ein- u. Ausfahrt v. Nebenbahnzügen m. Befehl u. 20 km/h	
	Aufsicht hat darauf zu achten, dass keine Reisenden auf den Trittbrettern stehen	
	(wegen der nicht profilfreien Vorbeifahrt an der Laderampe)	

te E 44 vorgespannt war, um ab Weilheim einen Passionszug bis Murnau zu übernehmen. Der durch den hintere Bügel verursachte Abrieb der Lokomotive verschmutzte dabei wegen des Regens die Fenster der zweiten Maschine äußerst stark. Als die Vorspannlok dann abgezogen wurde, stieg der Lokführer auf die Vorbauten, um die Fenster zu reinigen. Durch die sehr hohe Luftfeuchtigkeit kam es zu einem Stromüberschlag aus dem abgebügelt liegenden Frontstromabnehmer, der Lokführer wurde bei diesem Unglück getötet. In der Folgezeit erhielten sämtliche Loks der DB-Baureihe E 44 zum Schutz des Personals ein verlängertes Vordach.

Ein weiterer Vorfall war weniger tragisch, erforderte aber eine hohe Leidensfähigkeit der Fahrgäste. Aus Hof war ein langer Zug nach Murnau gekommen, übervoll mit 700 Festgästen. Gegen die Vorschrift wurde die Garnitur allerdings aus dreiachsigen Wagen gebildet, die für die Ammergauer Strecke wegen der engen Radien nicht zugelassen waren. Niemand wusste Rat und so mussten die Fahrgäste mehrere Stunden in Murnau ausharren, bis ein beherzter Fahrdienstleiter und die erfahrensten Lokführer es auf eigene Kappe nahmen, den Zug vorsichtig nach Oberammergau zu dampfen – übrigens ohne Probleme.

Mehr denn je strömten die Besucher aus aller Welt nach Oberammergau und so bewältigte die Bahn mit 464.000 beförderten Passionsgästen eine nie mehr erreichte Reisewelle zwischen Murnau und Oberammergau.

Was für die Organisation dieser Mammutaufgabe vorbereitet wurde, wie die kleine Nebenbahn ins Ammertal aufgerüstet wurde und welche Herausforderungen für den Betrieb dies nach sich zog, wird aus der links stehenden Auflistung schnell klar.

Bild 61
Nicht nur das Material hat sich herausgeputzt, auch die einheimischen Gepäckträger am Bahnhof Oberammergau hatten, entsprechend dem örtlichen „Barterlass", lange Bärte und wildes Haar, sowie die beste „Krachlederne" zur Begrüßung der Passionsgäste angelegt.

Aufnahme: Sammlung Bernd Mühlstrasser

△ **Bild 62** • Der Umbau der Fahrleitung ist im August 1953 bereits in vollem Gange, schon stehen erste Gittermasten. Dagegen ist bei **E 69 03** und der alten Lokalbahn-Garnitur die Zeit stehengeblieben. Kurz hinter Seeleiten-Berggeist ist der Endbahnhof Murnau schon bald erreicht. AUFNAHME: JÜRGEN HAGEMANN

Nach den Passionsspielen plante die Deutsche Bundesbahn die gründliche Sanierung der mittlerweile in die Jahre gekommenen Strecke. Die Fahrleitungsanlagen aus der Gründerzeit waren inzwischen reichlich marode, das leichte Gleisbett der Strecke störanfällig und das abweichende Stromsystem hinderlich geworden. Auch wenn die Ammergauer Bahn mit ihrem Einphasen-Wechselstrom wegweisend war, elektrifizierte die Deutsche Reichsbahn ihre Strecken im Normalfall mit einer höheren Spannung von 15 kV, 16 2/3 Hz. Man bedenke, dass als Ende 1924 die Hauptbahn München – Garmisch elektrifiziert wurde, die beiden Bahnen in Murnau wegen ihrer abweichenden Stromsysteme nicht miteinander vernetzt werden konnten. Die notwendige Erneuerung der Fahrleitungsanlagen auf der Ammergauer Bahn sollte nun Anstoß für eine Betriebsumstellung auf das übliche Stromsystem und somit den Anschluss an die große Eisenbahn sein. Gleichzeitig sollte der Oberbau der Bahn grundlegend saniert werden.

1952 begannen die Arbeiten an der Bahnstrecke. Abschnittsweise wurde der Oberbau abgetragen und endlich ein Schotterbett verlegt, bislang lagen die Gleise lediglich auf Sand und Kies. Parallel dazu wurden die alten Oberleitungsmasten durch neue Stahlgittermasten ersetzt. Bei den Bauarbeiten kam überwiegend eine Dampflok der Baureihe 54, darunter 54 1723, zum Einsatz.

Der reguläre Bahnbetrieb war in der Regel nicht eingeschränkt. Allerdings ereignete sich durch den Baubetrieb erneut ein Unfall auf der Bahn. Am 7. Juli 1952 stieß der Zug mit Abfahrt 9:17 Uhr ab Murnau bei Seeleiten-Berggeist mit einem Rottenkraftwagen zusammen. Ein Bahnarbeiter im Arbeitszug kam ums Leben. Zehn Personen im Reisezug wurden zum Teil erheblich verletzt, die Zuglok E 69 02 erlitt massive Beschädigungen und musste einige Wochen lang im Bw Murnau wieder „zusammengeflickt“ werden. Um den stark beschädigten vorderen Vorbau wieder auszurichten, wurde der Lokführer Baur, welcher mit besonderen Spengler-Fähigkeiten ausgestattet war, extra für einige Wochen vom Zugdienst befreit und in die Werkstätte geschickt, bis die Lok wieder in Form gekommen war.

Bei den Bauarbeiten auf der Strecke fand vorwiegend noch vorhandenes Material vom zweiten Streckengleis der Garmischer Hauptbahn Verwendung. Der zu

△ **Bild 63** • Während sich **E 69 03** mit einem kurzen Personenzug auf die Fahrt nach Murnau macht, hat sich **E 69 05** auf Gleis 1a ihren Güterzug bereitgestellt. Das Bahnhofs- und das rechts sichtbare Postgebäude sind an diesem 22. Juli 1951 selbstverständlich noch „artgerecht“ genutzt. Heute stehen beide zwar unter Denkmalschutz, als Dienstleistungsgebäude haben sie allerdings schon lange ausgedient. AUFNAHME: CARL BELLINGRODT/EK-VERLAG

△ **Bild 64** • Im Anschluss an die ersten Nachkriegs-Festspiele übernehmen die alten Lokalbahngarnituren wieder das Regiment. **E 69 02** zuckelt mit so einer modellbahngerechten Garnitur aus Murnau Ort heraus.
Aufnahme: Carl Bellingrodt/EK-Verlag

den Olympischen Spielen von 1936 vorgenommene zweigleisige Ausbau des Streckenabschnitts Huglfing – Hechendorf war ja bereits im Laufe das Jahres 1942 kriegsbedingt wieder größtenteils Makulatur geworden. Nur das kurze Stück Murnau – Hechendorf verblieb wegen der starken Steigung bis in die heutige Zeit zweigleisig. Noch verbliebenes Material des 1942 stillgelegten Streckengleises fand nun auf der Oberammergauer Bahn Verwendung – Masten, Schwellen und Schotter.

Im Juli 1952 wunderten sich die Fahrgäste im Abschnitt Altenau – Unterammergau über bis zu sieben Meter tiefe Ausschachtungen entlang der Strecke. Im moorigen Untergrund mussten unter erheblichem Aufwand Betonfundamente für die Mas-

△ **Bild 65** • Gestern noch unverzichtbar und heute bereits auf dem Abstellgleis. Nach der Systemumstellung auf der Ammergaubahn, rollen alle kleinen Loks der Baureihe E 69 im Bw Murnau ins Aus, es gibt keinen 5,5 kV Fahrstrom mehr. Die Aufnahme zeigt die **E 69 04** sowie die **E 69 02** abgestellt auf einem Seitengleis im Bw Murnau.
Aufnahme: Sammlung Brian Rampp

Bild 66 ▷
Im Zuge der Streckensanierung im Jahr 1953 verlegte die DB bei Seeleiten die zweimillionste Betonschwelle. Carola Schranz fungierte damals als „Patin" …

AUFNAHME: SAMMLUNG MÜHLSTRASSER

◁ **Bild 67**
… genauso wie 71 Jahre später, als auch ihre Tochter am Gleisrost für die Denkmallok E 69 04 im Murnauer Lokalbahnhof Hand anlegte.

AUFNAHME: BERND MÜHLSTRASSER

ten angelegt werden. Die Anliegergemeinden gerieten über die Zukunft der Bahn zunehmend in Euphorie. Bereits in jenem Sommer waren fast alle Bahnhofsanlagen umgerüstet, bis zum Jahresende 1952 sollte die ganze Strecke erneuert sein. Das Ammertal rechnete schon ab dem Herbst mit durchgehenden Zugverbindungen nach München und Augsburg. Doch die DB schwenkte quasi „über Nacht" völlig um! Bereits im August 1952, mitten in den Bauarbeiten, hielt sie den Umbau der Strecke plötzlich für undurchführbar, müssten doch auch die Brücken und weitere Teile des Oberbaus erneuert werden, um schwerere Loks einsetzen zu können. Die Bahn errechnete Kosten von 3,1 Millionen DM, daraufhin wurden die Arbeiten vorübergehend eingestellt.

Ein verregneter Sommer 1953 brachte die Arbeiten dann unfreiwillig wieder in Schwung. Hochwasserkatastrophen im gesamten Alpengebiet ließen auch die Oberammergauer Strecke ins Rutschen kommen – im Juni beschädigte ein Dammrutsch bei Grafenaschau das Gleis erheblich und im gesamten Streckenverlauf von Ramsachleiten bis Jägerhaus traten Schäden auf. Nun musste zwangsläufig eine weitere Oberbausanierung erfolgen. Vom 5. bis zum 23. Oktober 1953 war der Abschnitt Murnau – Grafenaschau gesperrt und der Oberbau zwischen Seeleiten und Grafenaschau komplett erneuert worden. Dabei verlegte die DB am 9. Oktober desselben Jahres auch ihre zweimillionste Betonschwelle, die goldlackiert im Rahmen einer Feierstunde zum Einbau kam.

Im Frühsommer 1954 waren die Arbeiten an der Strecke endlich abgeschlossen. Entgegen vieler Veröffentlichungen wurde bereits ab 27. Juni 1954 (nicht am 4. Oktober 1954, dies war lediglich der „offizielle Termin") der bundesbahnübliche Strom in die Leitungen der Oberammergauer Bahn eingespeist. Damit schieden nach fast fünfzigjährigem, unermüdlichen Einsatz auf der Strecke die kleinen Elloks der Baureihe E 69 aus dem Dienst aus. Die hier ein halbes Jahrhundert heimischen E 69 01 bis E 69 04 wurden in Murnau abgestellt und im Laufe des Herbstes nach München abgefahren. Für E 69 01 sollte es eine Reise ohne Wiederkehr werden, während die drei anderen Loks im Ausbesserungswerk München-Freimann auf die geänderte Spannung umgerüstet wurden.

In Erwartung der baldigen Umstellung der Strecke hatte die DB die leistungsstarke E 69 05 bereits im Sommer 1953 zum Umbau auf das neue Stromsystem ins Ausbesserungswerk geschickt. Dabei traf E 69 05 im AW Freimann auf eine Garmischer Lok, mit der sie zusammen in Zukunft den größten Teil der Zugleistungen erbringen sollte: E 62 01! Die Baureihe E 62 wurde 1912 als bayerische EP1 für die Außerfernbahn beschafft und war damit nur wenig jünger als die ersten E 69. Die Maschinen bewährten sich nicht schlecht, wurden aber bereits ab 1939 wieder abgestellt. Nur E 62 01 hielt sich für den Rangierdienst in Garmisch weiter im Dienst. Völlig überraschend war daher die nochmalige Hauptuntersuchung per 7. Oktober 1953, hatte man doch spätestens jetzt mit dem Ausscheiden der Maschine gerechnet.

Baureihe E 62 (vormals EP 1)	
EP 1 20 001-20 005 / E 62 01-05	
Baujahr:	1913
Achsanordnung:	1'C1'
Gewicht:	72,5 t
Geschwindigkeit:	45 km/h
Nennleistung:	710 kW
Steuerung:	Drehtransformator
Fahrstufen:	11
Ausmusterung:	von 1939 (E 62 03) bis zunächst 1949, als letzte E 62 01 am 23. April 1955

Bild 68 ▷
Ab Juli 1954 kam E62 01 dann tatsächlich im Ammertal zum Einsatz! Als sich die Lok am 7. August 1954 in Oberammergau abfahrbereit zeigt, hat sich allerdings schon herausgestellt, dass diese Maschine kein Ersatz für die E 69 sein konnte. Die überraschende „Zukunft" der Lok war fast schon wieder Vergangenheit.

Aufnahme: Dr. Schlosser Sammlung Dr. Scheingraber

Geradezu sensationell, dass die letzte E 62 nun zusammen mit der einzig in Murnau verbliebenen E 69 05 ab Ende Juni 1954 den Verkehr nach Oberammergau übernahm. Während bei der altbewährten E 69 alles nach Plan lief, gab es mit der E 62 allerdings reichlich Probleme. Zwar war das Murnauer Personal auf der Maschine ausgebildet worden, doch im Einsatz auf der steigungsreichen Strecke hatte die Lok arg zu kämpfen. Der Stangenantrieb und die im Grunde technisch nicht uninteressante Drehtransformatoren-Steuerung mit ihren recht harten Zugkraftsprüngen, die den Loks schon früher den Beinamen „Wilde Esel" einbrachten, bereiteten vor allem bei Anfahrten in Steigungen größte Probleme. Außerdem lag die effektive Zugkraft trotz der Leistung von 710 kW unter der, die von den leichteren E 69 erreicht wurde. So kam die Lok schon nach einigen Wochen immer weniger zum Einsatz, während E 69 05 nahezu täglich und mit höheren Laufleistungen als je zuvor auf ihrer Stammstrecke unterwegs war. E 62 01 konnte sich zwar doch noch im Bw Murnau in Szene setzen, allerdings nur, indem sie beim Anfahren durch die Schuppentore in den Lokschuppen einbrach und somit ihrem Spitznamen alle Ehre machte.

Durch die unvorhergesehenen Probleme mit der E 62 musste die bisherige Planung, auch nach der Systemumstellung mit lokbespannten Zügen nach Oberammergau zu fahren, modifiziert werden. Zur Unterstützung war bereits am 23. Juni 1954 der elektrische Triebwagen ET 85 23 nach Garmisch umbeheimatet und teil-

△ **Bild 69** • Stolz zeigt sich E 62 01 im Bw Murnau dem Fotografen. Die alte Außerfernbahn-Maschine wurde sogar nochmals frisch übergepinselt, neu untersucht und sollte sich im Ammertal nützlich machen. Doch sie konnte das Erbe der E 69 nur unzureichend antreten und enttäuschte auf ganzer Linie. Ende eines Planes, Ende einer Lokkarriere.
Aufnahme: Sammlung Brian Rampp

△ **Bild 70 •** ET 85 103 kreuzt in Unterammergau mit einem E 69-bespannten Lokalbahnzug. Auffällig das beleuchtete „Negativ-Schrift"-Bahnhofsschild, das in dieser Form auch in Bad Kohlgrub angebracht war, aber nicht lange überdauerte.
Aufnahme: Joachim Claus

weise auf der Oberammergauer Bahn nach Murnau eingesetzt worden. Im Laufe der nächsten Wochen mussten nun weitere dieser Altbau-Triebwagen, Baujahr ab 1927, nach Garmisch umbeheimatet werden. Die Triebwagen waren im Münchner Vorort-Verkehr entbehrlich geworden, da die Bundesbahndirektion München im Großraum der Landeshauptstadt den Wendezug-Dienst mit E 44 einführte. Da das Bw Murnau seine Selbständigkeit als Betriebswerk mittlerweile verloren hatte, wurden die nun nach Oberammergau fahrenden ET 85 im Bw Garmisch beheimatet, aber der Außenstelle Murnau zugeteilt.

Wer aber nun dachte, die Bahnwelt im Ammertal sei mit dem Streckenumbau und dem vereinheitlichten Stromsystem wieder in Ordnung, war bald bitter enttäuscht. Während sich der Aus- und Umbau der Strecke dem Ende näherte, kündigte die DB auf ihrer frisch hergerichteten Bahn radikale Betriebseinschränkungen an – die örtlichen Gemeindevertretungen beriefen Krisengespräche ein. Jährlich sollten 160.000 DM eingespart werden, und statt der von den Gemeinden erwarteten durchgehenden Zugverbindungen in die Landeshauptstadt kündigte die DB drastische Kürzungen an. Bereits zum Sommerfahrplan 1954 wurden die Haltepunkte Ramsachleiten und Scherenau aufgelassen. In Unterammergau, Altenau, Saulgrub und Grafenaschau zog die BD München die Fahrdienstleiter ab und zum Winterfahrplan 1954/1955 ersetzte sie fast die Hälfte aller Züge durch Busse. Dabei gab es erheblichen Widerstand gegen diese Einschränkungen. So war die Straßenverbindung Murnau – Kohlgrub schlecht ausgebaut. Tonnagebeschränkungen verhinderten den Buseinsatz, bis sich die Bahn an Ausbaumaßnahmen beteiligte und offensichtlich auf der Straße ihr Geld besser aufgehoben sah als auf ihrem eigenen Gleis. Unmittelbar mit der Umstellung auf Busverkehr hagelte es Proteste aus der Bevölkerung, die aber fast 30 Jahre lang nichts am starken Busangebot ändern konnten.

◁ **Bild 71**
Auch im Endbahnhof Oberammergau prägten nun die roten Vorkriegstriebwagen das Alltagsbild.

Aufnahme: Franz Gorecki, Sammlung Bernd Mühlstrasser

Triebwagen der Baureihe ET 85/ET 90 des Bw Garmisch-Partenkirchen

Serienfahrzeuge wurden ab 1927 ausgeliefert und vor allem im Münchner Vorort-Verkehr eingesetzt. Die Triebwagen hatten eine Länge von 20,3 m und ein Gewicht von 39,7 t. Als letztes Fahrzeug wurde 485 005 im September 1977 ausgemustert. Heute ist noch ET 85 07 als Museumsfahrzeug vorhanden.

Im Bw Garmisch-Partenkirchen beheimatet und damit auch zwischen Murnau und Oberammergau eingesetzt waren die folgenden Fahrzeuge:

ET 85 05/103*	16.11.1955	-	28.09.1958
	08.05.1959	-	15.05.1960
ET 85 11/101*	12.1958	-	01.12.1959
ET 85 22	02.10.1954	-	08.12.1955
ET 85 23	24.06.1954	-	08.12.1955
ET 85 29/102*	03.12.1955	-	15.05.1960
ET 85 30	18.04.1957	-	07.05.1959
ET 85 34	23.06.1956	-	15.05.1960
ET 90 02	27.09.1958	-	15.05.1960

Leihweise kamen auch die ET 85 24 und 28 zum Einsatz.

*Fahrzeuge erhielten zwischenzeitlich 1.-Klasse-Abteile und wurden zur Unterscheidung mit Hunderter-Nummern versehen.

Die Ammertal-Gemeinden waren reichlich schockiert. Anstatt auf ihrer frisch renovierten Eisenbahnstrecke Angebotserweiterungen zu erhalten, mussten sie sich unvermittelt mit Stilllegungsgerüchten auseinandersetzen.

Unterdessen verlief der Verkehr auf der Oberammergauer Strecke nach der neu gemischten Aufgabenverteilung, wobei nach Ausscheiden der E 62 01 (die Lok wurde nach ihrem Misserfolg schließlich am 23. April 1955 ausgemustert) die Dominanz der ET 85 zunahm. Neben E 69 05 war die im Juli 1955 ebenfalls auf ihre alte Stammstrecke zurückgekehrte E 69 04 mittlerweile wieder vermehrt im Einsatz.

In der Regel fuhren nun zwei Einheiten der Triebwagen ET 85 einen Großteil der Reisezüge. Die Zugbildung war dabei Triebwagen – Beiwagen – Triebwagen. Mit dem beigestellten Beiwagen wurde nämlich aus Zuglastgründen der Einsatz eines zweiten Triebwagens notwendig, sonst hätten die Steigungsabschnitte nicht bewältigt werden können – eine deutlich unwirtschaftlichere Zugbildung als zuvor bei den E 69. Daher kam ab September 1958 auch der aus einem ET 85 umgebaute ET 90 02, ausgerüstet mit einer abweichenden Getriebeübersetzung, als Stammgast auf die Oberammergauer Bahn. Mit ihm konnten nun ein Beiwagen und sogar zusätzlich noch ein Postwagen befördert werden, ohne einen zweiten Triebwagen zu benötigen.

Der ET 90 02 hatte außerdem bereits das mehrlösige HiK-Steuerventil, welches dem einlösigen Bremsventil des ET 85 gegenüberstand. In der langen Gefällestrecke war dies ein großer Vorteil, machte den regulären ET 85 hier doch die ungenügende Bremswirkung arg zu schaffen – nicht nur einmal rutschten deswegen Züge im Haltepunkt Jägerhaus durch. Brems- und Schaltwerksprobleme begleiteten den Einsatz des ET 85 auf der Oberammergauer Bahn, dagegen waren die Laufeigenschaften sehr gut, anders als oftmals dargestellt.

Der ET 90 02 war übrigens von der Königsseebahn abgezogen worden und kam nach seinem Intermezzo zwischen Murnau und Oberammergau später noch für viele Jahre auf die Bahnlinie Bad Aibling – Feilnbach. Damit kreuzte sich das Schick-

△ **Bild 72** • Auch ein Jahr vor Stilllegung des Lokalbahnhofs hat sich dort die Szenerie überhaupt nicht verändert. „Wie eh und je" steht **E 69 04** auch am 19. Mai 1959 stolz vor der gewohnten Garnitur abfahrbereit. Noch hat die Lok nicht „die Seiten gewechselt". Gut zu erkennen sind die hübschen Zeiss-Scheinwerfer, die die Lok zeitlebens trug und erst als „Museumsstück" verlor.

Aufnahme: Joachim Claus, Eisenbahnstiftung

△ **Bild 73** • Ab der Systemumstellung bis zu seinem traurigen Ende war der „Gläserne Zug" ET 91 01 ein regelmäßiger Gast. Im Winter 1955 erreicht er erstmals Oberammergau.
Aufnahme: Sammlung Gemeindearchiv Oberammergau

sal dieser Bahnen nochmals, denn beide wurden von derselben Bahngesellschaft erbaut, gingen gemeinsam in Konkurs und somit zusammen zur LAG.

Daneben waren aber auch die beiden in Murnau verbliebenen E 69, die alten Stammloks der Bahn, ständig im Personenverkehr anzutreffen. Bereits im Winter 1955/56 eroberten sie sich wieder über 200 Laufkilometer pro Tag. 1957 und 1958 dominierte nochmals der Triebwagen, die E 69 04 und E 69 05 stritten sich um eine Tagesleistung von nur 60 km. Im Winter 1958/59 dagegen standen wieder fünf Personen-, zwei Güterzüge und sogar ein Leervorspann vor dem ET 90 im Plan der Lokomotiven, dies hielt sich auch in den folgenden Fahrplanperioden.

△ **Bild 74** • Zwei Zeitepochen treffen in Unterammergau aufeinander: **E 69 05** ist auch im März 1959 noch mit ihrer alten Lokalbahn-Garnitur unentbehrlich, während ET 85 24 als Triebwagen-Kurs schon bald wieder Vergangenheit sein wird.
Aufnahme: Gerd Wolff, Eisenbahnstiftung

△ **Bild 75** • Im Mai 1960 dann der große Umbruch: Neu gelieferte Loks der Baureihe E 41 übernahmen sowohl den Regel- wie auch den Sonderverkehr. Der vollgestellte Bahnhof Oberammergau zeigt – es ist wieder Passionsspielzeit!
Aufnahme: Sammlung Brian Rampp

Passion 1960 – erstmals „moderne Bahn"

Zur Passion 1960 beschränkte sich der Planeinsatz der beiden Garmischer E 69 auf den Güterverkehr, doch auch die Altbau-Triebwagen mussten nach nur sechs Jahren am 15. Mai 1960 das Feld auf der Oberammergauer Bahn wieder räumen. Bereits ab April 1960 kamen zur Personalschulung erste E 41 im Wendezugverkehr auf der Bahn nach Oberammergau zum Einsatz. Die modernen Elloks der Baureihe E 41 (Bw München Hbf) verdrängten zum Sommer- und Passionsfahrplan 1960 mit Wendezügen, gebildet aus drei Mitteleinstiegswagen, die alten ET 85 und ET 90-Triebwagen. Bereits einige Tage zuvor, am 3. Mai 1960, verlor die Bahn ihren markanten Startpunkt, den Murnauer Lokalbahnhof. Ab diesem Termin wurde die Abfahrt und Ankunft der Oberamergauer Züge in den Staatsbahnhof verlegt, vorwiegend ab dem Gleisstutzen 1a.

Im Zusammenhang mit der Einfädelung der Oberammergauer Bahn in den Durchgangsbahnhof renovierte die Bundesbahn dort die Bahnsteige und das Umfeld des Bahnhofes. Die Gleisanlagen des Lokalbahnhofes blieben bis weit in die siebziger Jahre weitgehend erhalten, lediglich die Bahnsteige verfielen, die Gebäude werden mittlerweile privat als Wohnungen genutzt.

Die Passionsspiele 1960 unterschieden sich beim Bahnbetrieb erstmals grundlegend vom bis dahin gekannten Szenario. Es gab keine drei sich abquälenden Dampfloks mehr an den Zügen und auch keine Umbeheimatungen ins Bw Murnau. Durch die Möglichkeit, bereits ab München durchgehend mit E 41 bis Oberammergau fahren zu können, beherrschten diese Maschinen das Bild sowohl im Plan- als auch im Sonderzugdienst. Noch immer fuhren zu bestimmten Spieltagen teilweise zwölf Wagen lange Sonderzüge nach Oberammergau. Die absolute Bedeutung der Eisenbahn im Passionsverkehr war dennoch gebrochen, auch wenn an einzelnen Tagen bis zu sechs Sonderzüge nach Oberammergau unterwegs waren. Erstmals wurden weniger Rei-

△ **Bild 76** • Im Schlüsselstellwerk in Oberammergau wurde während der Festspiele ein „Signalwagen" aufgestellt, der den starken Zug- und Rangierverkehr organisierte. Besonders zu beachten: Der Blumengruß am Fenster!
Aufnahme: Sammlung Brian Rampp

△ **Bild 77** • Anfang der sechziger Jahre zogen sich die beiden verbliebenen E 69 immer mehr in den Arbeitsdienst zurück. So bringt **E 69 04** am 25. August 1961 neue Schienen nach Altenau. AUFNAHME: DR. ROLF BRÜNING

sende befördert als in der vorhergehenden Spielperiode. Daran hatte aber auch die Bundesbahn selbst ihren Anteil. Zwar verdichtete sie den Fahrplan in gewohnter Art und Weise (diesmal auf 18 Züge), so auch mit vier nach München durchfahrenden Eilzügen, doch der Bahnbus ging ebenfalls mit 18 Fahrten ins Rennen.

Übrigens kam es schon wenige Tage nach Einführung des Wendezugverkehrs zu starken Protesten seitens der Anwohner und des Marktes Murnau. Die akustische Warnhupe des Wendezugwagens störte die Anlieger gewaltig. Die DB versprach, nach einer Lösung zu suchen, die den Klang der Wagenhupe einer Lokpfeife anpassen sollte. Daraus ist bis heute nichts geworden, und das Thema Ruhestörung durch die Hupe ist auch in den neunziger Jahren, als der Abendverkehr eingeführt wurde, wieder auf die Tagesordnung gelangt.

E 69 04 und 05 hatten im Passionsverkehr 1960 planmäßig nur einige Güterzugleistungen zu erledigen. Am Abend stand im in der Regel mit E 69 05 gefahrenen Plan noch ein einzelner Personenzug mit der alten LAG-Wagengarnitur nach Oberammergau und die Rückleistung als Leerzug auf dem Programm. In den beiden nachfolgenden Fahrplanperioden aber schien die Bundesbahn ganz auf die heimattreuen Loks verzichten zu wollen, zumal bereits kurz nach den Passionsspielen ein gekürzter Zugverkehr nach Oberammergau angeboten wurde. Ab dem Winterfahrplan 1961/62 reichte nach weiteren Fahrplankürzungen sogar eine einzige Garnitur mit E 41 aus. Übrigens wurden auch die modernen Wendezugwagen mit Ende der Festspiele wieder abgezogen und ältere Wagen eingesetzt. Fahrplanmäßig hatten die E 69 nun gar nichts mehr zu tun, vor allem E 69 04 kam über Monate hinweg kaum mehr zum Einsatz. Es hatte den Anschein, als würde die Oberammergauer Strecke bald ohne die für sie so typischen kleinen Loks auskommen müssen. Doch längst hatten sich die kleinen Loks einen Namen gemacht, und so wurden sie ab Februar 1962 wieder für die Hälfte der Zugleistungen, auch im Personenzugdienst, gebraucht. Schon bald wurden sogar beide Loks wieder planmäßig benötigt, nachdem mit dem Sommerfahrplan 1962 im Berufsverkehr morgens und abends nun doch wieder mehr Züge anstatt Busse verkehrten. Gleichzeitig kamen nun die modernen Nahverkehrswagen „Silberlinge“ zum Einsatz, wodurch von nun ab die erste Wagenklasse entfiel. Die E 41 verschwanden mehr und mehr aus dem Ammertal. Standen die E 69 Monate zuvor noch häufig untätig herum, wurde es nun oftmals schon ganz schön eng, wenn eine der Loks zu den fälligen Fristarbeiten einrücken musste oder schadhaft war. So reifte langsam aber sicher bei der zuständigen Dienststelle der BD München die Erkenntnis, der sich schon die LAG nach 1910 anschloss: Es gibt kein Fahrzeug, das für den Betrieb zwischen Murnau und Oberammergau besser geeignet wäre, als die E 69. So wurden die modernen E 41 Ende Mai 1962 völlig von der Strecke abgezogen, die Loks der Baureihe E 69 übernahmen in gewohnter Weise alle Leistungen nach Oberammergau, zwei Jahre früher, als dies in der sonstigen Literatur erwähnt wird. Allerdings mussten die beiden Loks Schwerstarbeit verrichten, mangels Ersatzlok wurden sie permanent benötigt. Erst ab Mai 1964 stand den beiden heimattreu gebliebenen E 69 04 und E 69 05 auch E 69 03 wieder zur Seite. Diese hatte am 19. Mai noch lange Reisezüge in Heidelberg rangiert, am Folgetag die weite Reise nach Bayern angetreten und bereits am 21. Mai 1964 den ersten Zug auf ihrer neun Jahre lang entbehrten Heimatstrecke gezogen. Ihre Schwester E 69 02 musste erst noch einen längeren „Kuraufenthalt“ im Ausbesserungswerk Freimann zur fälligen Hauptuntersuchung einlegen, ehe sie Ende Oktober 1964 wieder ins Ammertal zurückkehrte.

Mit der E 69 in die Zukunft

Nachdem die Strecke nun wieder so betrieben wurde, wie es wohl sinnvoller nicht gehandhabt werden könnte, blieb endlich über Jahre hinweg „alles beim Alten". Weder die Fahrpläne noch die Betriebsabwicklungen veränderten sich in den nächsten Jahren markant. Einzig neues Gesicht auf der Strecke waren nun hin und wieder Garmischer E 44, die bei besonders schweren Lasten, z.B. vor Güterzügen, oder bei Ausfall mehrerer E 69 ersatzweise in den Personenzugdienst nach Oberammergau abbeordert wurden. Da diese vierachsigen Maschinen aus den dreißiger Jahren, übrigens eine der gelungensten Ellokbaureihen der Reichsbahn, jedoch eine für die Oberammergauer Strecke zu hohe Achslast aufwiesen, erfolgte der Einsatz dieser Loks nur immer im Rahmen unbedingter Notwendigkeit. Das Bahnbetriebswerk Garmisch hatte zwar ständig E 44 im Bestand, doch wurde am 6. März 1966 speziell E 44 094 zum Bw Garmisch umbeheimatet, um als E 69-Ersatzlok zu fungieren. Die Lok hatte nämlich eine Spurkranzschmierung – für den Einsatz auf der kurvenreichen Ammertalbahn von sehr großer Wichtigkeit. Nötig wurde der E 44-Beistand, nachdem schon im Januar 1966 massiver E 69-Ersatzbedarf entstand. Nur E 69 02 war einsatzbereit, die anderen drei Loks trafen sich im Ausbesserungswerk Freimann mit Schäden, die bei den beiden roten E 69 03 und 05 eine längere Reparatur von mehr als einem halben Jahr erforderlich machten. E 69 04 kam zwar ab Ende Januar 1966 wieder zum Einsatz, musste aber Anfang April zur fälligen U2-Untersuchung ins AW. Nur zehn Tage später folgte ihr mit einem kapitalen Motor- und Antriebsschaden E 69 02 für lange Zeit ins AW Freimann, wo nun also ein großes E 69-Treffen mit allen Maschinen stattfand – nur für den Zugbetrieb nach Oberammergau waren keine Einsatzfahrzeuge mehr vorhanden. Also wurde der E 44-Bestand des Bw Garmisch ab Juni 1966 schließlich auch noch um E 44 087 aufgestockt und der Betrieb nach Oberammergau in diesem Jahr über lange Zeit durch E 44 abgewickelt. Erst zum Herbst 1966 entspannte sich die Lage bei den E 69 und die Ammertaler Loks waren zuverlässig vor den meisten Zügen anzutreffen.

Die Passionsspiele 1970 verliefen nach dem schon 1960 erprobten Schema: im regulären Personenverkehr übernahmen, diesmal jedoch nur über die viermonatige Spielzeit, die Loks der Baureihe 141 die

△ **Bild 78** • Als wäre es nie anders gewesen: Doch ist **E 69 03** am 12. Juli 1964 gerade erst sechs Wochen wieder „daheim" und darf nach neun Jahren Abwesenheit nun wieder Ammergauer Reisezüge nach Gleis 1a im Murnauer Bahnhof bringen. AUFNAHME: RUDOLF BIRZER

△ **Bild 79** • Dagegen blieb **E 69 04** dem Ammertal fast immer treu und so ist die Bespannung der zweiten Zuggarnitur, ebenfalls am 12. Juli 1964, für sie „ganz normal". Während sie sich am Haltepunkt Murnau Ort auf die Bergfahrt begibt, wuselt der Individualverkehr über den Bahnübergang der Hauptbahn. Offensichtlich, dass Loks zeitloser sind als Autos. AUFNAHME: RUDOLF BIRZER

△ **Bild 80** • Fototermin für einen „Neuen": Der für das Münchner S-Bahn-Netz neu entwickelte Triebwagen ET 420 stellte sich bereits im März 1970 der Öffentlichkeit vor. Bevor er auch nach Oberammergau fahren wird, dürfen zwei „Erfolgsmodelle" in Murnau vor die Kameras der Presse. Aufnahme: Günther Scheingraber, EK-Verlag

Dienste der Baureihe 169. Diese begnügten sich mit dem Güterzug, aber auch mit einer ganz besonderen Leistung. Dabei kamen die E 69 mit einem „Schnellzug", bestehend aus zwei Kurswagen der dänischen Staatsbahn aus Helsingör, nach Oberammergau. Für die Spiele war die Strecke neu mit Indusi, einer automatischen Signalüberwachung der Triebfahrzeuge, ausgerüstet worden. Kurswagen aus Lübeck und Hagen sowie mehrere Direktverbindungen aus München ergänzten das Fahrplanangebot. Ein Helikopterflug mit einem viersitzigem Bell Jet Ranger in nur 25 min vom Flughafen Riem nach Oberammergau für 100 DM konnte der DB wohl nur unwesentlich Konkurrenz machen. Die Festspiele brachten erneut recht viel Trubel auf die Bahn, doch mit dem Ausnahmezustand von früher hatte dies nicht mehr allzu viel zu tun – zu sehr waren auch die Passionsgäste mittlerweile fest in der Hand der Pauschal-Reiseunternehmen mit ihren Busflotten.

▽ **Bild 81** • Im Passionsfahrplan 1970 übernahmen Münchner 141 wieder den Plan- und Sonderzugdienst. Die 169 machten sich aber mit Zusatzleistungen nützlich, zum Beispiel am 12. August 1970 mit einem „Schnellzug" – den verspäteten Kurswagen aus Helsingør auf dem Weg nach Oberammergau, hier in Altenau. Aufnahme: Jürgen Ebel

Die DB in der Krise – auch im Ammertal

Die Siebziger-Dekade brachte zunächst wenig Neues ins Ammertal. Der E 69-Einsatz stabilisierte sich spätestens nach Rückkehr von 169 003 von einem jahrelangen AW-Freimann-Aufenthalt Anfang 1972 wieder, liefen doch nun alle Maschinen mit frischen Untersuchungen. Die Loks topp – die Strecke aber ex und hopp? Im Laufe der siebziger Jahre machte die DB nämlich vermehrt von sich reden, und zwar negativ: Stilllegung hieß das geflügelte Wort, das ständig durch alle Gazetten und Nachrichten zwischen Flensburg und Garmisch geisterte. Die Bahn wollte sich, zumindest auf dem Papier, von Hunderten ihrer Strecken trennen, darunter tauchte auch die Verbindung Murnau – Oberammergau ständig auf. Wurde es nun ernst mit den schon seit den fünfziger Jahren latent aufkeimenden Stilllegungsgerüchten? Ein erster Schritt hierzu schien Mitte der siebziger Jahre bereits eingeleitet: Ab Juni 1975 standen am Sonntag im Ammertal alle Bahnräder still – kein Verkehr mehr ab Samstag 18.06 Uhr bis zum Montagmorgen. Für eine nicht unerheblich von Ausflüglern gespeiste Bahnlinie ein fataler Schritt. Ab Murnau musste nun in den Bus umgestiegen werden. Und immer wieder tauchte die Strecke in den „Roten Listen" der Bahn auf – vorgesehen für eine Stilllegung. Viele dieser Verbindungen, die sich dort wieder fanden, existieren heute nicht

(weiter auf Seite 56)

△ **Bild 82** • Die E 69 waren der „Farbklecks", die Strecke dagegen die gewundene „Perlschnur", die sich durch´s obere Ammertal schlängelt. **169 003** stürzt sich im März 1972 nach langer, dreijähriger Abstellzeit endlich wieder nach Altenau herunter. AUFNAHME: CLAUS-JÜRGEN SCHULZE

▽ **Bild 83** • Ausgerechnet die leistungsschwächste Maschine musste an ihrem Nahverkehrszug noch einen Expressgutwagen mitschleppen. **169 004** bei Saulgrub. AUFNAHME: JÜRGEN EBEL

△ **Bild 84** • Die vierte Kerze brennt, es ist Sonntag, der 22. Dezember im Jahr 1974, als **169 005** mit ihren zwei Silberlingen bei Altenau die Blicke der Advents-Spaziergänger auf sich zieht. Aufnahme: Claus-Jürgen Schulze

▽ **Bild 85** • Aushilfsweise kommen seit den sechziger Jahren Loks der Baureihe E 44 auf die Strecke. Mit **144 001** hat im Mai 1977 sogar der Prototyp dieser erfolgreichen Mehrzwecklok Dienst im Ammertal, hier festgehalten am Haltepunkt Seeleiten-Berggeist. Aufnahme: Jürgen Hagemann

Bild 86 ▷
„Murnau, hier Murnau. Sie haben Anschluss mit dem Personenzug nach Oberammergau von Gleis 2". Als Züge noch Hingucker waren, begegnen sich am 18. Mai 1974 zwei Charakterköpfe. **118 020** bringt ihren Zug bis Mittenwald, während **169 003** auf Anschlussreisende ins Ammertal wartet. Sehr selten waren Einsätze von Umbauwagen auf der Nebenbahn.

Aufnahme: Claus-Jürgen Schulze

Bild 87 ▷
Den Fotografen hat dieses Motiv im Juni 1975 sicherlich geärgert, wollte er doch E 69 fotografieren. Die hatten aber gerade eine Schwächephase und so ist die Kreuzung von 144 012 und 144 036 heute ein seltenes Dokument der „Vertretungs-Baureihe" E 44.

Aufnahme: Peter Bäuchle

Bild 88 ▷
Am Murnauer Bahnhof konnte man in den siebziger Jahren den E 69 kaum entgehen. So steht **169 005** auf Gleis 2 schon bereit für die nächste Bergtour nach Oberammergau, während **169 003** gerade durchs „Paradegleis" 1 mit der abgeholten Fracht der Ammertalbahnhöfe rollt.

Aufnahme: Brian Rampp

△ **Bild 89** • Wenn Tradition auf Zukunft trifft, kann man dies wohl kaum besser als mit diesen Zuggesichtern darstellen: **169 002** steht für den Alltag und bringt auch an diesem 27. September 1976 ihren morgendlichen N6608 nach Murnau, während 403 004 mit einer Leerfahrt nach Oberammergau an diesem Tag in Bad Kohlgrub definitiv der „Hingucker" ist. AUFNAHME: CLAUS-JÜRGEN SCHULZE

mehr, andere jedoch haben sich bis in die heutige Zeit gut gehalten, teilweise sogar glänzend entwickelt. Stammgast in den Listen waren unter anderem die Verbindungen Penzberg – Kochel, Holzkirchen – Bayrischzell und auch Weilheim – Schongau, heute wichtige Glieder im Bayern-Takt.

Doch trotz aller Befürchtungen, zumindest auf diesem Niveau hielt sich der Bahnverkehr in den restlichen siebziger Jahren, weitere Einschränkungen im Zugangebot gab es nicht. Und allen negativen Perspektiven zum Trotz wurde im September 1976 an der Oberammergauer Bahn sogar gefeiert. Die DB nahm den Besuch des Bundesbahn-Steckenpferdes ET 403, auch als „Donald Duck" bekannt, der im Rahmen einer Sonderzugfahrt aus Bremen nach Oberammergau kam, zum Anlass, im alten Lokalbahnhof Murnau eine Fahrzeugschau zu veranstalten. Dabei posierten neben dem modernen Triebwagen alle vier noch vorhandenen Loks der Baureihe 169, im Bereich des Lokschuppens waren auch noch 160 009 sowie die 144 001 ausgestellt.

(weiter auf Seite 59)

▽ **Bild 90** • Bei herrlichen Landschaftsaufnahmen vergisst man hin und wieder, dass der Einsatz der E 69 einfach nur Alltag war. Diesen beschreibt bestens die Szenerie am Haltepunkt Murnau Ort. **169 002** rollt mit dem Schülerzug N6615 ein. Sprungbereit versuchen die Ammertaler Schüler des Murnauer Gymnasiums noch einen Sitzplatz zu ergattern – wohl vergeblich. Links sieht man die Garmischer Hauptstrecke heraufkommen, rechts grüßt der Murnauer Lokschuppen. AUFNAHME: CLAUS JÜRGEN SCHULZE

Bild 91 ▷
Alle Beschaulichkeit des Alltagsbetriebs liegt in diesem Bild! **169 004** erreicht mit ihrer süßen Übergabe gleich den Endbahnhof. Im Hintergrund das Naturschutzgebiet Pulvermoos und das Schleifmühl-Dorf Unterammergau.

Aufnahme: Ulrich Budde

Bild 92 ▷
Im Herbst 1976 ist **169 004** bei Seeleiten-Berggeist mit dem Schülerzug N6615 unterwegs, auch der Autor sitzt im Zug. Ungeklärt ist, welche Erscheinung wohl am Himmel zu sehen ist, denn alle Mitreisenden hängen an den Fenstern und blicken nach oben. Vielleicht das damals allseits bekannte FUJI-Luftschiff?

Aufnahme: Martin Welzel

Bild 93 ▷
Öl und Kohle, im Herbst 1976 noch die Hauptträger der Energiegewinnung. **169 004** ist dagegen „schon" ganz modern mit Elektroantrieb unterwegs, als sie mit der Übergabe über den Dächern von Altenau ins Ammertal rollt.

Aufnahme: Martin Welzel

◁ **Bild 94**
„Ganz in Grün“ – im März 1977 zeigt sich der N6609 bei Altenau in durchgängigem Farbkleid. Lok und die beiden Mitteleinstiegswagen sind im gepflegten Grün, auf das die Natur noch ein paar warme Frühjahrstage warten muss.

Aufnahme: Jürgen Ebel

◁ **Bild 95**
„Bus-Ersatzverkehr“ der besseren Art am 3. August 1977! 144 002 ist gerade als B6613 für einen Bus-Kurs eingesprungen und schnappt nun der **169 003** den regulären N6614 als Rückzug weg. Die E 69 wird eine Stunde später dafür als Bedarfszug ebenfalls eine Bus-Ersatzleistung übernehmen.

Aufnahme: Martin Hafenrichter

◁ **Bild 96**
Sanfte Hügel kennzeichnen den höchsten Punkt der Bahn bei Saulgrub, auf knapp 1.000 m gelegen. **169 005** hatte keine Mühe, diesen Scheitelpunkt zu erreichen und kann es nun im Gefälle leichter angehen lassen. 1. Oktober 1977.

Aufnahme: Dr. Ullrich Huckfeldt

Bild 97 ▷ Größten Respekt verdienten sich Personal und Material an den harten Wintertagen im Ammertal. Dichter Schneefall, kaum Tageslicht, aber zuverlässiger Zugverkehr – damals eine Selbstverständlichkeit! **169 003** hat sich nach Bad Kohlgrub heraufgekämpft, bis an die Puffer reicht der vorangeschobene Schneeberg.

Aufnahme: Wolfgang Mletzko

Als sich im Herbst 1978 erneut Stilllegungsgerüchte verdichteten, sammelte der Sohn des evangelischen Pfarrers in Oberammergau, Jan Kosmala, unter lebhaftem Interesse der Presse, allen voran der BILD-Zeitung – man titelte „Pfarrerssohn will alte Eisenbahn retten" – fast 900 Unterschriften zum Erhalt der Bahn. Auch alle Anliegergemeinden erhoben scharfen Protest gegen die Einstellungspläne und wendeten sich im April 1979, kurz vor dem Anhörungsverfahren, geschlossen an die Deutsche Bundesbahn. Im Juli fiel dann die Entscheidung: „Die Bahn nach Oberammergau fährt noch lange – Bestand bis 1990 gesichert" titelte die örtliche Lokalpresse, und ein Aufatmen ging durchs Ammertal. Unmittelbar im Anschluss an diese Entscheidung wurde die seit Monaten zurückgestellte Bautätigkeit an der Strecke wieder aufgenommen, unter anderem eine 1,5 km lange Langsamfahrstelle wegen Gleisschäden im Bereich Jägerhaus – Bad Kohlgrub repariert.

Bild 98 ▷ Wenn sich der Schneesturm dann verzogen hat, zeigte sich eine herrliche Winterlandschaft. Im fahlen Nachmittagslicht sorgt **169 003** für den Farbpunkt im „Weiß". Mit dem 6617 strebt sie am „Bankerl" bei Altenau vorbei auf Oberammergau zu.

Aufnahme: Wolfgang Mletzko

△ **Bild 99** • Ein typischer Wintertag im oberen Ammertal am 13. Januar 1977. **169 003** staubt mit ihrem N6614 aus dem Bahnhof Oberammergau heraus. Auf Gleis 1 steht eine 141 vor dem abgestellten „Scheck-Zug" (Sport-Scheck, Handelsunternehmen). Zehntausende Münchner haben in den siebziger Jahren mit diesen Sonderzügen in oberbayerische Regionen das Skifahren gelernt. Aufnahme: Bernd Mühlstrasser

Auf der Strecke hatte sich in den letzten Jahren das Bild im Zugverkehr gewandelt. Die Alleinherrschaft der alten Stammloks war gebrochen worden. In den Jahren 1975 und 1976 erhielten noch alle 169 eine neue Hauptuntersuchung, um für die kommenden sechs Jahre gerüstet zu sein. Als jedoch 169 004 als Ersatzteilspender für die Schwesterlok 169 003 abgestellt wurde, standen nur noch drei 169 zur Verfügung. Bei einem Planbedarf von zwei Loks täglich eine etwas dünne Reserve, zumal die beiden Haupteinsatzloks 169 002 und 003 einmal monatlich zur Frist nach Garmisch mussten. Dennoch, zunächst wurde weiterhin mit zwei 169 der Gesamtverkehr nach Oberammergau abgewickelt. Da in Garmisch mittlerweile aber auch die 144 vermehrt abgestellt wurden, gestaltete sich kurzfristiger E 69-Ersatz zunehmend problematischer. Also konnte sich ab Sommer 1978 eine Münchner 141 einen Plantag von den 169 abluchsen, nur eine 169 wurde noch planmäßig eingesetzt. Doch kampflos gaben sich die alten 169 nicht geschlagen, im kommenden Jahr, in dem dieser Mischplan 141/169 bestand, fuhren über weite Strecken nur die 169, während die 141 oft für Wochen nicht zum Zuge kam. Die 169 bemühten sich auch, wieder etwas für ihren Ruf zu tun, und verzichteten auf größere Schäden – allerdings ohne Erfolg im Umlaufbüro. Denn zum Sommerfahrplan 1979 wurde der Einsatz der alten Loks deutlich reduziert,

▽ **Bild 100** • Fast schon ein Wimmel-Bild der Eisenbahn-Idylle: Hübscher Dorfbahnhof mit der Seidl´schen Walmdach-Architektur, vorgelagert ein kleines Stellwerk, die Batterie der Seilzug-Gewichte für Weichen und Signale. Da ist die einfahrende **169 003** mit dem N6615 im Frühjahr 1979 fast schon fast Nebensache.
Aufnahme: Karsten Risch

△ **Bild 101** • Viele Star-Loks hatten die Rheingold-Garnitur schon am Haken, aber erst im September 1979 war es auch eine E 69. **169 002** steht schon für die Rückleistung am Zugende, vorne kuppelt **169 005**. Die **169 003** setzt sich gerade an die Spitze. Aufnahme: Prf. Dr. Willi Hager

vor den meisten Zügen liefen nun 141. Die 144 hatten sich mittlerweile auch von der Strecke verabschiedet, nachdem die Beheimatung dieser Loks in Garmisch am denkwürdigen „Schlachtfest", dem 22. Februar 1979, nahezu über Nacht beendet wurde. Mit diesem Datum verloren im Handstreich viele traditionelle E 44-Bahnbetriebswerke ihre Loks, die in großen Stückzahlen aufs Abstellgleis mussten. Auch für das Bw Garmisch ging damit eine wichtige Epoche zu Ende.

Die alten Stammloks der Baureihe 169 kämpften aber dennoch unermüdlich um ihr Territorium und konnten sich für den Winterfahrplan 1979/1980 nochmals mehr Leistungen sichern. Für den Sommer 1980 standen allerdings wieder Passionsspiele auf dem Programm, und für viele Eisenbahnfreunde schien mit dem obligatorischen Rückzug der 169 aus dem regulären Zugverkehr während des Passionsfahrplanes auch das Ende dieser Loks gekommen zu sein.

Bild 102 ▷ Für die Rückfahrt hat sich die rote Front schon bereit gemacht, **169 003** und **005** an der Zugspitze, die **002** als Schub. Dagegen wirkt die Plan-141 geradezu ärmlich.

Aufnahme: Friedhelm Ernst

◁ **Bild 103**
Wenn der Fotograf für die Schafe interessanter ist, als **169 003** bei der Bergfahrt nahe Grafenaschau, dann herrscht Alltag auf der Lokalbahn.

Aufnahme: Steffen Lüdecke

Bild 104 ▷
So wurde in Oberammergau umgesetzt: Der angekommene Zug wurde von **169 002** rückwärts ins Bahnhofsvorfeld geschoben. Die abgekuppelte Lok fuhr aufs Nebengleis, die Wagen rollten selbständig an ihr vorbei zurück in den Bahnhof. Die Lok sägte zurück und stand nun Abfahrbereit für die Rückfahrt.

Aufnahme: Stefan Motz

Bild 105 ▷
In Murnau dagegen wurden zwei Umsetzvarianten praktiziert. Nach Ankunft in Gleis 1a signalisierte das Stellwerk mit Lichtzeichen „Zurücksetzen" und die Garnitur wurde an den Haltepunkt Murnau Ort geschoben. Dort konnte die Lok umfahren und den Zug in den Bahnhof Murnau zurückschieben, wenn der Zug wieder von Gleis 1a starten sollte. Wechselte die Abfahrt auf Gleis 2, stieß der Zug zurück und fuhr dann vorwärts auf Gleis 2 ein. Dann umfuhr die Zuglok über Gleis 3 und stand anschließend wieder startbereit. Hier sehen wir das Umfahrungs-Manöver in Murnau Ort.

Aufnahme: Stefan Motz

△ **Bild 106** • Die Bremsen sind schon angelegt, als **169 003** in den idyllischen Haltepunkt mit dem klangvollen Namen Seeleiten – Berggeist einfährt.

Aufnahme: Karsten Risch, Eisenbahnstiftung

▽ **Bild 107** • Beim Umsetzen in Murnau trifft **169 002** auf ihre Kollegin 160 008, die eine Übergabe nach Weilheim bringen wird. Im Januar 1979 hat die „ältere" E 69 noch deutlich längere Einsatzzeiten für das Bw Garmisch vor sich, als die Rangierlok.

Aufnahme: Bernd Mühlstrasser

△ **Bild 108** • Bevor der Güterzug ins Ammertal auf dem Plan stand, hatte die E 69 ihren einzigen „Reisezug-Einsatz" im Sommer 1980: Kurz nach 9 Uhr schnappte sie sich den Kurswagen nach Dortmund, gerade rechts mit dem Wendezug aus Oberammergau angekommen, wartet nun auf die Einfahrt des Münchner Eilzuges, um den Wagen dann am Zugschluss zuzustellen. Die Besucher des Passionsspiels konnten dann erzählen, auch ein paar Meter mit E 69 gefahren zu sein! AUFNAHME: WOLFGANG MLETZKO

Die Passionsspiele hatten bereits Anfang Mai 1980 ihre ersten Schatten vorausgeworfen. Im ansonsten komplett mit Handweichen ausgestatteten Oberammergauer Bahnhof wurde die Weiche an der Verzweigung „Gleis 1/Gleis 2 ff" auf Fernsteuerung umgebaut. Und dies hatte in den ersten Tagen recht amüsante Auswirkungen. Hierzu muss auf ein weiteres Kuriosum der Oberammergauer Strecke eingegangen werden, das nahezu einzigartig in Deutschland ist: Bekanntermaßen ist Oberammergau ein Kopfbahnhof. Entsprechend mussten alle ankommenden Züge rückwärts wieder aus dem Bahnhof heraus gedrückt und die Loks an die andere Wagenseite umrangiert werden. Da in Oberammergau keine Rangierlok vorhanden war, wandte man für dieses Rangiermanöver eine ebenso einfache wie untypische Variante an. Der Zug wurde auf Höhe des Schlüsselstellwerks, kurz hinter den Ausfahrtsignalen, zurückgedrückt. Dort kuppelte der Rangierer (bis ca. 1976, später im Einmannbetrieb der Schaffner) die Lok ab, die nach Umstellen der besagten Weiche einige Meter Richtung Bahnhof zurückfuhr. Nach Rückstellung dieser Weiche löste nun im stehengebliebenen Wagenzug der Zugführer, später der Fahrdienstleiter, die Handbremse und die beiden Wagen setzten sich im abfallenden Bahnhofsgelände langsam wieder in Richtung der Prellböcke in Bewegung. Kurz vor diesen legte der Schaffner die Bremse wieder an und brachte die Wagen zum Stehen – manchmal allerdings auch nicht! Inzwischen kam auch schon die Lok zu den Wagen zurück, um anzukuppeln. Dieses

◁ **Bild 109**
Im Passions-Sommer 1980 bleibt für **169 002** nur der Güterzug. In Unterammergau trifft ihr Üg 67664 auf **141 004**, die im Wendezugdienst die Reisezugleistungen übernommen hat.

AUFNAHME: PETER ZINK

System war so eingespielt, dass in der Regel auch die knappe Wendezeit der Züge 6621/22, mit Ankunft 18.09 Uhr und Abfahrt 18.19 Uhr, ohne Verzögerung eingehalten werden konnte.

Als nun die Weiche ferngesteuert wurde, konnte diese nun nicht mehr vom Rangierpersonal, sondern nur noch vom 200 m entfernten Bahnhof aus umgestellt werden. Anfangs klappte dies überhaupt nicht, jede der vier Weichenumstellungen pro Rangiermanöver konnte nur durch wildes Pfeifen des Lokführers ausgelöst werden, ein akustisch recht interessantes Unterfangen.

Als das Personal nach mehreren Tagen doch darauf eingespielt war, hatte sich das Ganze allerdings fast schon erübrigt. Denn mit Beginn des Sommerfahrplanes 1980 war der Zugbetrieb auf Wendezüge mit 141 umgestellt worden, ein Rangieren entfiel nun. Das Zugangebot, bekanntlich seit 1954 durch viele Bus-Leistungen ergänzt, erfuhr nun eine geradezu sensationelle Aufwertung. Die Bahn strich zwölf Buskurse und ersetzte sie durch neun zusätzliche Züge. Auch die Betriebsruhe am Sonntag war nun wieder Vergangenheit. Außerdem verkehrten im Passionsfahrplan täglich je ein Kurswagen von und nach München und Dortmund. Diese wurden in Murnau vom München-Garmischer Zug abgekuppelt und samt Fahrgästen von der Oberammergauer Garnitur abgeholt. Dabei lief auf der Fahrt nach Oberammergau die Lok in der Mitte. Ansonsten war der Verkehr in dieser Passionssaison verhältnismäßig ruhig. Es ging zwar recht erfolgversprechend los, als am 16. Mai 1980 ein Sonderzug der amerikanischen Streitkräfte für eine Sondervorstellung nach Oberammergau kam: 16 Schnellzugwagen – ein Zuglängenrekord auf der Oberammergauer Strecke. Der Zug war mit dem letzten Wagen noch im Bahnhof Murnau, als die Zugspitze bereits die erste Haltestelle Murnau Ort passiert hatte. In Oberammergau ragte der Zug abfahrbereit, bespannt mit je einer 141 an beiden Zugenden, bis wenige Wagenlängen vor das Einfahrtsignal. Zum Einsteigen musste der Zug geteilt werden.

Ansonsten aber war von Passion nicht sehr viel zu spüren. Lediglich zu den sogenannten Wiederholungsspielen am Samstag (ohne Übernachtungskopplung) schickte die Bahn in Zusammenarbeit mit dem abr-Reisebüro jeweils zwei Sonderzüge mit meist sieben Silberlingen aus verschiedenen Orten Bayerns nach Oberammergau. Gezogen wurden die Züge von 141 und, dies war eine Premiere, im Falle eines Laufweges über Augsburg – Weilheim von einer 218. Doch häufig kamen die Züge fast leer an – was weder an Desinteresse am Passionsspiel noch an der Zugdurchführung durch die Bahn lag. Der Grund war im wesentlichen materiellerer Art: Als die begehrten Eintrittskarten im Rahmen dieser Zugarrangements ab 1979 angeboten wurden, waren viele Fahrten bereits binnen weniger Stunden von Busunternehmern komplett aufgekauft worden. Diese sicherten sich die Eintrittskarten für ihre Bus-Touren für amerikanische Touristen durch ganz Europa, die Zugfahrkarten ließ man verfallen.

In einigen der Züge befanden sich aber doch Fahrgäste, und so hätte ein Zwischenfall am 7. Juni 1980 auch dramatisch enden können. Bei der Durchfahrt des Passionssonderzuges stellte der Fahrdienstleiter in Bad Kohlgrub eine Weiche während der Zugkreuzung zu früh um, nämlich zwischen dem vorletzten und letzten Drehgestell des Schlusswagens, sodass dieser mit einem Drehgestell noch dem Zugverbund aufs Ausweichgleis folgte, das letzte Drehgestell aber gerade ins Durchgangsgleis einfuhr. Quer über den Bahnsteig geschwenkt, prallte der Wagen dann noch leicht gegen 141 017, der Zuglok des Planzuges. Verletzt hatte sich dabei niemand, aber der Schreck war groß. Und das Passionsspiel begann mit fast zweistündiger Verspätung, die knapp 5.000 Zuschauer waren entsprechend erbost. Die Bahnstrecke war einige Stunden blo-

▽ **Bild 110** • Ein Zwischenfall im Passionsverkehr am 7. Juni 1980. Ein Sonderzug wurde wegen zu früher Weichenstellung mit dem letzten Wagen auf das Gleis des zur Kreuzung in Bad Kohlgrub wartenden Regelzugs geleitet. Der restliche Zugteil durfte weiterfahren, aber die Passionsspiele konnten erst mit über einer Stunde Verspätung beginnen. Aufnahme: Bernd Mühlstrasser

◁ **Bild 111**
Beim Abholen des Güterwagens in Gleis 1a ist die erste Achse hinter der **169 002** aus den Schienen gesprungen. Doch mit vereinten Kräften wird der Wagen gleich wieder eingegleist und die Üg 67664 kann im winterlichen Oberammergau pünktlich abfahren. Februar 1981.

Aufnahme: Bernd Mühlstrasser

◁ **Bild 112**
Mehr als „zügig" rauscht **169 003** im Herbst 1980 auf ihren Endbahnhof Oberammergau zu.

Aufnahme: Bernd Mühlstrasser

◁ **Bild 113**
Nur an den berüchtigten „Föhn-Tagen" sind die Ammergauer Alpen hinter den bewaldeten Hügeln des Schergen so deutlich zu sehen. Im Mai 1981, kurz vor Planende, ist **169 002** mit dem N6608 bei Saulgrub inmitten dieser herrlichen Landschaft unterwegs.

Aufnahme: Bernd Mühlstrasser

ckiert. Ansonsten verlief der weitere Passionsverkehr ruhig und unspektakulär. Insgesamt fuhren im Jahr 1980 44 Sonderzüge mit 316 Wagen nach Oberammergau.

Überraschung herrschte, als die Bundesbahn ihren Fahrplan für den Winter 1980/81 präsentierte; die für den Passionsverkehr deutlich erhöhte Anzahl an Zügen wurde fast ohne Einschränkungen auch für den Alltagsbetrieb beibehalten, die Verlagerung auf den Bus war endgültig beendet, die Schiene hatte wieder Vorrang! Entfallen waren lediglich die Kurswagenleistungen.

Und die zweite freudige Überraschung: Mit Beginn des Winterfahrplanes kehrte die alte Baureihe 169 nicht nur wieder in den Reisezugverkehr ihrer Linie zurück, vielmehr wurde durch das erhöhte Zugangebot nun wieder eine zweite Lok benötigt. Zwar überlappten die beiden Plantage nur bei den Mittagszügen, aber immerhin bespannten nun wieder zwei Maschinen der alten Stammloks fast zwei Drittel der Zugleistungen im Ammertal!

Dass die alten Loks diesen Anforderungen noch absolut gerecht wurden, bewiesen sie im Verlauf dieses Winterfahrplans. Im gesamten Zeitraum konnten alle 169-Planzüge auch mit den Loks bespannt werden, an manchen Tagen waren sogar alle drei Maschinen im Einsatz. Einzig im Januar, als innerhalb weniger Tage mehrfach rutschende Autos an Bahnübergängen mit den Loks kollidierten, gab es ein paar Tage, an denen 141 im 169-Plandienst aushelfen mussten.

Dennoch, die einzigartige Karriere der 169 neigte sich dem Ende entgegen. Der Grund war allerdings nicht bei den Loks zu suchen, sondern im Vorhaben der DB, den Zugverkehr auf der Linie nach Oberammergau zu beschleunigen. Zuständige Stellen planten, ab dem Sommerfahrplan 1981 größere Streckenabschnitte der Bahnlinie mit 60 km/h befahren zu lassen. Damit konnten die 169 erstmals seit ihrer Indienststellung den Anforderungen ihrer Heimatlinie nicht mehr gerecht werden. Der Erhöhung der Geschwindigkeit gingen einige Anpassungsarbeiten sowie eine erweiterte Ausstattung mit Geschwindigkeitstafeln für niedrigere Geschwindigkei-

▽ **Bild 114 und 115** • Von Augsburg kommend, bleiben die 218 (rechts) erneut bis Oberammergau am Zug. Mit 218 348 und 442 sind es am 24. Mai 1984 gleich zwei dieselbespannte Züge . Auch ein gänzlich neues Lokgesicht bringen die Passionsspiele 1984 auf die Strecke. Überraschend ist der erstmalige Einsatz von 111 statt 141. Erste Vertreterin dieser Baureihe war 111 020 (unten) am 2. Juni 1984, hier schon auf der Rückfahrt am „Burabichl".
AUFNAHMEN: BERND MÜHLSTRASSER

◁ **Bild 116**
Die teils historische Kulisse von Murnau, bekannt durch das Malerpaar Münter und Kandinsky, umrahmt den Wintertraum mit **169 003** auf dem Weg ins Ammertal am 9. Dezember 1980.

Aufnahme: Dieter Kempf

ten voraus. Und so endete am 30. Mai 1981 die Geschichte der kleinen Elloks im Reisezugdienst der Bahnstrecke Murnau – Oberammergau. 169 005 brachte noch den Samstagsplan über die Runden, nachdem am Tag zuvor bereits 169 002 zum letzten Mal in den Planleistungen des Tages 1 auf der Strecke im Dienst war. Von nun an wickelten den Betrieb vor den Personenzügen komplett 141-Wendezüge ab: Eine auch aushilfsweise Rückkehr der alten Lokalbahnloks gab es nicht mehr.

Die „neue Zeit" auf der Oberammergauer Bahn war allerdings keinesfalls revolutionär. In der Regel liefen die Züge nun in 39 bis 41 min über die Bahn. Dies war zwar teilweise drei bis vier Minuten schneller als in der vorhergegangenen Fahrplanperiode, doch lagen auch die Fahrzeiten der 169-Züge in den siebziger Jahren bei 38 bis 41 min. Erst in den späten siebziger Jahren wurden die Fahrzeiten der Züge um 5 min verlängert, unter anderem auch, um den zahlreicher werdenden Langsamfahrstellen wegen Gleisschäden sowie dem deutlich reduzierten Tempo am Bahnübergang bei Altenau Rechnung zu tragen. Ebenfalls unwiderruflich zu Ende war nun auch ein durchaus bunter Wageneinsatz, der die Silberling-Monotonie in den siebziger Jahren häufig unterbrochen hatte. Die Stellung der Wagen erfolgte in diesen Jahren durch den Bahnhof Garmisch. Werktäglich fuhr eine Garnitur der Oberammergauer Bahn während der für den Güterzug genutzten Zugpause gegen 9.00 Uhr als N 4657 und mit einer 144 bespannt nach Garmisch. Dort konnte die Garnitur bei Revisionsfälligkeit getauscht werden. Nach Murnau kehrten die Wagen dann mittags als Schlussläufer eines Eilzuges zurück, in Murnau abgehängt und von der inzwischen mit ihrem Güterzug wieder in Murnau eingetroffenen 169 wurden sie für den N6615 übernommen. Häufig kamen dabei keine zwei Silberlinge zurück. Vor allem Mitte der siebziger Jahre herrschte in Garmisch meist Mangel an Nahverkehrswagen mit Gepäckabteil. Die Oberammergauer Bahn erhielt daher häufig Ersatzwagen zugewiesen. Teilweise kamen dabei sogar Schnellzugwagen aus der Pop-Serie zum Einsatz, häufiger Schnellzugwagen in den neuen beige-türkisen Farben und mit höchstem Komfortstandard. Ganz selten verirrten sich in dieser Zeit auch noch die schweren Vorkriegsschnellzugwagen auf die Bahn, die dann aber den 169 durch das höhere Gewicht durchaus zur Last fielen. Bis in die siebziger Jahre wurden Silberlinge gelegentlich auch durch vierachsige Umbauwagen ersetzt. Gegen Ende der siebziger Jahre war es dann fast schon die Regel, dass in der Garnitur neben dem Silberling mit Gepäckabteil ein Mitteleinstiegswagen in beige-türkis lief.

Trotz Geschwindigkeitsanhebung, ganz wollte man auf die Dienste der 169 auch auf ihrer alten Heimatstrecke nicht verzichten. Die Beförderung des werktäglichen Übergabezuges blieb im Sommerfahrplan 1981 noch Aufgabe der alten

◁ **Bild 117**
Lang – Kurz – Lang – mit diesem „Signalpfiff" hat **169 005** gerade ihre heute ebenfalls rot-weiß geklebte Schwester **169 003** in den nicht signalgesicherten Bahnhof Grafenaschau eingelassen. Trotz Schneemassen geht der Alltag für Material und Leute ungehindert weiter.

Aufnahme: Dieter Kempf

◁ **Bild 118**
Wer mag wohl älter sein? Die unermüdliche **169 002** auf winterlicher Fahrt bei Grafenaschau oder die markante Fichte, die genug Anstand hatte, nie in die historische Oberleitung zu fallen.
Aufnahme: Rudolf Vyzina

Loks. Fast über die gesamten vier Monate war es nun wieder mal 169 005, die hier die Stellung hielt. Nur in den letzten zwei Wochen kam nochmals 169 003 zum Einsatz, der es dann am 25. September 1981 auch zufiel, die wirklich allerletzte Planleistung einer E 69 auf dieser mit den Loks so eng verbundenen Strecke zu fahren. Mit dem Übergabezug 67663 kam sie nach 9 Uhr mit einem Güterwagen in den Endbahnhof Oberammergau, rangierte dort kurz und verließ gegen 10 Uhr mangels Fracht ohne Wagen zum letzten Mal den Passionsort. In Murnau angekommen, holte sie noch 169 005, die einen Tag zuvor ausgemustert worden war, im Bw ab und fuhr Lz nach Garmisch.

Dort waren nun alle drei 169 im Bw vereint. 169 002 hatte noch einmal dort „beruflich" zu tun, dann waren alle Maschinen auf einem Nebengleis abgestellt, wurden nicht mehr für den täglichen Betrieb benötigt.

▽ **Bild 119** • Im letzten Einsatzwinter gab es eine kleine „Krise" im Ammergauer Zugverkehr. Nein, die E 69 liefen stabil und zuverlässig, aber wochenlang herrschte Wagenmangel, teilweise durch Bahnübergangs-Unfälle ausgelöst. So hat **169 003** am 30. Dezember 1980 kein Problem, mit dem Kurz-6615 überpünktlich aus Unterammergau auszufahren.
Aufnahme: Wolfgang Mletzko

Damit war es in Murnau einsam geworden. Die Rangierlok der Baureihe 160 war schon im September 1979 abgezogen worden. Wendeloks, die in Murnau manchmal regelrechte Altbau-Ellok-Treffen mit mehreren 144, 169, 194 und der 160 ermöglichten, machten auch kaum mehr Station. Die Stellwerke waren ebenfalls abgerissen worden, nachdem im Erdgeschoss des alten Lokalbahnhofs ein elektronisches Stellwerk, das erste seiner Art im Bereich der DB, eingerichtet worden war, welches vom Fahrdienstleiter im Staatsbahnhof aus überwacht wurde. Mit dem Abzug der letzten 169 war nun auch das Areal des ehemaligen Bw Murnau überflüssig geworden. In den letzten Jahren mit der Baureihe 169 war dort noch ein kleines Häufchen Arbeiter verblieben, um die kleinen Wartungen an den Loks vorzunehmen. Für sie stand nach jeweils 1.000 km (ca. alle fünf Tage) eine Nachschau auf dem Plan, bei der vor allem die Gleit- und Schaltlager gewartet wurden, außerdem erfolgte eine Dachbesichtigung. Nachdem es immer wieder zu Problemen an den Gleitlagern (Wassereintritt) gekommen war, entschloss sich der Maschinendienst schließlich, die Loks nach 500 km in einer Zugpause ins Bw zu beordern, um die Gleitlager auszublasen.

Die Anfang der siebziger Jahre noch etwa 40 in Murnau beschäftigten Arbeiter führten außerdem kleinere Reparaturen an den Schotterwagen des Eschenloher Hartsteinwerkes aus. Teile des Lokschuppens wurden schon seit vielen Jahren als Busgarage der Bahn- und späteren Busflotte des Regionalverkehr Oberbayern (RVO) verwandt. Die Wartung der Busse begann in den fünfziger Jahren, um möglichst viele der durch die Aufgabe der E 69-Unterhaltung im Bw Murnau wegfallenden Arbeitsplätze zu erhalten. Davon war aber 1981 auch nichts mehr übrig geblieben. Die Hallen standen nun leer und waren zunehmend dem Verfall preisgegeben. Bald durften in den leerstehenden Räumen Musikgruppen Übungsräume beziehen, wobei es aber mehrfach zu Bränden gekommen war. 1988 wurden die Gleise abgebaut. Seit Beginn der neunziger Jahre war das Gelände weitgehend verwahrlost und die Halle durch die Brandschäden mittlerweile einsturzgefährdet. Mehr und mehr waren Stimmen laut geworden, diesen „Schandfleck", an dem zunehmend auch die Drogenszene Einzug hielt, endlich zu beseitigen. Im Herbst 1992 wurden dann alle Gebäude abgebrochen. Im Bereich östlich des Lokalbahnhofes (noch immer mit einem Gleis anfahrbar) bis kurz vor den Bw-Bereich errichtete der Markt Murnau einen Recyclinghof. Das Gelände der ehemaligen Bw-Anlagen wurde Brachland, aus dem der Betonboden des Lokschuppens als einziges Überbleibsel der renommierten Murnauer Werkstätte noch aus den Grasflächen ragte. Doch auch dies sollte bald Geschichte sein.

Bild 120 und 121
Nach Abzug der 169 wechselte die Bespannung des Güterzuges mehrfach. Zunächst mühten sich eine der drei Garmischer V 60 (unten), so wie hier bei Altenau im Juni 1983, damit ab. Anschließend gelangten Augsburger 212 (links) vor die Übergabe, hier kurz hinter Saulgrub erwischt. AUFNAHMEN: BERND MÜHLSTRASSER

Die achtziger Jahre – Monotonie und Rückbau statt Lokalbahn-Idyll

Mit Abzug der Baureihe 169 hielt Monotonie auf der Oberammergauer Bahn Einzug. Plötzlich fehlte das Besondere dieser Bahn, ohne dass zumindest für den Reisenden nun eine modernere Bahn präsent wäre. Schließlich blieb das Wagenmaterial weitgehend gleich. Der Güterzug fuhr nun für einige Fahrplanperioden mit 261, dann folgten kurzzeitig sogar Kemptner Loks der Baureihe 211 und 212 … wenn es überhaupt noch etwas zu fahren gab. Meist fielen die auf Montag, Mittwoch und Freitag zurückgenommenen Übergaben ganz aus. Der Güterverkehr war in den siebziger Jahren noch recht passabel gewesen, fast alle Unterwegsbahnhöfe konnten noch täglich Wagenladungen abfertigen. Hauptabnehmer waren dabei ein Gleisanschluss in Altenau, der sogar mit einer Wagendrehscheibe ausgestattet war, die Holzindustrie Unterammergau sowie der Endbahnhof Oberammergau mit Kesselwagen und Kohle für die örtlichen Brennstoffhändler Sauer und Schorn. Bis etwa 1975 fuhr im Güterzug noch immer ein zweiachsiger Begleitwagen mit. 1978 musste die Altenauer Holzverarbeitung schließen, die Wagenladungen fielen weg. Dagegen herrschte starkes Frachtaufkommen mit bis zu zehn Kohlewagen täglich, wenn die Oberammergauer NATO-Kaserne sich für die Heizperiode rüstete. Als die Bundeswehr-Verwaltung Anfang der achtziger Jahre hier auf Zentralheizung umstellte, entfiel dadurch die Hauptstütze des Güterverkehrs. Ende der achtziger Jahre wurden nur noch Bad Kohlgrub, Unterammergau und Oberammergau als Gütertarifpunkte bedient. Immer häufiger verkehrte über Wochen hinweg gar kein Güterzug mehr. Im Jahr 1993 wurden in Oberammergau gerade mal noch neun (!) Güterwagen abgefertigt. Daher stellte die DB die Bedienung der Strecke im Güterverkehr am 1. August 1994 völlig ein. Proteste dagegen gab es wenige, nur die Holzindustrie Unterammergau hätte gerne weiterhin verladen. Zunächst blieben die meisten damals noch bestehenden Gütergleise erhalten, lediglich in Oberammergau wurden alle Gleise nördlich des Personengleises 3 abgebaut. Die länger genutzten, südlich der Bahnsteige gelegenen Gütergleise blieben zwar liegen, doch befand sich die dahin verzweigende Weiche von Gleis 1 in derart schlechtem Bauzustand, dass nicht nur die Gütergleise, sondern seit Jahresende 1995 auch das eigentliche Hauptgleis für den Personenverkehr (Gleis 1) völlig gesperrt wurden. Für die Deutsche Bahn AG ergab sich daraus die Konsequenz, bis auf weiteres nur noch die Gleise 2, 3 und 7 (langes Umfahrungsgleis) zu unterhalten.

Doch das Abspecken auf der Oberammergauer Bahn begann schon früher. Im Sommer 1982 legte die DB die Ausweich-

△ **Bild 122** • Leer, verwaist und schon leicht heruntergekommen sind in den späten achtziger Jahren die Bw-Anlagen in Murnau. Die Tage der geschichtsträchtigen Gebäude und Gleisanlagen sind gezählt. Ab September 1992 werden sie der Vergangenheit angehören! Aufnahme: Stephan Beständig

Bild 123▷

Der Turmtriebwagen 702 115 musste im Mai 1983 nach einem Föhnsturm ausrücken, um die Strecke bei Grafenaschau wieder frei zu bekommen.

Aufnahme: Bernd Mühlstrasser

△ **Bild 124** • Kaum ein DB-Fahrzeug, das nicht seine Visitenkarte auf der Ammergauer Bahn abgegeben hätte. Auch der formschöne TEE-Triebwagen **601 016/019** erwies der Strecke Ostern 1987 seine Referenz im Rahmen einer Alpen-Rundfahrt. Im Anstieg nach Saulgrub durften sowohl die röhrenden Dieselmotoren, als auch die imposante Signalpfeife der fünfziger Jahre-Ikone eine akustische, wie natürlich auch optische Marke hinterlassen. AUFNAHME: BRIAN RAMPP

gleise in Unterammergau und Saulgrub still, nachdem an den Weichen Reparaturarbeiten nötig geworden waren. Skurril dabei das Geschehen in Saulgrub: Das gesamte Material zur Wartung des längsten Kreuzungsgleises der Strecke war bereits angefahren worden. Über Nacht verschwanden plötzlich die gesamten Baustoffe wieder, der oft realitätsfremde Rationalisierungswahn hatte zugeschlagen. Nun entfernten die Gleisbautrupps das Ausweich- und das Gütergleis entgegen der ursprünglichen Planung, die Gleisanlagen zu reparieren. Der Bahnhof Saulgrub wurde zum Haltepunkt degradiert. In Unterammergau verblieben zwar ein Teil des Kreuzungsgleises und das Anschlussgleis, jedoch wurde die südliche Weiche ausgebaut. Kreuzungen waren nun auch hier nicht mehr möglich, ein völliger Rückbau erfolgte hier schließlich im Frühjahr 2002.

(weiter auf Seite 74)

◁ **Bild 125**
Der monotone 141-Verkehr wurde nur dann ein Hingucker, wenn mal „Sonderlinge“ in den Plan gerieten. Die einzige 141 mit türkisem Dach, 141 378, war am 21. Juni 1983 so ein Fall, passte auch ganz gut zu dem eingereihten Eilzugwagen, aufgenommen bei Saulgrub auf dem Weg nach Oberammergau.

AUFNAHME: BERND MÜHLSTRASSER

△ **Bild 126** • Nach Abzug der 169 beherrschten Loks der Baureihe 141 die Szene, hier bei Altenau. Die heute schon historische ozeanblau-beige Farbgebung erscheint im Rückblick durchaus apart. Aufnahme: Bernd Mühlstrasser

▽ **Bild 127** • Sehr selten waren Ausflüge der Nürnberger S-Bahn-141 auf die Oberammergauer Bahn. Am 30. Dezember 1996 ist 141 436 bei Seeleiten-Berggeist ein bunter Kontrast zur Winterlandschaft und zum Alltagsbetrieb. Aufnahme: Brian Rampp

△ **Bild 128** • Im Mai 1998 übernahmen 111 für drei Wochen den Zugverkehr auf der KBS 963 Murnau – Oberammergau. Wegen Bauarbeiten konnten die planmäßigen 141 aus Nürnberg nicht zugeführt werden und so mussten Münchner 111 übernehmen. Wegen der zu hohen Achslasten durften sie, wie in alten LAG-Zeiten, nur mit maximal 40 km/h unterwegs sein. Sie benötigten daher über 50 Minuten Fahrzeit. 111 005 verlässt am 9. Mai 1998 mit RB 15115 das beschauliche Altenau. AUFNAHME: CHRISTOPH GRIMM

Plötzlich spukte auch das Stilllegungsgespenst wieder durchs Ammertal. Der Grund lag bei Kilometer 0,7, die Brücke in Murnau Ort über die Hauptbahn. Diese konnte ab Sommer 1982 nur noch mit 10 km/h befahren werden und war in bedenklichem Zustand. Ob die DB die Kosten für einen Neubau ausgeben wollte, war zweifelhaft. Zunächst bauten Gleisarbeiter auf die alte Brückenkonstruktion zwei Behelfsbrücken auf, um den Betrieb kurzfristig fortführen zu können. Am 22. Oktober 1983 konnte dann aber doch ein 600.000 DM teurer Neubau der Hannoveraner Firma Engelbrecht & Eilers eingesetzt werden. Hierzu wurden die Widerlager und der Bahnsteig in Murnau Ort angepasst. Mit diesem Brückenneubau verstummten dann die Stilllegungsgerüchte wieder. Dagegen drohte nun plötzlich dem elektrischen Zugbetrieb Gefahr, und dies ausgerechnet auf der Urzelle des mit Strom betriebenen Eisenbahnnetzes. Die Überlegungen entstanden, nachdem seit Mai 1983 in München keine Loks der Baureihe 141 mehr stationiert waren. Die Maschinen mussten nun über eine Entfernung von etwa 300 km zum Heimatbetriebswerk Nürnberg zugeführt werden, da im Bereich der BD München keine geeignete Lokomotivgattung für den Betrieb nach Oberammergau zur Verfügung stand. Der Einsatz der schwereren Loks hatte bereits zahlreiche Spuren an Gleisen und Oberbau hinterlassen. Immer öfter entstanden Langsamfahrstellen wegen Gleisschäden, immer mehr Geld musste die Bahn in den Unterhalt der Strecke stecken. Ein Weiterbetrieb der Baureihe 169 wäre die DB unterm Strich trotz aufwendiger Ersatzteilhaltung für diese Splittergattung günstiger gekommen, als die Summen, die nun immer wieder in die Bausubstanz der Strecke gesteckt werden mussten.

Daher stellte man bei der Bahn 1983 Überlegungen an, den elektrischen Betrieb aufzugeben, da kein geeignetes Triebfahrzeug mehr zur Verfügung stand. Außerdem stand eine kostspielige Überholung der meisten Masten an. Da aber auch auf dem Dieselsektor kein sinnvolles Einsatzfahrzeug greifbar war (Dieseltriebwagen der Baureihe 628 hätte auf der steigungsreichen Strecke Probleme bekommen), wurden Pläne zur „Entelektrifizierung" zu diesem Zeitpunkt fallen gelassen, Mitte der neunziger Jahre jedoch nochmals diskutiert, ohne letztlich ernsthaft in Erwägung gezogen zu werden.

Nach nur vier Jahren Pause standen außerturnusmäßig für den Sommer 1984 erneut Passionsspiele auf dem Programm. Diese außerturnusmäßige Spielserie wurde zum 350. Jubiläum des Gelübdespiels veranstaltet. Die Rolle der Bahn wurde dabei noch unbedeutender. Zwar fuhren abermals aus Bayern jeden Samstag Sonderzüge, doch verzeichnete man insgesamt gerade einmal knapp 30 Züge in den fünf Spielmonaten. Früher das Aufkommen von nur einigen Spieltagen … Zum Einsatz kamen dabei neben den mittlerweile auch schon streckentypischen 141 erstmals 111, die wegen ihrer hohen Achslast mit Sondergenehmigung verkehrten, sowie Dieselloks der Baureihe 218. Auch der reguläre Fahrplan erfuhr kaum mehr Veränderungen zum normalen Angebot, Kurswagenverbindungen waren gar nicht mehr im Programm. Sicherlich darf man jedoch der Bahn hierfür keine große Schuld anlasten, die Vermarktung der Passionsspiele hatte sich nun einmal zu fast 100 % auf Busunternehmen verlagert, einem Trend, den man bis heute nicht umkehren kann.

Erfreulich dagegen zwei Gäste, die am 31. August und 1. September 1985 auf die Oberammergauer Bahn kamen: E 69 02 und E 69 03, unsere mittlerweile 76 und 73 Jahre alten Ammergauer Elloks. Sie feierten ein Comeback auf ihrer alten Einsatzstrecke. In diesem Jahr beging die deutsche Eisenbahn ihren 150. Geburtstag, und aus diesem Anlass wurden zahlreiche bedeutende Lokomotiven wieder restauriert und als betriebsfähige Museumsloks aufgearbeitet. Darunter selbstverständlich auch die Baureihe E 69, die mit den beiden unzertrennlichen Schwestern vertreten war. Die Maschinen kamen in diesem Jahr auf vielen Fahrten in fast ganz Deutschland zum Einsatz, ein ausgiebiger Besuch auf ihrer alten Stammstrecke durfte nicht fehlen. An beiden Tagen pendelten die beiden Lok-Oldtimer, vier Jahre nach ihrem offiziellen Abschied vom Ammertal, mit historischen Plattformwagen zwischen Murnau und Oberammergau. Die Regelzüge liefen im Kontrast dazu mit 111 und einer IC-Garnitur. Auch in den folgenden Jahren kamen die alten E 69 gelegentlich zu einem Besuch auf ihre alte Strecke, doch konsequent ausgenutzt wurde das Potential eines lebendigen technik-geschichtlichen Denkmals nicht. Vielmehr standen zu hohe Preise einer Sonderfahrt mit den DB-Museumsloks ebenso im Wege (z.B. Garmisch – Oberammergau u.z. 3.100 €), wie auch der Zustand der Bahnstrecke ins Ammertal. Denn schon 1987 wurde weiter rationalisiert und damit ein empfindlicher Eingriff in die Infrastruktur der Strecke vorgenommen. Nun entfiel auch noch das Kreuzungsgleis in Grafenaschau, ebenso das dortige Gütergleis. Damit verlor die Strecke ihren wichtigsten Kreuzungspunkt für Sonderfahrten sowie die betriebliche Alternative zu Bad Kohlgrub, wo sich alle fahrplanmäßigen Züge kreuzten. Früher konnte im Verspätungsfalle auf einen anderen Bahnhof ausgewichen werden, wodurch sich die Verspätung nicht auf beide Züge übertrug. Zwar war die Anzahl der Sonderzüge in den letzten Jahren entsprechend dem allgemeinen Trend stark zurückgegangen, durch den Abbau in Grafenaschau aber nahm die Lage abstrakte Züge an. Selbst die hoch geschätzten Fahrten des Gläsernen Zuges konnten nicht mehr vernünftig über die Strecke geführt werden. So wurden Rundfahrten mit dem Aussichtstriebwagen nun nach Oberau auf der Garmischer Hauptbahn geführt, die Fahrgäste mussten in den Bus umsteigen, um ins Ammertal und zum Schloss Linderhof zu gelangen. Normale Sonderzüge, früher auch in passionslosen Jahren fester Bestandteil des Zugverkehrs, waren in den späten achtziger Jahren und Anfang der neunziger Jahre kaum mehr zu verzeichnen. Lediglich zur Passionsspielzeit 1990 liefen nochmals mehr als 40 Sonderzüge über die Bahn.

Nachdem aber etwa Mitte 1995 auch der letzte verbliebene Ausweichbahnhof Altenau nicht mehr für Zugkreuzungen genutzt werden durfte, fuhr am 14. September 1995 der letzte Sonderzug ins Ammertal. Eine 218 brachte eine Sonderzuggarnitur nach Oberammergau und holte dort Fahrgäste einer Pauschalreise ab. Um 18.45 Uhr wurde das Ausweichgleis letztmalig von einem Reisezug befahren. Anschließend war die einstmals bedeutende Epoche des Sonderzugverkehrs praktisch beendet. Um nicht mehr „rückfällig" zu werden, sperrte die Bahn schließlich am 11. September 1997 das Ausweichgleis Altenau wegen unsicherer Gleislage und hatte die Bahnstrecke damit endgültig amputiert. Als im Jahre 2000 die längste Passionsspielzeit mit über 100 Aufführungen von Mai bis Oktober stattfand, war eine lange Tradition zu Ende gegangen – die etwa 500.000 Zuschauer kamen praktisch ohne Dienste der Eisenbahn in den Festspiel-Ort.

Im Gegensatz zu dieser, durch falsche Sparpolitik verursachten Fehlentwicklung, gab es in den neunziger Jahren vom regulären Personenverkehr durchaus Positives zu vermelden. Zunächst war zwar das 1980 ausgeweitete Angebot in den Abendstunden teilweise wieder auf die Straße verlagert worden, doch mit Installierung des landesweiten Bayern-Taktes im Mai 1994 wurde ein Zugangebot auf der Oberammergauer Bahn geschaffen, wie es in der 94-jährigen Betriebsgeschichte noch nicht annähernd erreicht wurde. Zwischen 6 und 24 Uhr gab es praktisch stündlich in jede Richtung einen Zug. Auch die seit einigen Fahrplanperioden nicht mehr von allen Zügen angefahrenen Haltepunkte Seeleiten-Berggeist und Jägerhaus erhielten nun wieder stündlichen Anschluss. Der große Mut der mittlerweile vom Bayerischen Staat getragenen Bayerischen Eisenbahngesellschaft als Besteller der Nahverkehrsleistungen zahlte sich aus: Bereits nach sechs Monaten hatten sich die Reisendenzahlen um 19 % erhöht, täglich stiegen 280 Reisende mehr ein, womit die Zahl der täglich beförderten Fahrgäste auf 1.480 anstieg. Um dem verbesserten Angebot auch optisch Geltung zu verschaffen, setzte die Bahn seit 1995 verstärkt die neuen Regionalbahnwagen in der Farbgebung weiß-grün mit moderner Fahrgastraum-Gestaltung ein, womit die seit immerhin 33 Jahren hier eingesetzten klassischen Silberlinge rasch aus dem Verkehr im Ammertal verschwanden.

Während sich das Zugangebot auf der Strecke seit Mitte der neunziger Jahre deutlich positiv verbesserte, bereitete der Zustand der Strecke mehr und mehr Probleme. Durch die höhere Achslastbeanspruchung und die erhöhte Zugzahl verschlechterte sich der Oberbau zusehends. Die Folge waren ständige Sanierungsmaßnahmen im gesamten Streckenverlauf. Daher war die Bahn in den späten neunziger Jahren immer wieder für einige Wochen gesperrt. Hinzu kamen in den Sommermonaten Hitzeverwerfungen, da sich das überbeanspruchte Gleis wegen der durchgehenden Verschweißung bei längeren Wärmephasen teilweise in einen Schlingerkurs verwandelte. Die Folge waren lange Langsamfahrstellen mit daraus resultierenden Verspätungen, teilweise auch Sperrungen der Strecke sowie erneut ein hoher Aufwand an Reparatur-Investitionen. Daher entschied sich die Deutsche Bahn AG im Frühjahr 1998 zu einer grundlegenden Sanierung der Bahnstrecke und des Oberbaus. Mit einem Aufwand von über 10 Mio. € sollte bis 2001 praktisch der gesamte Oberbau erneuert werden. Gleichzeitig sollte die Verbindung durch das Auflassen nicht mehr benötigter Bahnübergänge beschleunigt werden. In besonders problematischen Streckenabschnitten wurde mit der Arbeit begonnen, doch ähnlich wie schon in den fünfziger Jahren versiegte der Elan rasch wieder. Was letztlich blieb, waren vor allem „Abbau"-Maßnahmen. So wurde am 28. Februar 2002 Oberammergau zur unbesetzten Station degradiert! Nur wenige Tage später waren alle Signale bereits verschwunden und der hübsch bemalte Warteraum verbarrikadiert. Die Gleisstruktur im Bahnhof wurde mit geänderten Gleissperren versehen und das interessante Schlüsselstellwerk leergeräumt. Das immer noch großzügige Gleisareal verkam zur Wildnis.

Neufahrzeuge ab 2002

Zumindest auf dem Fahrzeugsektor gelang „ein Quantensprung". Zwar mehr als drei Jahre verspätet, aber letztlich immerhin doch, wurden ab Juni 2002 statt der lokbespannten Züge die neuen Triebwagen der Baureihe 426 eingesetzt. Damit schloss sich ein weiter Kreis, 97 Jahre zuvor wollte man den elektrischen Betrieb schließlich auch mit Triebwagen abwickeln … Was damals eher misslang, wollte auch im nächsten Jahrtausend nicht reibungslos klappen. Schon vier Monate nach dem von Eisenbahnfreunden betrauerten Abzug der Ellokbaureihe 141 – 141 370 fuhr am 14. Juni 2002 die letzten regulären Zugleistungen – kehrte diese Baureihe wieder in den Plandienst zurück: Bei starkem Laubfall und nasser Witterung waren einige Züge – ebenfalls traditionell, bedenke man die Schwierigkeiten beim ET 85 – durch die Stationen gerutscht. „Software-Probleme" machte die Bahn dafür verantwortlich. So bestritten erneut die gewohnten Zugeinheiten aus 141 und zwei Regiowagen den Zugverkehr im Herbst 2002, bis das letzte Blatt gefallen war und die Triebzüge zurückkehren konnten. Im Herbst 2003 gab es ähnliche Probleme, doch löste man diese, in dem

△ **Bild 129** • Die roten 425/426 prägten Anfang der 2000er Jahre das Zugbild im gesamten Oberland. Das 426 030 bei der Einfahrt in Oberammergau jedoch an Elefanten und Kamelen vorbeifährt, war im August 2004 eine zirkusbedingte Ausnahme. AUFNAHME: BERND MÜHLSTRASSER

man statt der kurzen 426-Einheiten den deutlich längeren Triebwagen 425 mit entsprechend mehr gebremsten Radsätzen zum Einsatz brachte. Dieser lange Bruder gelangte gelegentlich bei Mangel an 426 auf die Strecke und erfreute dabei vor allem die Schüler, die ansonsten mit völlig überfüllten Schülerzügen zu kämpfen hatten. Im Jahr 2004, dem dritten Herbst mit Fahrzeugen der Baureihe 426, wartete man den ersten Laubfall erst gar nicht ab, sondern schickte die gesamte Baureihe 426 zur Umrüstung der Besandungsanlage und einem weiteren Software-Update in Revision. Um die Triebwagen hierfür bereit zu stellen, kehrte ab 19. Juli 2004, zwei Jahre nach ihrem Planabschied, 141 366 wieder auf die Strecke zurück, um einen Umlauftag zu übernehmen. Dieser Einsatz währte, von vielen Fotografen begleitet, bis in den Oktober 2004. Doch traute man auch diesem „Update" an den 426 nicht und schickte die 141 nach nur einer Woche Pause ab 9. Oktober 2004 erneut für Wochen mit einem Plantag ins Rennen, um die herbstlichen Hinterlassenschaften vom Gleis zu räumen. Auch die 141 tat sich offensichtlich schwer, hier endgültig Abschied zu nehmen!

Betrieblich manifestierte man ab Mitte der Nullerjahre den Zustand des „modernen Eisenbahnverkehrs", wie wir ihn bis heute definieren: Der Einsatz von Triebwagen, ein Taktfahrplan – erfreulich von 5 bis 24 Uhr im Stundentakt – und eine auf ein Mindestmaß zurechtgestutzte Infrastruktur. In geradezu erschreckendem Maße „exerzierte" die DB AG dies am Beispiel Oberammergau. Der einst repräsentative Bahnhof mit seinen umfangreichen Gleisanlagen wurde 2006 ausradiert. Nach dem Grundstücksverkauf an einen berühmt-(berüchtigten) Einkaufsflächen-Investor wurden alle Gleisanlagen und alle Baulichkeiten – mit Ausnahme des unter Denkmalschutz stehenden Bahnhofs (ohne Nebengebäude) abgerissen.

◁ **Bild 130**
Abschied vom Plandienst mit lokbespannten Zügen: Am 14. Juni 2002 fährt 141 370 ihren letzten offiziellen Plantag. Der Gegenzug ist bereits auf einen neuabgelieferten 426 übergegangen. Dennoch sollten die Loks noch mehrfach im Zugdienst mithelfen müssen.

AUFNAHME: BERND MÜHLSTRASSER

Neubautriebwagen ET 426	
Gewicht	60,9 t
Länge	36,49 m
Antriebsleistung	1174 kW
Anfahrbeschleunigung	0,88 m/s2
Ersteinsatz n. Oberammergau	12. Juni 2002

Bild 131 ▷
Das neue Motiv in den frühen zweitausender Jahren: 426 023 auf dem Weg nach Altenau.

AUFNAHME: BERND MÜHLSTRASSER

Die Gemeinde Oberammergau überließ sämtliche Eingriffe widerstandslos dem Investor, weil sie Angst vor Altlasten auf dem Gelände hatte, sollte die Kommune Teile des Geländes selbst erwerben. Und so verschwand der ehemalige „Bahnhof" nun hinter fünf großen Supermarkt-Hallen, versteckt wie ein peinliches Relikt aus vergangenen Zeiten. Ursprünglich sollte das letzte verbliebene Gleis sogar noch um ca. 300 m verkürzt werden. Bahnreisende sollten an den Ortsrand gedrängt werden, um noch zwei oder drei zusätzliche Kommerz-Hallen zu erstellen. An dieser Stelle zumindest blockierte die Gemeinde. Ein dringend benötigtes und gewünschtes zweites Bahnhofsgleis konnte jedoch nicht durchgesetzt werden. Oberammergau ist nur noch ein Haltepunkt, praktisch ein Anschlussgleis mit Prellbock. Welch ein Niedergang, vergleicht man dies mit dem alten Bahnhof zu Passionszeiten im letzten Jahrhundert.

Das hatte das Gelände des ehemaligen Lokalbahnhofs und des Bw Murnau da schon „hinter sich". Mit dem Spatenstich 1996 zur Entlastungsstraße wurde das Areal des Murnauer Lokschuppens zu einem tiefergelegten Verkehrskreisel, direkt neben dem so lange im Dornröschenschlaf liegenden Lokalbahnhof schlug eine Durchgangsstraße eine Bresche für den Individualverkehr.

Waren nun also aus dem Start- und Endbahnhof der Strecke jegliche Anmut einer historischen Bahnstrecke verschwunden, ging es in zwei Schritten 2012 und 2013 auch den Bahnanlagen dazwischen an den Kragen. Noch erfreute nämlich die alte Oberleitung mit den geschwungenen Elementen aus dem Jahr 1905 sowohl die Herzen der Eisenbahnfans, aber auch neutrale „Ästheten" mit dem harmonischen Miteinander von Landschaft und Technik. Doch nach dem unheiligem System, das „Erhalt" zu Lasten der DB und „Neubau" jedoch auf das Konto des Steuerzahlers gebucht wird, stellte die DB fest: Die Oberleitung ist marode, die muss weg. So errichtete ein Bautrupp Nacht für Nacht die Bohrlöcher für massive Betonmasten und im Sommer 2012 wurde der Abschnitt Bad Kohlgrub – Oberammergau komplett umgerüstet. Die Anwohnergemeinden waren ebenso entsetzt, wie überrascht, was die DB ihnen da über Nacht vor die Nase gesetzt hatte. Überrascht? Kann doch gar nicht sein, hatte da nicht ein ortsbekannter Eisenbahnfreund und Buchautor vor dem Ergebnis gewarnt? Während sich z. B. bei der Höllental- und der Dreiseenbahn die sensibilisierten Kommunen bei der Bahn Gehör verschafften und die Verwendung von augen- und landschaftsschonenden Gittermasten durchsetzen konnten, hatten die Lokal-Fürsten im Ammertal mal wieder alles verschlafen. Hinterher wurde lamentiert und gejammert, nur das war natürlich zu spät. 2013 verschwanden dann auch die letzten historischen Masten auf dem unteren Abschnitt – seither zieht sich die kleine Lokalbahnstrecke wie eine Schnellfahrtrasse durchs Ammertal. Den historischen Wert der alten Masten erkennend, hatten sich noch schnell der Bayerische Localbahn Verein e. V. (BLV) und das DB Museum je fünf Masten und Ausleger gesichert.

Rückbau der Ammergauer Bahn ab den siebziger Jahren	
11.1977	Vereinfachung Spurplan Oberammergau (z.B. 2. Umfahrungsgleis weg)
07.1982	Kreuzungsmöglichkeiten Unterammergau u. Saulgrub „über Nacht" ausgebaut
08.1987	Sperrung Ausweichgleis Grafenaschau
10.1988	Abbau Gleisanlagen Bw Murnau
09.1992	Abbruch Lokschuppen mit Nebengebäuden Murnau
08.1994	Einstellung Güterverkehr
11.1995	Sperrung Gleis 1 und weiterer Gütergleise in Oberammergau
09.1997	Ausweichgleis Altenau offiziell gesperrt, aber noch vorhanden
06.1998	Abbau Einfahrt Lokalbahnhof Murnau
08.1999	Rückbau Bhf. Altenau zum Haltepunkt
02.2002	Oberammergau unbesetzt / Abbau Ausfahrtsignale Oberammergau
03.2002	letzter „Ausweich"-Gleisstutzen in Unterammergau ausgebaut
03.2002	Querträger in Unterammergau abgebaut, Gleissperren und Schlüsselstellw. Oberammergau abgeb., Wartesaal Oberammergau geschlossen
09.2006	Abbau aller Gleisanlagen (außer bisheriges Gleis 3) in Oberammergau, alle Gebäude (außer Hauptbau Bahnhof) abgerissen
07.2012	Abbau historische Oberleitung zwischen Bad Kohlgrub und Oberammergau
08.2013	Abbau historische Oberleitung zwischen Bad Kohgrub und Murnau
09.2014	Abbau letzter verbliebener Alt-Bahnsteig Oberammergau, Ersatz durch kürzeren Hochbahnsteig
09.2014	Umrüstung BÜ Saulgrub und Unterammergau auf Automatik, Abzug Personale vor Ort
12.2016	Aufgabe Haltepunkt Jägerhaus

△ **Bild 132** • Regelmäßiger Gast auf der Panoramabahn ins Ammertal war bis zu seinem bitteren Ende der Gläserne Zug. In seinem letzten Outfit macht sich 491 001 bei Unterammergau zurück auf den Weg nach München.
Aufnahme: Bernd Mühlstrasser

▽ **Bild 133** • Kontraste: Nur wenige Wochen, nachdem die Baureihe 426 den Verkehr übernommen hatte, feierte DB Regio die Einführung der „modernen Bahn" stilecht mit einem Mischbetrieb aus den neuen Triebwagen und ihren Vorgängern. In Bad Kohlgrub trifft die „alte Garde" mit der gerade wiederbelebten **169 005** und **E 69 03** auf 426 030 und 426 032. Beide Garnituren sind am 27. Juli 2002 als Planleistung unterwegs.
Aufnahme: Christoph Grimm

So futuristisch sich die Strecke nun also auch durch die Landschaft schneidet, so sehr anders entwickelte sich die Betriebsqualität. Seit Anfang der zehner Jahre häuften sich die teils mehrwöchigen Stilllegungen wegen Streckenschäden. Hitzeverwerfungen, Hangabrutsche, Oberleitungsschäden auf der einen, permanenter Personal- oder Fahrzeugmangel auf der anderen Seite – ließen die Bahnlinie immer mehr zur „Lachnummer" werden. Die Ausfalltage überholten langsam die Betriebstage. Bahn oder Bus – diese Frage stellten sich immer mehr der regelmäßigen Fahrgäste. Unseeliger Höhepunkt dieser Entwicklung: Wenige Tage nach Beginn der coronabedingt auf 2022 verschobenen Passionsspiele führten Streckenschäden zu einer mehrmonatigen Sperrung der Ammergauer Bahn. Ein Passionsspiel ohne Bahn. Unverstellbar eigentlich – und doch störte sich vor Ort kaum jemand daran. Die Bedeutung der Verkehrsader ins Ammertal sank auf den Nullpunkt. Als im Herbst 2022 langsam wieder Leben auf die Bahn kam, da wurden die Fahrzeiten wegen der Schäden auf über 50 min verlängert und wegen der „entgleisten" Takt- und Wendezeiten die Hälfte der Züge ausgelegt. Verkehrten Züge, dann waren dies seit 2013 schon wieder neue Fahrzeuge. Wo war denn die Konstanz von 75 Jahren E 69 hingekommen? Die 426 hatten sich bereits nach nur gut zehn Jahren Einsatz völlig aufgerieben aus dem Betriebsdienst im Ammertal verabschiedet. Die anspruchsvolle Strecke hatte die Fahrzeuge – von manchen auch als „Mini-Quietschies" oder „Bonsai-Quietschies" bezeichnet – all zu stark beansprucht. Es gab Spannungsrisse in den Fußböden und verschlissene Drehgestelle, was viele Ausfälle mit sich brachte. Im Zusammenhang mit der Flottenumstellung im gesamten Werdenfelser Netz auf Triebwagen der Baureihe 442 (Bombardier Talent 2) wurden erneut kleine Zwillingsfahrzeuge, vier zweiteilige „Mini-Talent 2" angeschafft. Diese kommen, spurtstark und wendig, nun mit der fahrzeugfressenden Ammertalbahn ganz gut zu recht. Die unpraktische Inneneinrichtung, kaum Fensterplätze und die Höhenunterschiede sowie die zu geringe Anzahl an Gepäckablagen, wurde für eine Urlaubsstrecke am Reisendenbedarf eher vorbeigeplant. Für die Schülerzüge und an ausflugsstarken Tagen sind die kleinen Wägelchen definitiv zu klein und gelegentlicher Ersatz durch lange 2 442-Triebzüge durchaus gerne gesehen.

Im Sommer und Herbst 2024 erfolgte endlich eine millionenschwere Grundsanierung der Strecke, die nun zumindest die Betriebsqualität wieder stabilisierte. Und auch die Fahrzeiten lagen wieder im Bereich um 40 min, so wie man es bereits in den siebziger Jahren mit einer E 69 erleben konnte. Welch ein Hochamt der Technik. Nach 125 Jahren, dieses Jubiläum konnte 2025 – natürlich stillschweigend – gefeiert werden, reist man zwischen Murnau und Oberammergau im Reisetempo der ältesten elektrischen Lokomotiven der Gründerzeit. Wenn das kein in sich geschlossener Kreis ist!

Bild 134 ▷
Wäre nur die Bahn auch unter Naturschutz, dann hätten nicht die unschönen Betonmasten im Ammertal Einzug gehalten. Nun sieht der Alltag halt so aus …

Aufnahme: Bernd Mühlstrasser

Bild 135 ▷
Das blieb vom großen Bahnhof Oberammergau! Hinter einer „Firewall" zum Supermarkt-Gelände gibt es nur noch das frühere Gleis 3. Eine 111 gehört nicht zum Betriebssortiment – eine mehrtägige Sperrung wegen Sturmschäden erforderte im Winter 2015 die Erkundungsfahrt mit 111 027, ehe der 442 hinter der Lok wieder auf die Strecke darf.

Aufnahme: Bernd Mühlstrasser

△ **Bild 136** • Zugverkehr im Ammertal in den frühen 2000er Jahren. 426 029 mit dem Taufnamen „Murnau" hat sich warm eingepackt und verlässt als RB 71676 Unterammergau mit seinem letzten Signal. Im Hintergrund grüßt der „Kofel" in eiskalter Winterlandschaft. AUFNAHME: CHRISTOPH GRIMM

▽ **Bild 137** • Für diese Wintertraum-Szene im Bahnhof Oberammergau ist 426 029 ein idealer Farbklecks. Christoph Grimm war der 15. Februar 2003 nicht zu kalt, um zu fotografieren. AUFNAHME: CHRISTOPH GRIMM

△ **Bilder 138 und 139** • Fast 50 Jahre liegen zwischen diesen beiden Aufnahmen vom Haltepunkt Jägerhaus. Im Frühjahr 1977 rollt **169 003** zum kurzen Halt ein. Noch hält hier jeder Zug, steht hier ein Wartehäuschen und die Fahrleitung hängt an den alten Auslegern. Im Oktober 2025 ist der Haltepunkt schon lange aufgegeben, die zwischendurch gläserne Wartehalle abgebrochen und ein beschmierter, wenig werbewirksamer, kleiner 442 009 fährt einfach durch. Der alte Fernsprecher ist das einzige Relikt alter Zeiten, dagegen drängen sich nun marzialische Betonmasten ins Landschaftsbild. Bezeichnend dafür, dass die harmonisch ins Landschaftsbild eingefügte Lokalbahn verschwunden ist, eine auf keinerlei „Schönheit" mehr ausgerichtete DB-Regio-Strecke prägt die Jetzt-Zeit. Immerhin – die Bahn fährt auch im 125. Jahr!
▽
AUFNAHMEN: KARSTEN RISCH (OBEN), BERND MÜHSTRASSER (UNTEN)

Schneepflug-Einsätze im Ammertal

Grenzwertige Anforderungen stellten nicht selten schneereiche Winter im Voralpenland an Mensch und Material, wenn tiefe Temperaturen, starke Schneefälle und anhaltende Frostperioden die Betriebsbedingungen deutlich erschwerten. Vereisungen an Infrastruktur und Fahrzeugen sowie vor allem erhebliche Schneemengen mussten mit technischem und organisatorischem Aufwand beseitigt werden, um einen sicheren und durchgängigen Betrieb zu gewährleisten. Bemerkenswert sind die erfolgreichen Einsätze unter diesen widrigen Rahmenbedingungen, bei denen der Betrieb trotz erheblicher Belastungen aufrechterhalten werden konnte, während heute bereits nach vergleichsweise moderaten Schneefällen nicht selten Streckensperrungen und Einschränkungen im Betriebsblauf zu verzeichnen sind.

△ **Bild 140** • Kaum noch erkennbar unter den aufgewehten Schneebergen ist **169 005**, die eben den Bahnhof Oberammergau mit dem Klimaschneepflug an einem Januartag im Jahr 1980 erreicht hat. Aufnahme: Michael Spicker

▽ **Bild 141** • Oft musste nach Betriebsschluss noch die Strecke geräumt werden. An einem späten Februar-Abend 1978 ist 144 060 noch damit beschäftigt, fast einen Meter Neuschnee innerhalb weniger Stunden in Oberammergau Herr zu werden. Aufnahme: Peter Zink

Bild 142 ▷
Wie eine „Erscheinung“ unterbricht der von **169 005** geschobene Klima-Schneepflug bei Scherenau die Ruhe des Wintertags nur kurz. Der Lokführer, durch ein kabelgestütztes Anzeigegerät vom Schneepflug aus „ferngesteuert“ („Aufschalten“, „Bremsen“) ist quasi im Blindflug unterwegs.

Aufnahme: Peter Zink

Bild 143 ▷
Die Arbeit ist getan, die Rückfahrt von **169 005** ist für die ganze Räum-Mannschaft und den Lokführer deutlich entspannter, zumal der Schneepflugeinsatz am 1. Januar 1980 gleich mal die Feiertagsruhe störte.

Aufnahme: Bernd Mühlstrasser

Bild 144 ▷
Der frühe Wintereinbruch im Dezember 1980 forderte **169 005**, nur wenige Tage nach der üblichen „Schneepflug-Probefahrt“ gleich zum Ernstfall. In Bad Kohlgrub ist die Arbeit aber schon getan, nach der Kreuzung mit dem Planverkehr geht es für die Pflug-Einheit zurück nach Murnau.

Aufnahme: Wolfgang Mletzko

△ **Bild 145** • Die rote **169 003** ist der Farbklecks im „Weiß-Blauen" Wintertraum bei Scherenau.
AUFNAHME: DIETER KEMPF

Lokomotiven für das Ammertal – die Familie E 69

△ **Bild 146** • Im Bahnhof Altenau demonstriert **LAG 1** vor einem langen Güterzug ihr Leistungsvermögen. Das Bahnhofsgebäude ist 1906 noch im Ursprungszustand. Im Hintergrund wirkt das Hörnle-Massiv im Vergleich zu heute ungewohnt baumlos. AUFNAHME: SIEMENS FORUM

Als nur wenige Monate nach Eröffnung des elektrischen Betriebes eine kleine, braunrote Elektrolok in Murnau erschien, vielbestaunt von der fachkundigen und interessierten Öffentlichkeit, ahnte wohl keiner der Anwesenden, dass damit eine einzigartige Erfolgsgeschichte ihren Anfang nehmen würde.

Auch 120 Jahre später sollten gelegentlich noch immer Vertreter dieser Baureihe mit eigener Kraft und unverwechselbarem Motorgebrummel in dieser Region über die Gleise rollen. In der Zeit dazwischen war die Lokfamilie E 69 (als solche wollen wir die fünf Loks in der Regel bezeichnen) trotz aller Versuche nie optimal zu ersetzen, auch wenn dies schon in den fünfziger Jahren erstmals versucht und 1981 endgültig umgesetzt wurde.

Doch alles der Reihe nach. Zurück ins Jahr 1905, an den Anfang einer ebenso ungewöhnlichen, wie erfolgreichen Lokomotivgeschichte …

1905: Premiere für die erste Lok

Nachdem die LAG ihre Strecke Murnau – Oberammergau nach der Übernahme ab Anfang 1905 mit elektrischen Triebwagen betrieb, sollte bald auch der restliche Verkehr weitgehend ohne Dampfloks abgewickelt werden. So reiften Überlegungen, für die Bahn eine elektrische Lokomotive anzuschaffen. Doch bereits von Anfang an plante die LAG dabei nicht nur für den Güterverkehr. Vielmehr errechnete sie, dass ein Zugbetrieb mit Lok und Wagen im Personenverkehr durchaus Vorteile gegenüber dem obligatorischen Triebwagen-Betrieb haben könnte. Ausgelöst wurden diese Überlegungen auch dadurch, dass die elektrischen Triebwagen für die Oberammergauer Strecke durch die Einphasen-Wechselstrom-Ausrüstung komplexer und schwerer waren, als bei den bisher eingesetzten Gleichstromwagen auf ande-

Bild 147 ▷ Unmittelbar nach ihrer Indienststellung stellt sich **LAG 1** in Murnau der interessierten Presse vor. Bereits kurz nach diesen Aufnahmen wurden die mittlere Loklaterne und der bis an den Rahmen hochgezogene Schneepflug wieder entfernt.

AUFNAHME: SIEMENS FORUM

△ **Bild 148** • Wahrlich eine waghalsige Konstruktion: ein Wirrwar aus Eisenträgern, Blechen, Rollen und Seilzügen ist der ursprüngliche Stromabnehmer der **LAG 1**. Aufnahme: Siemens Forum

LAG 1 Kurzporträt	
Achsanordnung:	Bo
Länge:	7.500 mm
Gewicht:	20 t
Nennleistung:	145 kW
Geschwindigkeit:	40 km/h
Trafo:	WBM 1 a
Trafoleistung:	200 kVA
Steuerung:	Walzenschalter
Fahrstufen:	11
Fabriknummern:	Katharinahütte 29/05 SSW EL 1/05
Anschaffungspreis:	46.154 M

ren LAG-Strecken. Diese schwerere Wechselstrom-Ausrüstung sei vielleicht in einer elektrischen Lok besser aufgehoben, kann durch das größere Gewicht doch ein hohes Reibungsgewicht und somit eine gute Leistungsausnutzung des Triebfahrzeuges erreicht werden. Eine Erhöhung des Zuggewichtes würde durch den Lokeinsatz nicht entstehen, wenn die Lok mit etwa 20 t und für die Wagen 10 t veranschlagt würden. Bei gleichbleibenden Massengewichten würde aber gegenüber dem Triebwagen eine wartungsfreundlichere und somit kostengünstigere Anordnung der elektrischen Einrichtungen in einer Lok zu Buche schlagen. Weitere Vorteile des Lokbetriebes: handlicher Rangierbetrieb, universellere Einsatzmöglichkeiten und hohe Leistungseffizienz. Der Vorteil des Triebwagen-Einsatzes, nämlich das Entfallen der Rangierarbeiten am Endbahnhof, waren im Betrieb auf der Oberammergauer Bahn nicht zum Tragen gekommen, weil bei fast allen Zugleistungen noch ein Beiwagen oder Güterwagen mitgeführt wurde.

Geleitet von diesen Überlegungen schritt man bei der LAG bereits nach gut vier Monaten Triebwageneinsatzes zur Tat: Eine erste Anfrage zum Bau einer elektrischen Lok wurde am 22. April 1905 an Siemens gerichtet. Den endgültigen Auftrag erhielten die Siemens-Schuckertwerke (SSW), Berlin, schließlich am 3. Juli desselben Jahres. Siemens seinerseits vergab die Fertigung des mechanischen Teils am folgenden 1. August an einen Exoten unter den Lokbauern – die Katharinahütte in Rohrbach/Pfalz. Diese Firma hatte bislang nur einzelne Loks für Industriebahnen konstruiert, ansonsten fertigte das Unternehmen dort überwiegend Förderanlagen für den Bergbau. Eine Nachfolgefirma der Katharinahütte ist noch im Jahr 2025 am alten Standort tätig. Zunächst gehörte sie zum Thyssen-Konzern und firmierte unter P.W.A.-Anlagenbau, nach dem Rückzug von Thyssen-Krupp firmiert man dort heute unter „Koch Solutions“ und ist weiterhin im Anlagenbau aktiv.

Der Fahrzeugaufbau der Lok war relativ schlicht gehalten, und entsprach einer Bauform, die dort vor allem für Werks- und Grubenloks gefertigt wurde.

Auf einen Rahmen mit zwei Achsen wurde ein aus einem Profilstahlrahmen gefertigter Lokkasten gesetzt, der durch Quer- und Längsverstrebungen versteift war. Dieser Fahrzeugkasten bestand aus einem zwei Meter langen Mittelführerstand und sich jeweils daran anschließenden, halbhohen Vorbauten, zum Puffer hin abgeschrägt und am Ende abgerundet. Dieser Aufbau war als Ganzes abnehmbar. Die Achsen der 7,5 m langen Lok wurden als Lenkachsen ausgeführt, womit man sich auf der kurvenreichen Einsatzstrecke die besten Laufeigenschaften versprach. Dieser keineswegs bahnbrechende Fahrzeugteil wurde im Oktober 1905 unter der Fabriknummer 29 abgeliefert.

Mit dem Einbau der elektrischen Ausrüstung durch Siemens wurde die Lok nun jedoch zu einer technischen Pionierleistung. Es entstand die erste normalspurige Lokomotive für Einphasen-Wechselstrom und somit die Urahnin aller später in Deutschland gefertigten Lokentwicklungen. Neben dem neuartigen Stromsystem der Lokomotive, war vor allem der Einsatz von Tatzlagermotoren bemerkenswert, ein erster Vorläufer des Bahnmotors, der bis in die siebziger Jahre zum Standard deutscher Elloks gehörte. Dieser Einzelachs-Antrieb setzte sich erst in den dreißiger Jahren, also 25 Jahre später, in der Lokomotivbeschaffung der Deutschen Reichsbahn durch, bis dahin favorisierte man noch den aufwendigeren Stangenantrieb. Bei LAG 1 kamen zwei Reihenschlussmotoren WBM 285, bereits aus den Triebwagen der Strecke bekannt, mit phasenverschobenem Wendefeld zum Einbau. Auch der Trafo war ein aus den Triebwagen bekanntes Bauteil und wurde unter dem Führerstand im Fahrzeugrahmen eingelassen, seine Oberseite stellte gleichzeitig den durch Holzbohlen ausgelegten Fußboden dar. Die Kühlung erfolgte durch die von außen sichtbaren, charakteristischen Lamellen durch den Fahrtwind.

Unter den beiden Vorbauten waren die weiteren elektrischen Hilfseinrichtungen platziert. Zunächst war die Lok nur mit einer Wurfhebelbremse ausgestattet. Diese ist auf vielen Fotos der Lok durch einen im Führerstand hochstehenden Hebel mit am Ende aufgesetzter Gewichtsscheibe erkennbar. Die Bremse wurde zur Bremsbereitschaft „umgeworfen“, die gewünschte Bremswirkung durch entsprechenden Druck erzielt, ähnlich einer Autobremse, jedoch handbedient. Was aus heutiger Sicht sehr exotisch anmutet, war zunächst ausreichend, da kurz nach der Jahrhundertwende zumindest Güterwagen nicht durch eine lokgesteuerte Luftdruckbremse reguliert, sondern von mitfahrenden Bremsern direkt am Wagen gebremst werden mussten.

Ein wenig muss mit diesem Buch die Geschichte der LAG 1 bei Ablieferung umgeschrieben werden. Alle Publikationen, auch die Vorläuferausgaben dieses Buches, bescheinigen der Lok bislang schon mit Auslieferung ein sechsstufiges Schützenschaltwerk, wie es auch heute noch auf der Lok verbaut ist. Doch erschien die Maschine mit einer ganz anderen Steuerung zur Premiere als erste E-Lok: Entgegen der bisherigen Geschichtsschreibung war die Lok anfangs mit dem weitgehend baugleichen elfstufigen Walzen-Feinschalter ausgestattet, wie auch die „Kollegen“ Triebwagen. Aufgeschaltet wurde mittels eines senkrecht angebrachten Stufenrades und eine große „Uhr“ auf dem Fahrpult zeigte die elf Fahrstufen an. Offensichtlich nicht die optimale Wahl, denn bereits 1911 wurden diese Einrichtungen dann tatsächlich gegen die bis dato als Urversion angenommene, sechsstufige Schützensteuerung ausgetauscht, womit auch erst zu diesem Zeitpunkt die Schützen im hinteren Vorbau und der gefällige, gusseiserne Fahrstufenregeler mit Handgriff, Bauart „Siemens-Schuckertwerke“ auf dem Fahrpult montiert wurden. Damit ist letztlich auch die genaue Leistungsfähigkeit der Lok zur Anlieferung nicht definitiv darstellbar.

Machte die Lok äußerlich einen recht robusten Eindruck, beim Stromabnehmer erweckten die Konstrukteure eher den Anschein einer Verlegenheitslösung. Um die richtige Höhe der Schleifbügel zu erreichen, musste ein einem doppelten Lyrabügel ähnlicher Aufbau nochmals auf zwei Rahmengestelle gesetzt werden, die wiederum auf langen Isolatoren ruhten. Zum Einholen des Bügels wurde ein verschlungenes Seilzug-System angebaut. Ein Wunder, dass sich diese gewagt anmutende Konstruktion dann doch über einen recht langen Zeitraum auf der Lok hielt.

Derart ausgestattet erreichte die Lok im Herbst 1905 ihre zukünftige Heimat Murnau. Die dortige Werkstätte führte anschließend Installationsarbeiten aus und fuhr erste Probeeinsätze. Offizieller Dienstbeginn auf der Oberammergauer Strecke war der 19. Februar 1906. Die zunächst braun-rot mit schwarzen Zierstreifen lackierte Lok erhielt von ihrem Besitzer die Bezeichnung LAG 1. Das Interesse der Fachwelt war bei den ersten Fahrten der Maschine groß, die nun vor Güterzügen, aber auch im Reisezugverkehr eingesetzt wurde. Dabei konnte die kleine Lok durchweg Überzeugendes bieten, erreichte sie doch problemlos alle von ihr geforderten Leistungen. So konnte in der langen 30 ‰-Steigung mit 50 t Zuglast noch auf 20 km/h beschleunigt werden. Entscheidende Mängel waren nicht festzustellen. Vielmehr wusste die Maschine durch werkstättenfreundliche Konstruktion und unkomplizierte Bedienung allseits zu gefallen.

Naturgemäß waren dennoch in der folgenden Zeit einige Ausrüstungsteile anzupassen. So erweiterte die LAG nach einigen Betriebsmonaten die Bremsanlage. Durch den Einbau einer Druckluftbremse der Bauart Westinghouse übernahm sie den Standard der Bayerischen Staatsbahnen. Diese Zurüstung resultierte wohl aus dem unerwartet häufigen Einsatz auch im Reisezugdienst. Hierzu musste in einem Vorbau ein Druckluftkompressor eingebaut werden. Diese Bremse wirkte jedoch nicht auf die Lok selbst, sodass bei Lokleerfahrten und im Rangierbetrieb die Wurfhebelbremse weiterhin im Einsatz blieb.

Die doch eher überschaubare Zugkraft führte schließlich um 1914 dazu, auf Motoren der Bauart WBM 280 umzurüsten, wodurch sich die Leistung der Maschine nahezu verdoppelte und sie durchaus wieder in der Liga der beiden nachgefolgten Schwestern mitspielen konnte.

△ **Bild 149** • Überraschende Erkenntnis: Im Ablieferungszustand war **LAG 1** mit einem elfstufigen Feinstufenschaltwerk ausgestattet, wie es auch in den Triebwagen verbaut war. Nur fünf Jahre war die Lok damit unterwegs. Aufnahme: Sammlung Wolgang-D. Richter

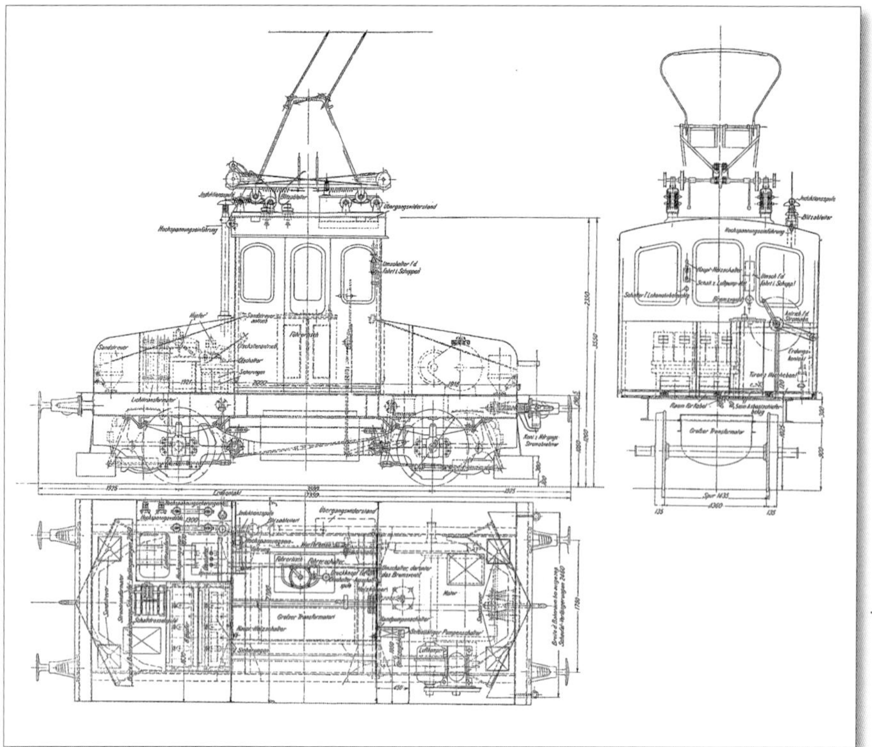

LAG 2 Kurzporträt	
Achsanordnung:	Bo
Länge:	7.350 mm
Gewicht:	24 t
Nennleistung:	258 kW
Geschwindigkeit:	40 km/h
Steuerung:	Schütz elektromagn.
Fahrstufen:	7
Fabriknummer:	Krauss EL 3/08
Anschaffungspreis:	50.890 M

◁ **Bild 150**
Die ersten Entwürfe für die zweite Lok orientierten sich noch stark an der **LAG 1**. Kurzfristig änderte man Vorbauten und das „Gesicht" noch im „Krauss-Stil" ab.

Abbildung: Sammlung Wolfgang-D. Richter

1909: Lok 2 überzeugt alle

Durch den Erfolg der LAG 1 ermutigt, wollte die LAG für die Oberammergauer Bahn nun stärker auf den Betrieb mit elektrischen Lokomotiven setzen. Da die Passionsspiele 1910, die ersten für die LAG, näher rückten, bestellte die Gesellschaft im Laufe des Jahres 1908 eine weitere Maschine. Federführend hierbei sollte erneut Siemens sein, der Auftrag für den Fahrzeugteil ging jedoch diesmal an den „Haus- und Hoflieferanten" der LAG, die Firma Krauss, die nahezu alle Dampfloks der LAG gefertigt hatte. Diese lieferte Ende 1908 das Fahrzeugteil nach Murnau aus, auch erste Teile der elektrischen Ausrüstung gingen an den Staffelsee. In der dortigen Werkstätte wurde in den folgenden Monaten die Maschine funktionsfähig zusammengebaut.

Der Fahrzeugkasten der als LAG 2 bezeichneten Lok war kompakter als der ihrer älteren Schwester, die aber dennoch als „Baumuster" für die neue Lok Pate stand und nur punktuell anhand der gesammelten Erfahrungen verbessert werden sollte. Zunächst war auch für die zweite Lok eine Fensteraufteilung wie bei LAG 1 vorgesehen, ehe man zum für Krauss üblichen Erscheinungsbild wechselte. Die etwas höher gehaltenen Vorbauten fielen steiler ab und waren eckiger; der Lokkasten ruhte auf einem stabileren Fahrgestell, bei dem die Achsen nun starr ausgeführt wurden. Praktisch die geänderte Umsetzung der „großzügig auszuführenden" Besandungseinrichtung. Hierzu erhielten beide Vorbauten an der Frontkante zwei runde, mit einem Klappdeckel verschließbare Einfüllrohre, durch die Sand zugeführt werden konnte. Diese „Knöpfe" auf den Vor-

◁ **Bild 151**
Unter der Fabriknummer EL 3 war bei Krauss in München im Herbst 1908 der Fahrzeugteil der **LAG 2** fertiggestellt.

Aufnahme: Sammlung Stephan Beständig

bauten wurden über all die Jahre die charakteristischen „Hingucker“ der Lok 2 und 3, auch wenn diese, nach dem Umbau auf am Fahrgestell zugängliche Sandkästen, später funktionslos waren. Die elektrische Ausrüstung entsprach im Grundprinzip der von LAG 1, war insgesamt aber leistungsstärker. So leisteten die Tatzlagermotoren WBM 280 mit jeweils 129 kW bereits das Doppelte der ersten Lok. Dementsprechend konnte die Maschine auf der Rampe auch 35 t mehr anfahren als die LAG 1. Das Murnauer Personal, bislang mit der LAG 1 bereits recht zufrieden, war von der am 19. Mai 1909 offiziell abgelieferten zweiten Lok durchaus begeistert. Robuster und leistungsstärker präsentierte sich die neue Maschine, die ab August 1909 im regulären Dienst eingesetzt wurde. Besonderes Lob erfuhr die Ausführung der elektrischen Installation – durch die LAG in Murnau selbst vorgenommen – im Gegensatz zur Ausführung dieser Arbeiten bei Anlieferung der LAG 1 durch die Firma Siemens selbst.

△ **Bild 152** • Die Vereinigung von mechanischen und elektrischen Fahrzeugteilen fand dann in der Murnauer Werkstätte statt. Im Hintergrund beobachtet **LAG 1** das Entstehen ihrer zukünftigen Schwesterlok.

Aufnahme: Sammlung Bernd Mühlstrasser

Als die LAG schließlich 1912 die nächste Lokomotive in Auftrag gab, war bereits klar, dass dies zu Lasten der bislang eingesetzten Triebwagen gehen müsste, denn so viele Leistungen im Güterverkehr gab es ja auch nicht, um damit alle drei Loks beschäftigen zu können. Vielmehr zeigten sich die Triebwagen im Betrieb und Werkstättenbereich den Loks deutlich unterlegen. Vor allem die schlechten Laufeigenschaften mit den dadurch bedingten starken Abnutzungen an Radsätzen und Schienen sowie die unflexibleren Kapazitätsmöglichkeiten im mittlerweile doch sprunghaft angestiegenen Reisendenaufkommen ließen die Triebwagen vermehrt aufs Abstellgleis rollen. Bei der dritten Lok verließ man sich nun weitgehend auf das „Erfolgsrezept“ der LAG 2.

▽ **Bild 153** • Im Frühjahr 1910 präsentiert sich **LAG 2** mit einem stilreinen Personenzug im Vorfeld des Murnauer Lokalbahnhofs.

Aufnahme: Siemens Forum

△ **Bild 154** • Noch recht „leichtgewichtig" zeigt sich **LAG 3** in der Lokfabrik Krauss. Bald wird der mechanische Lokteil zur „Elektrifizierung" nach Murnau gebracht.
Aufnahme: Werkfoto Krauss, Sammlung Brian Rampp

▽ **Bild 155** • Bereits im Herbst 1912 gab es in Murnau die Ankunft der weiteren Ellok zu feiern: Stolz zeigen sich Mitarbeiter vor der neuen **LAG 3**, die auf den Namen „Hermine" getauft wird. Sie besitzt bereits bei Anlieferung einen modernen Stromabnehmer, zunächst noch mit zwei Schleifstücken. Aufnahme: Sammlung Bernd Mühlstrasser

Bild 156 ▷
Selten sind Betriebsaufnahmen der **LAG 1** in den ersten Einsatzjahren. Etwa 1915 sehen wir die Lok hier in Grafenaschau beim Rangieren.

Aufnahme: Sammlung Schörner, Nachlass Lotter

LAG 3 Kurzporträt	
Achsanordnung:	Bo
Länge:	7.350 mm
Gewicht:	25 t
Nennleistung:	264 kW
Geschwindigkeit:	40 km/h
Steuerung:	Schütz elektromagn.
Fahrstufen:	7
Fabriknummer:	Krauss EL 25/12
Anschaffungspreis:	51.130 M

1912: Aller guten Loks sind drei

Bereits im Herbst 1912 erschien der neue Fahrzeugteil der LAG 3 in Murnau. Erst vor Ort wurden die elektrischen Anlagen – beide Elemente wieder von Siemens und Krauss gefertigt – in den kommenden Wochen eingebaut . Als offizielles Indienststellungsdatum wurde der 17. Dezember 1912 angegeben. Sichtbare Unterschiede zur Zwillingsschwester LAG 2 waren der modernere Scherenstromabnehmer, nun schon ähnlich den späteren Reichsbahn-Bauserien, sowie die beiden Vorbauten. Bei der LAG 3 reichten diese bis an den vorderen Rand der Pufferbohlen, während sie bei der LAG 2 bereits davor endeten. So konnten die Loklaternen bei der LAG 3 auch am Vorbau angebracht werden und nicht wie bei der Lok 2 auf den Pufferbohlen. Auch die Griffstangen auf den Aufbauten waren abweichend, was beide Loks schon von weitem leicht unterscheiden ließ. Bei der LAG 2 verlief eine durchgehende Griffstange von der Pufferbohle bis zum Führerstandsaufbau, während die LAG 3 eine zweigeteilte Griffstange hatte, deren oberer Teil nicht auf dem Vorbau, sondern seitlich angeordnet war.

Damit erhielt die Lok ein kompakteres Aussehen. Von diesen Nuancen abgesehen, waren Lok 2 und 3 optisch weitgehend identische Konstruktionen und sollten dadurch ihr Schicksal auch in den nächsten Jahrzehnten besonders eng miteinander verbinden. Doch bei aller Ähnlichkeit, „unter der Haube“ unterschieden sich die beiden Schwestern doch. Bei LAG 3 fand erneut ein anderer Motortyp Verwendung, der 1910 für die ET 99 der Hamburger Stadtbahn Blankenese – Ohlsdorf neu entwickelte WBM 281. Entsprechend mussten auch die Anzapfungen am baugleich verwendeten Trafo WBT 1a für diesen Motortyp angepasst werden.

Bild 157 ▷
Portraitaufnahme der **LAG 3** am Murnauer Lokschuppen. Gut sichtbar ist hier die am linken Führerhaus-Eck separierte Hochspannungs-Durchführung, wie sie zunächst an LAG 2 und 3 positioniert war.

Aufnahme: Ernst Schörner

△ **Bild 158** • Der schwere Unfall am 2. Juni 1921 hat die beiden Loks **LAG 1** und **LAG 2** so schwer beschädigt, dass sie für Monate nicht mehr einsatzfähig sind. Vor allem bei **LAG 2** sind große Teile der hinteren Aufbauten völlig zerstört. AUFNAHME: SAMMLUNG BERND MÜHLSTRASSER

△ **Bild 159** • Aus dieser Schnellfahr-Versuchslok aus dem Jahre 1901 entstand die **LAG 4**. Unterhalb des U-Bahnhofs Gleisdreieck in Berlin-Kreuzberg unterhielt Siemens & Halske einen kleinen Werkstattschuppen, in dem die Versuchslok und die Triebwagen unterhalten wurden. Zur Überführung zur und von der Marienfelder Versuchsstrecke musste der mastartige Stromabnehmer allerdings demontiert werden. AUFNAHME SIEMENS FORUM

Bild 160 ▷ Nach der Lokteilung gelangte eine Hälfte von ihr zur Oberammergauer Bahn. Besonders augenscheinlich ist das lange Vordach mit den Stützstreben über dem Vorbau. Kurz nach Inbetriebnahme des Unikums, macht sich die Lok in Murnau an der Werkstätte vorbei auf den Weg zum Endbahnhof Oberammergau. Die Bullaugen seitlich am Vorbau, die „Belüftungswarzen" auf der Loknase und die nicht mehr genutzten Lampenhalter am Vorbau verraten die ungewöhnliche Vergangenheit des Lokteils.

AUFNAHME: SAMMLUNG BERND MÜHLSTRASSER

1921: Aus der Not geboren – eine halbe Lok

Mit diesem Lokpark sah sich die LAG dann kurz vor Beginn der zwanziger Jahre in der Lage, ganz auf die Triebwagen zu verzichten. Der Abschied schien leicht zu fallen, konnten doch nicht mal mehr die um zwei Jahre verschobenen, für 1922 angesetzten Passionsspiele einen Weiterbetrieb rechtfertigen. Dennoch kam die Disposition der LAG für den Betrieb nach Oberammergau plötzlich gehörig durcheinander. Wie schon im Kapitel „Streckengeschichte" ausführlich beschrieben, kam es am 2. Juni 1921 zu einem folgenschweren Unfall auf der Strecke nach Oberammergau. Bei dem Zusammenstoß zweier Züge erlitten die den Güterzug führende LAG 2 und die mit dem Personenzug bergwärts fahrende LAG 1 schwere Beschädigungen. Vor allem LAG 2 war von den auflaufenden Güterwagen fast völlig zertrümmert worden, die Aufbauten zerplatzten nahezu, auch elektrische Ausrüstungen wurden zerstört. Leider existieren keine Aufzeichnungen über die Beschädigungen an den Loks mehr, da alle Betriebsbücher am 29. April 1945 in Bad Kohlgrub „durch Feindeinwirkung in Verlust gerieten". Es lässt sich aber anhand der in diesem Buch abgebildeten Fotos leicht erahnen, dass die LAG für Monate auf zwei der drei Betriebsloks verzichten musste. Neben der unversehrten LAG 3 waren nun wieder vermehrt Dampfloks gefordert. Gerade im Hinblick auf die in nur elf Monaten anstehenden Passionsspiele hieß es nun für die LAG, schnell nach Ersatz zu suchen. Fündig wurden die Verantwortlichen dann sozusagen auf dem „Schnäppchenmarkt" bei Siemens. So hatte es zumindest den Anschein, in Wirklichkeit war es wohl eher die Abteilung „Ladenhüter", aus der die neue Lok für die Ammergauer Bahn geordert wurde. Aber der akute Fahrzeugbedarf ließ der LAG wohl keine andere Wahl, als zur Beschaffung einer vierten Lok auf eine Neukonstruktion, die als Weiterentwicklung der bisherigen Maschinen gefertigt wurde, zu verzichten. Um sich mit der skurrilen Geschichte der neuen Lok zu befassen, muss man in der Zeitrechnung einen gewaltigen Sprung zurück machen, in eine Zeit, als es für die Oberammergauer Bahn noch gar keine elektrischen Triebfahrzeuge gab: ins Jahr 1901.

Um die Jahrhundertwende liefen bei Siemens umfangreiche Versuchs- und Testreihen mit elektrischen Triebfahrzeugen. Schließlich galt es, geeignete Systeme für diese Traktionsart zu entwickeln. Bereits im Oktober 1899 gründeten daher die Firmen Siemens & Halske und UEG (spätere AEG) zusammen mit weiteren führenden Wirtschaftsunternehmen die „Studiengesellschaft für elektrische Schnellbahnen", abgekürzt als STES bezeichnet. Ab 1901 betrieb diese Gesellschaft auf dem 23 km langen Abschnitt Marienfelde – Zossen, einer Militärbahn im Großraum Berlin, eine elektrische Versuchsstrecke für Drehstrom von 10 kV mit veränderbarer Frequenz. Zunächst stellten beide Elektrokonzerne je einen Triebwagen in Dienst und testeten die Fahrzeuge eingehend. Dabei konnte der AEG-Wagen im Oktober 1903 mit 210,2 km/h einen Geschwindigkeits-Weltrekord für Schienenfahrzeuge aufstellen. Zur Erprobung verschiedener Motorenkonstruktionen beauftragte Siemens & Halske 1901 eine mehr als 15 m lange Elektrolokomotive mit der Achsanordnung (1A)(A1). Diese erhielt vier Tatzlagermotoren von je 300 kW für 10 kV Hochspannung. Ab Mitte Juni 1902 fanden Erprobungsfahrten statt, bei der die Lok Geschwindigkeiten von über 100 km/h erreichte. Nach einer Getriebeumrüstung absolvierte sie auch erfolgreiche Fahrten mit hoher Anhängelast. Die Einsatzergebnisse dieser Lok, vor allem aber auch der Triebwagen, zeigten die Leistungsfähigkeit des elektrischen Zugbetriebs deutlich, andererseits aber auch die Systemnachteile des Drehstrombetriebes mit seiner aufwendigen Fahrleitungsausführung und der mangelnden Motorflexibilät – Probleme, mit denen zeitgleich bekanntermaßen auch im bayerischen Ammertal gekämpft wurde.

Nach Abschluss des Probebetriebes und einem Intermezzo als Einphasen-Erprobungsträger, kam die Lok noch zu Ausstellungsehren und verschwand dann hinter den Werkstoren von Siemens. In diesem Zusammenhang ist übrigens bemerkenswert, dass der Versuchsbetrieb vom Siemens-Zweig Halske unternommen wurde, der eigentlich auf dem Gebiet der Niederspannung tätig war, während die Siemens-Schuckertwerke sich sonst dem Thema Hochspannung widmeten.

Die nagelneue und kaum gefahrene Lok, im Fahrzeugteil gefertigt übrigens von der Köln-Deutzer Wagenbauanstalt van der Zypen & Charlier (1925 aufgegangen in Vereinigte Westdeutsche Waggonfabriken AG, „Westwaggon“), hatte ausgedient.

In den Jahren 1917 und 1918 entschloss sich der Konzern, die Lok nach langer Abstellzeit genau in der Mitte zu halbieren! Beide Fahrzeugteile sollte mit Gleichstromausrüstung auf der betriebseigenen Siemens-Güterbahn in Berlin zum Einsatz gelangen. Rückläufiges Produktionsaufkommen in den wirtschaftlichen Krisenjahren führte jedoch dazu, das nur eine der Lokhälften auf der Werkbahn benötigt wurde. Hier überdauerte die Maschine zunächst als Werklok 5a, später als Lok 3 bezeichnet, jahrzehntelang ohne große Veränderung und rangierte bis Anfang der achtziger Jahre auf den Gleisen der Siemenswerke in Siemensstadt und Gartenfeld. Heute steht die Lok im Deutschen Technikmuseum im traditionsreichen Gelände des ehemaligen Bahnbetriebswerkes Berlin Anhalter Bahnhof.

Die zweite Hälfte der Siemens-Versuchslok, vorgesehen als Werklok 5b, musste noch einige Zeit auf ihre weitere Verwendung warten. Als schließlich die LAG durch den plötzlichen Ausfall ihrer beiden Loks LAG 1 und LAG 2 beim Stammlieferanten Siemens vorsprach, bot man dort diesen Lokteil zum Kauf an. Da die allgemeine wirtschaftliche Lage im Deutschen Reich und im Besonderen bei der LAG äußerst angespannt war, schien eine günstige und vor allem auch schnelle Lösung gefunden. Nach der Auftragserteilung begann Siemens mit der Umrüstung der Maschine. Der Fahrzeugteil verblieb weitgehend unverändert. Wie schon die für die eigene Güterbahn ausgeführte Lokhälfte, wies das Fahrzeug ein ungewöhnlich langes, fast über den gesamten Vorbau reichendes Dach auf, vorne von zwei Stützen getragen. Dies war für den ursprünglichen Werksbetrieb mit zwei Stromabnehmern notwendig. Für die LAG änderte man dies jedoch auf einen Scherenstromabnehmer modernerer Bauart. An der Trennstelle war eine Führerhauswand mit Tür und Übergang eingezogen, ebenfalls ungewöhnlich für die LAG und der geplanten gemeinsamen Verwendung beider Lokteile in Berlin-Spandau geschuldet.

Ob die Lok bei ihrer Ankunft in Murnau zum Jahreswechsel 1921/22 große Begeisterung auslöste, ist nicht überliefert – aber zweifelhaft. Im Betrieb zeigte sich auch schon bald, dass dieses Lok-Mosaik bei weitem nicht die Leistungsfähigkeit und Zuverlässigkeit der LAG 2 und LAG 3 aufwies. Bereits 1929 kam es bei einer Güterzugfahrt nach Oberammergau in der Nähe der Station Jägerhaus zu einem Starkstromüberschlag und Trafobrand. Die Lok wurde zwar nochmals instandgesetzt, u.a. mit einem der immer noch vorhandenen Reservetrafos aus den alten Triebwagen, sollte aber nicht mehr lange im Dienst bleiben. Zumindest aber bis zur

LAG 4 Kurzporträt	
Achsanordnung:	Bo
Länge:	7.750 mm
Gewicht:	25,6 t
Trafoleistung:	204 kVA
Steuerung:	Schütz
Fahrstufen:	6
Fabriknummer:	V.d. Zypen & Charlier 70418/1901
Anschaffungspreis:	Inflationspreis

Abnahme einer weiteren neuen Lok für die Oberammergauer Bahn konnte sie noch als Reservelok zur Verfügung stehen. So erhielt die Maschine auch am 28. März 1930 nochmals eine fällige Revision, doch im Laufe des Sommers 1930 wurde das ungeliebte „Bügeleisen“ endgültig abgestellt. Anschließend überführte die LAG sie in ihre Hauptwerkstätte in München-Thalkirchen. Dort sollte sie nun, teilweise ausgeschlachtet, als Fahrzeug-Torso auf einem Anschlussgleis der Isartalbahn bei Maria Einsiedel hinterstellt bleiben.

(weiter auf Seite 97)

Auf die einzigartige Entstehungs- und Betriebsgeschichte zweier Lokhälften, in einem Spannungsfeld von firmeneigenen Entwicklungen bei Siemens und den Geheimnissen einer weit entfernten Lokalbahn, blickt ein weiterer Gastbeitrag im Detail auf den folgenden Seiten.

◁ **Bild 161**
Nach ihrer Unfallausbesserung erhielt **LAG 2** einen veränderten Stromabnehmer, der ähnlich der LAG 1 nun auf einem Kantholz-Aufbau ruhte.

Aufnahme: Ernst Schörner, Sammlung Stephan Beständig

Bild 162 ▷
Ein früher „Kärcher"? Auf der Werkaufnahme des Kompressors M 220 von 1911 rutscht die Versuchslok nur zufällig mit ins Bild und wartet auf ihr weiteres Schicksal.

Aufnahme: Sammlung Wolfgang-D. Richter

Der Weg zur LAG 4

War die Entstehung der LAG 2 und 3 als Eigenentwicklung schon ungewöhnlich, ist die Geschichte der LAG 4 geradezu abenteuerlich. Der Unfall vom 2. Juni 1921 machte deutlich, dass die LAG nach Abstellung der Triebwagen im Jahr 1919 nur noch über ein Reservefahrzeug verfügte. Der Ausfall von zwei Fahrzeugen zur gleichen Zeit machte eine normale Betriebsabwicklung unmöglich. Es war daher dieser Mangel, der Anlass zur Beschaffung einer vierten Lok gab; die beiden Unfallopfer waren repariert, bevor die LAG 4 in Betrieb genommen werden konnte (die Beschaffung dauerte trotz vorhandenem Mechanteil länger als ursprünglich bei der LAG 2). Der Zwang zur Erweiterung des Fahrzeugparks traf die LAG zu einem denkbar ungünstigen Zeitpunkt: Sie hatte im Ersten Weltkrieg einen großen Teil ihrer Betriebe verloren, alleine in Ungarn Strecken von über 700 km Länge. Die Gesellschaft befand sich daher – wenn auch unverschuldet – in großen wirtschaftlichen Schwierigkeiten und konnte kaum Kapital für Neuentwicklungen aufbringen. Darüber hinaus erstickte die einsetzende Inflation ab 1921 Neuinvestitionen schon im Ansatz; auch die Finanzierung laufender Vorhaben geriet ins Stocken. Die nach wie vor engen Beziehungen zu den SSW verhalfen zu einer Notlösung, die nur im Lichte der Zeitumstände verständlich wird. Die Marienfelde-Zossener Drehstromlok hatte auch als Einphasen-Versuchsträger längst ausgedient und tauchte nur mehr als Statist auf Werkaufnahmen am Nonnendamm auf. Der Verkehr auf der Siemens-Güterbahn war im Verlauf des Ersten Weltkriegs stark angestiegen, was auch zur Folge hatte, dass die für die Spandauer Hafenbahn vorgesehene Lok (spätere E 170 01) hier zum Einsatz kam. Der Mangel an geeigneten Triebfahrzeugen führte zur Entscheidung, die nicht mehr benötigte Versuchslok zu trennen und mit neuer Gleichstromausrüstung zu versehen; als Betriebsnummern wurden die 5a und 5b vorgesehen. Die Drehgestelle wurden festgelegt und die Führerstandsenden mit einer Stirnwand verschlossen. Die dabei eingebaute Stirnwandtür mit Übergangsmöglichkeit lässt vermuten, dass man die beiden Loks bei Bedarf auch gemeinsam betreiben wollte. Während die 5a noch im Laufe des Jahres 1918 fertiggestellt wurde und bis zur Einstellung des elektrischen Betriebs auf der Güterbahn verblieb, besiegelte das Ende des Ersten Weltkriegs das Schicksal der zweiten Lokhälfte. Die mechanisch schon weitgehend fertiggestellte Lok verschwand in einer Ecke des Betriebsgeländes und wartete dort auf bessere Zeiten. Diese wurden zwar nicht besser, aber die Notla-

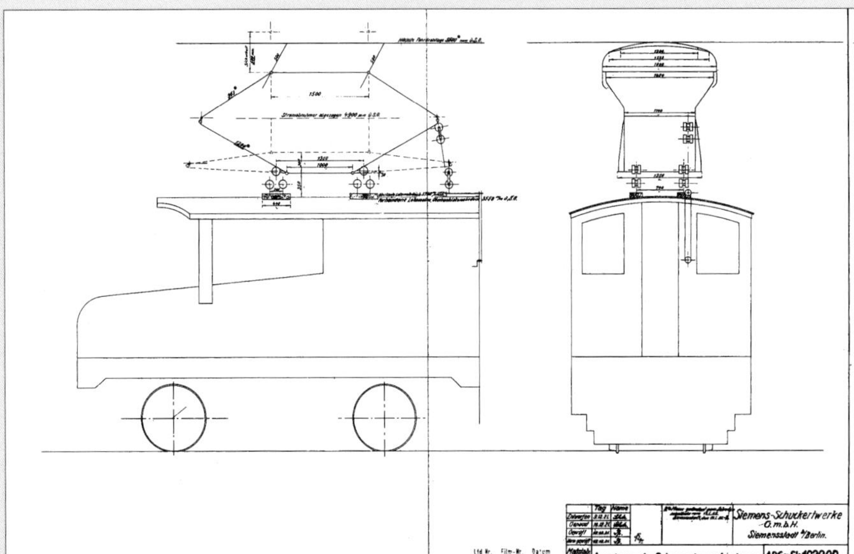

Bild 163 ▷
Für die **LAG 4** war ursprünglich ein Scherenstromabnehmer mit zwei weit auseinander liegenden Schleifstücken vorgesehen, Betriebsaufnahmen gibt es aber nur mit dem Standardstromabnehmer mit Einfachschleifleiste. Die auf diesem Dokument verzeichnete letzte Änderung mit Datum vom Februar 1922 lässt ahnen, dass der „Schnellschuss" erst im Laufe des Jahres 1922 nach Murnau gelangte.

Abbildung: Sammlung Wolfgang-D. Richter

◁ **Bild 164**
Dachansicht der S&H-Güterbahn-Lok 5a, der späteren **Werklok 3**; die Lok diente nicht nur im Werksverkehr, sondern auch der Erprobung neuer Stromabnehmer- und Schleifstück-Bauarten. Bis auf den Stromabnehmer entspricht die Lok dem Erscheinungsbild der späteren LAG 4.

Aufnahme: Sammlung Wolfgang-D. Richter

ge der LAG weckte den Torso aus seinem Dornröschenschlaf. Wie die LAG daraus eine funktionsfähige Lok machen wollte, ist nicht dokumentiert, aber wenigstens sind die Randbedingungen nachvollziehbar. Zwischen 1920 und 1923 waren nur zwei Einphasen-Aufträge in Berlin in Arbeit: Die Serienlieferung der Reihe Oe für die Schwedischen Staatsbahnen mit Vorgelege Doppelmotoren des Typs ELM 1/1 und die noch von der KPEV beauftragten EG 571 ff, spätere DRB-Baureihe E 92.7 mit Fahrmotoren der Type WBM 430. Die letzten S-Bahn-Triebwagen für Hamburg mit Fahrmotoren des Typs WBM 281 waren 1912 ausgeliefert worden, die nächsten (mit ELM 2) sollten erst 1924 folgen. Es gab damit keinerlei Baugruppen oder Serienteile bei den SSW, die zur Ausrüstung der LAG 4 hätten dienen können. Damit begann die Suche nach Alternativen. Einzig bekannte Daten der „alten" LAG 4 sind die Trafoleistung mit 200 kVA und die Anzahl der sechs Fahrstufen mit elektromagnetischen Schützen – beides stimmt exakt mit der Ausrüstung der LAG 1 überein. Das legt nahe, dass man, wie schon 1908, die noch im Reservebestand lagernden Fahrmotoren der LAG 1 weiterverwenden wollte, um die kostenintensivsten Teile der E-Ausrüstung nicht neu beschaffen zu müssen. Baugleiche Trafos und Fahrmotoren waren auch von den drei Jahre zuvor ausgemusterten Triebwagen noch im Bestand. Zumindest in einem Fall ist der Griff in die Lagerbestände nachvollziehbar, nämlich als 1929 der Trafo der noch nicht umgebauten Lok in Brand geriet, konnte diese schnell repariert werden, denn es gab ja noch die Reservetrafos. Ob allerdings die alten Fahrmotoren tatsächlich noch einmal zum Einsatz kamen, bleibt unklar. Eindeutige Hinweise auf die ursprüngliche Ausstattung der Lok finden sich auch in der letzten Ausgabe des LAG-Handbuchs von 1938 nicht mehr, die ursprünglichen Eintragungen sind größtenteils unleserlich gemacht oder überschrieben worden. Nur das Gewicht der Lok lässt sich noch unter der neuen Eintragung der 1934 beschafften Lok entziffern, es ist ein Eintrag 28 t erkennbar. Dies lässt sich auch anhand der Daten der Drehstromlok und der Ausrüstung der LAG 1 – inzwischen mit Druckluftbremse und Sandungsanlage versehen – nachvollziehen. Zu einer Zeit, wo die LAG 1 bereits mit WB 280 unterwegs war (spez. Leistungsgewicht 10,9 kW/t), wäre die LAG 4 mit den alten Fahrmotoren und daraus resultierend 5,3 kW/t hoffnungslos unterlegen gewesen. Die später für die neu gebaute LAG 4 dokumentierten Fahrmotoren vom Typ WBM 282 könnten ggfs. schon bei der Inbetriebnahme der „alten" LAG 4 eingebaut gewesen sein. Diese Bauart gibt allerdings insofern Rätsel auf, als sie bei keiner anderen Anwendung auftaucht. Denkbar wäre hier, dass man vorhandene Teile von WBM 281 aus dem Vorratsbestand aufgearbeitet und den Läufer (dessen Volumen für die Typenbezeichnung bestimmend war) nach aktuellem Stand neu gewickelt hatte. Dabei blieben alle mechanischen Parameter wie die Abmessungen, die einbaurelevanten Schnittstellen und die Übersetzung erhalten. Aufgrund des hohen Mechanteilgewichts wäre die Lok selbst damit die Schwächste der vier ungleichen Schwestern gewesen, und auch der asymmetrische Aufbau mit ungünstigen Sichtverhältnissen auf der Vorbauseite mag einer der Gründe für die Unbeliebtheit der LAG 4 gewesen sein.

Wolfgang-D. Richter

◁ **Bild 165**
Noch ein letztes Tröpfchen Öl für die alte **LAG 4**. Das Personal wusste wohl schon vom Ende der ungeliebten Lok. Ein Erinnerungsfoto sollte darum schon sein. So entstand im Frühjahr 1930 eines der ganz wenigen Einsatzfotos der ungewöhnlichen Lok, von der es keine offiziellen Fotos gibt.

Aufnahme: Sammlung Otto Messmer

△ **Bild 166** • Die wuchtige **LAG 5** verstärkte ab 1930 die Ellok-Flotte auf der Oberammergauer Bahn. Aufnahme: Sammlung Karl Georg Baur

Neue Dimensionen mit der „Dicken"

Die bevorstehende Passions-Doublette 1930 und 1934 veranlasste die LAG Ende der zwanziger Jahre zu umfangreichen Investitionen für die Oberammergauer Bahn. Auch im Fahrzeugpark erkannte sie erneut Handlungsbedarf, zumal die LAG 4 nach nur wenigen Betriebsjahren abgestellt werden sollte. Darüber hinaus hatte sich vor allem der Güterverkehr in der zweiten Hälfte der zwanziger Jahre so verstärkt, dass die kleinen LAG-Loks häufig im Grenzlastbereich waren. Deshalb entschloss sich die LAG, eine deutlich stärkere Ellok für schwere Zuglasten zu beschaffen. Der Auftrag für den Fahrzeugteil ging diesmal nicht an Krauss, sondern zur Münchner Konkurrenz, zu Maffei. Die neue Lok war wesentlich größer dimensioniert, die Vorbauten wuchsen deutlich in die Höhe und die Länge auf 8,7 m. Auch in der Führerhausgestaltung ging man neue Wege. Statt dem von LAG 1 bis 4 gewohnten „Panorama-Blick" erhielt die Lok Seitenfenster nur im Türrahmen und auch nur je zwei Stirnfenster. Pate stand hier ganz offensichtlich die ebenfalls von Maffei parallel entwickelte Reichsbahn-Rangierlok E 80, die in der Dach-, Fahrgestell- und Pufferbohlen-Ausführung deutliche Ähnlichkeiten aufwies. Dergestalt wirkte die neue LAG-Lok viel

LAG 5 Kurzporträt	
Achsanordnung:	Bo
Länge:	8.700 mm
Gewicht:	32,4 t
Nennleistung:	605 kW
Geschwindigkeit:	50 km/h
Trafo:	WBT 415
Trafoleistung:	530 kVA
Steuerung:	Schütz
Fahrstufen:	11
Anschaffungspreis:	142.429 RM

Bild 167 ▷
Bei ihrer „Einweihungsfahrt" macht **LAG 5** in Grafenaschau Zwischenstopp und trifft hier auf interessiertes Publikum. Man kann erahnen, dass der Stromabnehmer die Oberleitung noch zu stark nach oben drückt.

Aufnahme: Dr. Günther Scheingraber/Ek-Verlag

△ **Bild 168** • Etwas dystopisch wird der Führerstand der **LAG 5** auf das den Panoramablick gewohnte Personal wohl gewirkt haben. Auch der Schalthebel der ursprünglichen Schützensteuerung wirkt brutalistisch, die Fenster wie Schießscharten. AUFNAHME: SAMMLUNG WOLFGANG-D. RICHTER

△ **Bild 169** • Mehrere Hilfseinrichtungen finden im vorderen Vorbau der fabrikneuen **LAG 5** ihren Platz. AUFNAHME: SAMMLUNG WOLFGANG-D. RICHTER

bulliger, aber auch „grimmiger" als ihre kleineren Schwestern. Abgesehen von diesen Äußerlichkeiten, steckte in der Lok auch eine erheblich verstärkte elektrische Ausrüstung, wieder von SSW gefertigt und im Aufbau an die LAG 2 und LAG 3 angelehnt. Durch den verlängerten Achsstand konnten die neu konstruierten Motoren WBM 295 nach innen überhängend angebracht werden. Sie leisteten mit je 302 kW viermal soviel wie die der alten LAG 1! Hierfür benötigte die Lok nun einen erstmals fremdbelüfteten Öltrafo mit zwangsweisem Ölumlauf, dessen Energie durch eine elfstufige und damit recht aufwendige Schützensteuerung an die Fahrmotoren verteilt wurde. Zur Übertragung der Ströme verwendete die LAG erstmals Kupferschienen statt Kabel, so wie überhaupt viele Teile aus Serien für Loks der Reichsbahn entnommen waren. Hierdurch erhoffte man sich eine ökonomische Ersatzteilhaltung.

Die offizielle Indienststellung war bislang mit dem 1. April 1930 angegeben, doch wartete die Lok auch im Mai 1930 noch auf ihre LAG-Zulassung. Mehrere Probefahrten ergaben, dass der Stromabnehmer mit Doppelwippe einen derart starken Anpressdruck aufwies, dass die Oberleitung teilweise bis zu 30 cm nach oben gedrückt wurde. Letztendlich kam ein anderer Pantograph zur Verwendung. Bei einer Probefahrt am 16. Juni 1930 erhielt die Maschine lediglich einen befriedigenden Lauf attestiert. Ein Urteil, das ihr, weniger zurückhaltend, zeitlebens zuteil wurde. Durch die hohe Leistung neigte sie zum Schleudern und die hohen Aufbauten verlagerten den Schwerpunkt so weit nach oben, dass die Lok im oberen Geschwindigkeitsbereich zum Schlingern neigte.

Dennoch: Gerade rechtzeitig zum Beginn der Passionssaison 1930 stand mit der LAG 5 nun eine überdurchschnittlich leistungsfähige Lok zur Verfügung, die von nun an bis in die achtziger Jahre auf der Oberammergauer Bahn für den Güterverkehr und schwere Sonderaufgaben prädestiniert war.

◁ **Bild 170**
Wenige Monate nach ihrer Indienststellung ist der Güterzug in Oberammergau für die **LAG 5** schon Alltag. Bereits damals liegt hinter der Trittstufe jene Leiter, die noch in den sechziger Jahren mitgeführt werden sollte.

AUFNAHME: SAMMLUNG OTTO MESSMER

1934: Wiedergeburt der LAG 4

Wie schon so oft, gaben erneut anstehende Passionsspiele nur vier Jahre nach dem letzten Lok-Neuzugang den Ausschlag, den Fahrzeugpark um eine weitere Ellok zu ergänzen. Zu dieser Zeit arbeitete in der LAG-Hauptwerkstätte Thalkirchen ein Ingenieurs-Praktikant, Hans Huber. Offensichtlich „stolperte" er bei einer Exkursion durch das LAG-Areal auf die mittlerweile schon vom Unkraut überwucherte alte LAG 4. Er entwickelte den Plan, auf Basis der alten Maschine einen weitgehenden Neubau zu erstellen, der preislich günstiger als eine reine Neubestellung bei der Industrie kommen würde. Hierzu wurde die alte Lok in die Hauptwerkstätte Thalkirchen gezogen und bei Krauss-Maffei ein neues Fahrzeugteil bestellt. Dabei erfolgte ein Rückgriff auf die obligate LAG-Ellok-Form mit Mittelführerstand und Vorbauten. Nur fielen die Vorbauten höher als bei LAG 1 bis 3, aber deutlich niedriger als bei der LAG 5 aus.

Nachdem die Lok in Thalkirchen aufgeachst und eine von Hans Huber selbst entworfene Bremsanlage sowie einige von der alten Lok übernommene Bauelemente eingebaut waren, rollte die Lok nach Murnau. Dort erfolgte im Mai 1934 der Einbau der neu zusammengestellten elektrischen Ausrüstung. Dabei fanden zumindest das alte Schaltwerk, einzelne elektrische Kleinbauteile und auch der bisherige Stromabnehmer wieder Verwendung. Vermutlich kamen Motoren der Bezeichnung WBM 282, die 268 kW Leistung erbrachten, zum Einbau – doch gibt es über die Existenz dieser Bauart keine Daten und Erkenntnisse, die Bezeichnung taucht allerdings im Betriebsbuch auf. Auch möglich, dass die neue Lok 4 zunächst Murnauer „Altmaterial" in Form des WBM 285 aus der alten Lok erhielt oder aber auch dieser WBM 282 bereits in der alten LAG 4/I verwendet und einer Murnauer „Bastelarbeit" aus einem vorrätigen WBM 280 entsprungen war.

Auch die Trafoleistung lag nur kurzfristig, bis zu deren Umbau, über dem Wert der „Konkurrenz" LAG 2 und LAG 3. Dennoch stand nun eine deutlich zuverlässigere und leistungsfähigere Maschine zur Verfügung, als dies bei dem Provisorium der ersten LAG 4 der Fall war. Insgesamt darf man bei der ab Juni 1934 einsatzbereiten Lok eher von einer Neukonstruktion als von einem Umbau sprechen; dennoch fanden sich einige Elemente der Urausführung in der neuen Lok wieder, die am 22. Mai 1934 bei einem kleinen Festakt im Bw Murnau dem Betrieb übergeben wurde. Damit stand die „neue Lok 4" rechtzeitig zum Beginn der Jubiläumsfestspiele 1934 zur Verfügung.

△ **Bild 171** • Die Wiedergeburt der **LAG 4** ist im Mai 1934 Anlass für eine Feierstunde im Bw Murnau. Unter dem Schild „Johanna", in der Knickerbocker, LAG-Abteilungsleiter Adolf Döderlein; links neben ihm der langjährige Murnauer Werkstättenleiter Johannes Bub. Aufnahme: Sammlung Bernd Mühlstrasser

LAG 4/II Kurzporträt	
Achsanordnung:	Bo
Länge:	7.750 mm
Gewicht:	26,5 t
Nennleistung:	vermutlich 268 kW
Geschwindigkeit:	50 km/h
Trafoleistung:	310 kVA
Steuerung:	Schütz
Fahrstufen:	6

Ab Mitte der dreißiger Jahre: Fitness-Programm für LAG-Loks

Es ist typisch für die LAG und die Werkstätte in Murnau, sich mit nun fünf einsatzbereiten Elloks keineswegs mit dem Status Quo zufrieden geben zu wollen. Vielmehr demonstrierte gerade LAG 5 mit ihrer hohen Motorleistung die Vorteile von leistungsfähigen Triebfahrzeugen. Gerade für die robustesten und beliebtesten Maschinen, LAG 2 und LAG 3, wünschte

△ **Bild 172** • Mitte der dreißiger Jahre macht sich **LAG 1** für weitere Aufgaben im Bw Murnau bereit. Gut zu erkennen ist der Kantholz-Aufbau für den neuen Stromabnehmer, der nach der Unfallausbesserung 1921 kreiert wurde. Diesen, wie auch die umlaufenden Trittbretter, wird sie jedoch bald verlieren. Weniger interessant: Die zeittypische Parole an der Lok. Aufnahme: Sammlung Ernst Schörneer

△ **Bild 173** • Im Sommer 1935 lässt sich **LAG 3** am Murnauer Lokschuppen vor dem Oberleitungswagen ablichten. Aufnahme: Ernst Schörner, Sammlung Stephan Beständig

man sich daher eine Verbesserung der Zugleistung. So arbeitete unter Federführung der Murnauer Werkstätte Mitte der dreißiger Jahre der neue Partner BBC Mannheim ein Programm zur Optimierung der LAG-Loks aus. Darin waren folgende Eckpunkte festgelegt:

- Leistungssteigerung bei der schwächsten Maschine LAG 1
- weitgehende Neukonstruktion des elektrischen Teils von LAG 2 und LAG 3
- neue Steuerung für LAG 5
- Einbau der BBC-Sicherheitsfahrschaltung für alle Maschinen.

Die erst wenige Monate wieder in Betrieb stehende LAG 4 war naturgemäß nicht in den Umbauplan mit einbezogen, wodurch die Lok aber in Zukunft wieder deutlich hinter den leistungsgesteigerten LAG 2 und 3 zurückfiel. Als erstes erfolgten 1935 bei der Lok-Oma LAG 1 kleinere Anpassungs-

◁ **Bild 174**
Die **LAG 5** wartet am 10. Juni 1935 auf die Abfahrt aus dem Murnauer Lokalbahnhof nach Oberammergau.

Aufnahme: Ernst Schörmer
Slg .Stephan Beständig

und Modernisierungsmaßnahmen, wie der Einbau der BBC-Sicherheitsfahrschaltung, die eine Überwachung der Einsatzbereitschaft des Lokführers gewährleistete. Dies entsprach den in den dreißiger Jahren gängigen Sicherheitsstandards und wurde nun bei allen LAG-Loks nachgerüstet. Im selben Jahr ersetzte die LAG das nicht völlig zufriedenstellende Schützenschaltwerk der LAG 5 nach nur fünf Betriebsjahren durch ein zwölfstufiges Nockenschaltwerk. Damit konnte die Lok nun wesentlich handlicher und wartungsärmer betrieben werden. Allerdings wies das Schaltwerk wegen der starken Motorkräfte eine Besonderheit auf, die bei den später in die Loks 2 und 3 eingebauten nicht integriert war: Das Aufschalten sollte nur möglich sein, wenn die Lokzusatzbremse gelöst war, um Motorschäden beim Losfahren mit anliegenden Bremsen zu verhindern. Für ungeübte Lokführer wurde dadurch das Anfahren, vor allem im in der Steigung liegenden Jägerhaus, durchaus problematisch.

△ **Bild 175** • Im Rahmen der Ertüchtigungen wurde auch **LAG 1** modifiziert. Auffällig die deutlich gefälligere Stromabnehmer-Auflage und der Abbau der langen Trittstufen. Vor dem Murnauer Lokschuppen ist ein „Grazien-Vergleich" zwischen der ältesten und neuesten Maschine leicht möglich. Aufnahme: Ernst Schörmer

LAG 2 und LAG 3 mit großer Modernisierung

Für die beiden etwas in die Jahre gekommenen Loks LAG 2 und LAG 3 entschloss sich die Localbahn AG dagegen nicht nur zu einzelnen Nachbesserungen, sondern zu einer großangelegten Modernisierung der inzwischen etwa ein Vierteljahrhundert im Dienst stehenden Loks. Hierzu sollte die Höchstgeschwindigkeit auf 50 km/h erhöht und ein deutlich nach oben korrigiertes Leistungsprogramm erfüllt werden. So sollte die Anfahrtzugkraft auf einen Wert von 7.000 kg gesteigert und auf der bekannten Rampe ein 110 t-Zug mit 28 km/h befördert werden können; bislang waren 85 t mit nur noch 20 km/h bewältigt worden.

Zu Beginn des Jahres 1936 wurde die LAG 2 zum Zweck der Modernisierung aus dem Dienst genommen. Zunächst

Bild 176 ▷
Nur eine geringe Last hat **LAG 3** am Haken, als sie aus Murnau Ort ausfährt. Geastete Holzmasten mit den streckentypischen Auslegern und der leichte Oberbau sind typische Merkmale der Lokalbahnstrecke.

Aufnahme: Ernst Schörmer
Slg. Stephan Beständig

◁ **Bild 177**
Besonders umfassend waren die Umbauten an **LAG 2**. Im Januar 1937 sind die Arbeiten an der Lok schon weit fortgeschritten. Gut erkennbar auf dieser Aufnahme ist der neu aufgesetzte Profilrahmen, auf den bereits das Führerhaus gesetzt wurde. Im linken Vorbau sind das Kompressor-Schütz und der Luftbehälter gut erkennbar, im rechten ist der Spannungswandler zu sehen.

Aufnahme: Sammlung Bernd Mühlstrasser

ging es für sie in die Hauptwerkstätte nach Thalkirchen und anschließend zurück ins Bw Murnau, wo sie unter Mitarbeit von BBC-Technikern umfassend umgebaut wurde. Die Umrüstung der Maschine betraf nachfolgende Arbeiten:

- Austausch der alten Fahrmotoren durch jene der Reichsbahn-Einheitsbauart EDTM 4 mit einer Leistung von je 176 kW, die sich bereits in den Einheitstriebwagen ET 25 der DR bewährt hatten. Die Motoren wurden parallel geschaltet, um bei Ausfall eines Motors die Lok fahrfähig zu erhalten, indem jeder Motor für sich ab- und zugeschaltet werden konnte.

◁ **Bild 178**
Neu gestaltet auch das Führerpult, in dem nun das Nockenschaltwerk untergebracht ist. Dieses wird durch das nun senkrecht angebrachte Handrad angewählt, die 12 Fahrstufen mittels profilierter Eisenscheibe und Zeiger markiert. Mit dem Schalter links konnten die Motoren einzeln zu- und abgeschaltet werden, rechts der Schnellabschaltknopf und der Sifa-Druckknopf. Hinten angeordnet die Spannungs- und Zugkraftanzeige.

Aufnahme: Sammlung Bernd Mühlstrasser

◁ **Bild 179**
Ein Blick in den vorderen Vorbau: Der Kasten links enthält den neuen Spannungsumwandler, im Gestellrahmen in der Mitte das Motorschütz und rechts der Richtungswender mit der ins Führerhaus verlängerten Umschaltwelle. Ein Bauteil aus der Fertigung für die E16.1.

Aufnahme: Sammlung Bernd Mühlstrasser

△ **Bild 180 • LAG 4** war während der Leistungssteigerungsarbeiten an ihren Schwesterloks häufiger im Einsatz, nach deren Abschluss aber als nun zweitschwächste Lok vielfach nur Reserve. Dennoch ist sie im Juni 1935 „mittendrin" im Geschehen rund um den Murnauer Lokalbahnhof. Aufnahme: Ernst Schörner

Bild 181 ▷
Nach ihrer Fertigstellung im März 1937 ging **LAG 2** auf erste Probefahrten. An der höchsten Stelle der Bahn, zwischen Saulgrub und Altenau, ließ sich die nun wesentlich kompakter wirkende Maschine stolz ablichten.

Aufnahme: Sammlung Bernd Mühlstrasser

△ **Bild 182** • Auch außerhalb von Passionsspielzeiten waren umfassende Sonderzugleistungen für **LAG 5** täglich Brot. Im Winter 1935 hat sie eben mit Hilfe der LAG-Dampfloks 27 und 28 einen langen Sonderzug mit Wintersportlern nach Oberammergau gebracht. Auf Gleis 2 steht LAG 2 dagegen vor einer wesentlich übersichtlicheren Personenzug-Garnitur. AUFNAHME: GEMEINDEARCHIV OBERAMMERGAU

- Einbau eines neuen Getriebes mit Übersetzung 72:15, wobei wegen der kleinen Zahnraddurchmesser der Ritzel eine Schrägverzahnung gewählt wurde. Der dadurch und durch den einseitig wirkenden Antrieb auftretende Axialschub sollte durch neue Pendelrollenlager der Motorwellen aufgefangen werden.
- Einbau eines neukonstruierten Transformators vom Typ OS TRB 30 mit einer Nennleistung von 324 kVA. Ausführung als eigenbelüfteter Manteltrafo. Zusätzlich leistete der Trafo 19 kVA für verschiedene Hilfsbetriebe und bis zu 75 kVA für die Heizungsanlage. Er sollte wieder unterhalb des Führerstandes in der Rahmenmitte eingelassen werden und wurde durch ein Hochspannungskabel mit dem Stromabnehmer verbunden.
- Austausch der alten Schützensteuerung gegen ein zwölfstufiges Nockenschaltwerk, das durch ein Handrad betätigt wurde. Durch Aufschalten auf die Stufe 1 sprachen die Motorschütze an und gaben den Fahrmotoren Spannung. Es konnte je nach Zugkraftverhältnissen nun beliebig weitergeschaltet werden, die Schütze hielten sich selbst. Bei zu hoher Zugkraft spricht das Überstromrelais an und die Steuerung muss in die Null-Stellung zurückgebracht werden.
- Das Schaltwerk wurde direkt in dem in der Führerhausmitte stehenden Führertisch eingebaut und durch verschiedene Klappen leicht von allen Seiten aus zugänglich. Blasmagnete zum Unterbrechen der Lichtbögen waren nicht notwendig. Dadurch konnte das Gewicht des Schaltwerks auf 150 kg begrenzt werden.
- Einbau von zwei Richtungswendern in Ausführung als Walzenschalter, welche zu einem Gerät zusammengebaut und im vorderen Vorbau untergebracht wurden. Ein Ende der Antriebswelle war ins Führerhaus verlängert, um mittels aufgesetztem Handrad zusätzlich auch bei fehlender Druckluft betätigt werden zu können.

Um die verstärkten elektrischen Ausrüstungen in der kleinen Lok auch gut zugänglich unterbringen zu können, musste der Lokkasten angehoben und zwischen Kastenaufbau und Fahrgestell ein 24 cm hoher Profilrahmen eingesetzt werden. Dadurch erhielt die Lokomotive erst die heutige Formgebung, zuvor lag der Aufbau direkt und damit niedriger auf dem Fahrgestell auf. In den Vorbauten wurden nun auch noch der Stromwandler, Motoranschlusskasten, Luftansaugstutzen für den Fahrmotor 1 (im vorderen Vorbau) sowie entsprechende Motorausrüstungen für den Fahrmotor 2, der Luftkompressor und die Zugheizanlage im hinteren Vorbau untergebracht.

Am 1. April 1937 waren die Arbeiten an der Lok abgeschlossen, eine eingehende Erprobung begann. Schon schnell zeigte sich, dass sich die Erwartungen in allen Belangen optimal erfüllten. Nicht nur, dass die Leistungssteigerung alle Wünsche übertraf, auch die Anspruchslosigkeit bei der Wartung der Maschine verdiente größte Wertschätzung.

So war es für die LAG keine Frage, auch die Lok LAG 3 entsprechend umzurüsten. Bereits im Laufe des Jahres 1937 bestellte sie erste Ausrüstungsteile für die Lok – doch die Localbahn Actiengesellschaft sollte deren Lieferung nicht mehr erleben!

1938: „Verreichlicht"

Mit Verstaatlichung der LAG im August 1938 gelangten die wackeren Lokalbahnloks nun zur Deutschen Reichsbahn. Wenn auch die Maschinen noch einige Zeit mit ihren alten LAG-Schildern durchs Ammertal fuhren, mussten sie selbstverständlich in das Nummernschema der Reichsbahn integriert werden. Eine erste Planung sah dabei die Baureihen-Bezeichnung E 98 vor. Der erste durch die Reichbahn geführte Betriebsbogen der LAG 3 wies dementsprechend zunächst die Bezeichnung E 98 03 für die Lok auf! Die Reichsbahn ordnete ja „Exoten" gerne in möglichst hohe Nummernreihen ein. Auch eine Aufstellung der Reichsbahn vom 1. Januar 1939 mit dem Verzeichnis aller damals existenten elektrischen Lokomotiven weist fünf Exemplare der Reihe E 98 auf. Im Laufe des Jahres 1939 änderte die DR jedoch die endgültige Bezeichnung der ehemaligen LAG-Loks auf E 69. Der Baureihenbezeichnung folgte die Einordnung entsprechend der alten und chronologischen Nummernfolge in E 69 01 bis 05.

Für die kleinen Loks änderte sich am Einsatz nichts, in der Unterhaltung wenig. Das Reichsbahn-Ausbesserungswerk München-Freimann berief die kleinen Loks zwar bis etwa 1941 bei fälligen Untersuchungen in seine Hallen, doch schon bald übernahm Murnau wieder die gesamte Fristenpalette bis zur Hauptuntersuchung der Kategorie E 4. Damit nahm die Werkstätte am Staffelsee entsprechend ihrer Fachkompetenz und Ausrüstung eine absolute Sonderstellung ein.

Zuvor musste E 69 03 am 21. Oktober 1939 noch den Weg nach München antreten, um in der Außenstelle des AW Freimann in Thalkirchen (und damit der alten LAG-Hauptwerkstätte) den schon lange geplanten Umbau, entsprechend der mittlerweile als E 69 02 bezeichneten LAG 2, zu erhalten. Die Teile für die elektrische Ausrüstung wurden bei BBC noch von der LAG in Auftrag gegeben.

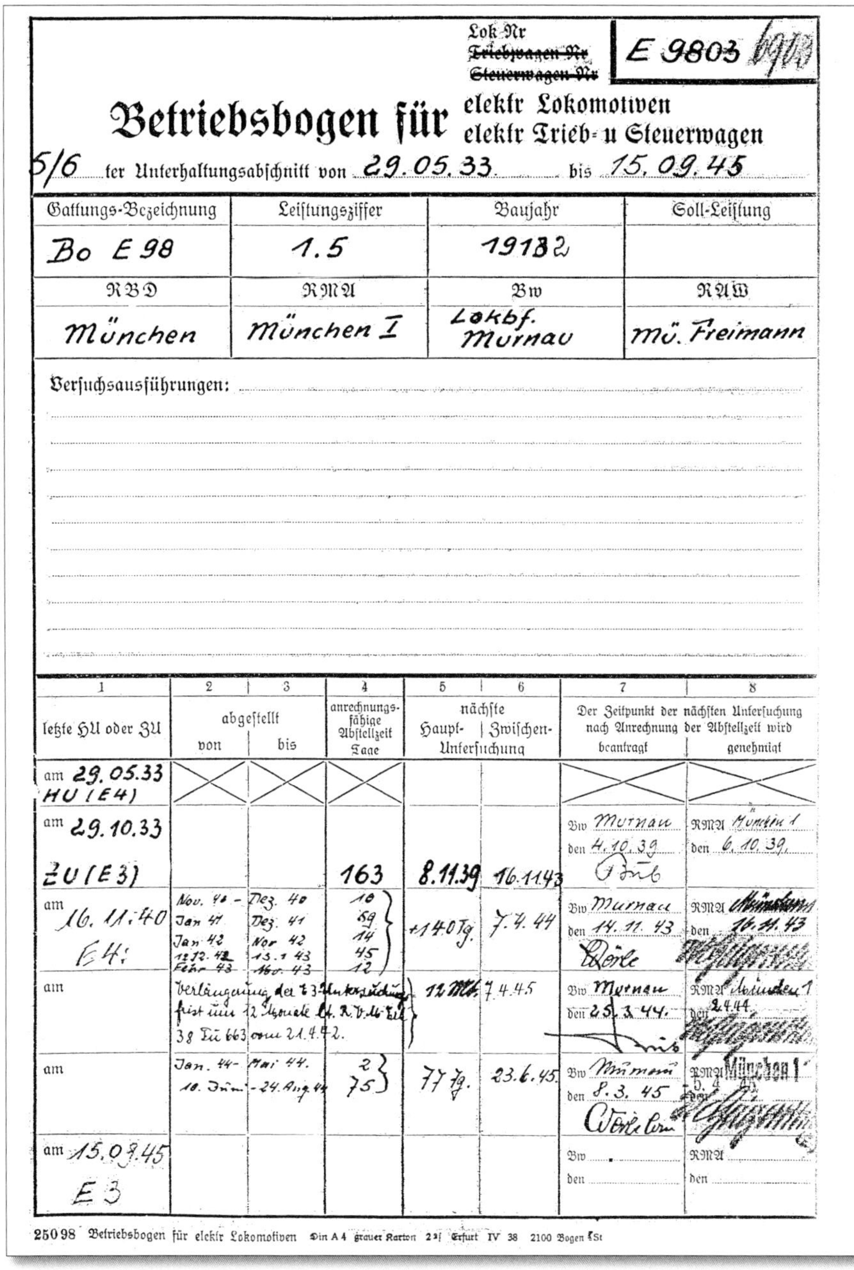

Lok Nr ~~Triebwagen Nr~~ ~~Steuerwagen Nr~~ E 9803 6903

Betriebsbogen für elektr Lokomotiven / elektr Trieb- u Steuerwagen

5/6 ter Unterhaltungsabschnitt von 29.05.33 bis 15.09.45

Gattungs-Bezeichnung	Leistungsziffer	Baujahr	Soll-Leistung
Bo E 98	1.5	1913 2	
RBD	RMA	Bw	RAW
München	München I	Lokbf. Murnau	Mü. Freimann

Versuchsausführungen:

1 letzte HU oder ZU	2 abgestellt von	3 abgestellt bis	4 anrechnungsfähige Abstellzeit Tage	5 nächste Haupt-Untersuchung	6 nächste Zwischen-Untersuchung	7 Der Zeitpunkt der nächsten Untersuchung nach Anrechnung der Abstellzeit wird beantragt	8 genehmigt
am 29.05.33 HU (E4)							
am 29.10.33 ZU (E3)			163	8.11.39	16.11.43	Bw Murnau den 4.10.39	RMA München 1 den 6.10.39
am 16.11.40 E4:	Nov. 40 – Jan 41 Jan 42 12.12.42 Febr 43	Dez. 40 Dez. 41 Nov 42 13.1 43 Nov. 43	10 59 14 45 12	+140 Tg.	7.4.44	Bw Murnau den 14.11.43	RMA München den 16.11.43
am	Verlängerung der E 3-Untersuchungsfrist um 12 Monate lt. R.V.M.-Erl. 38 Fu 663 vom 21.4.42.			12 Mt.	7.4.45	Bw Murnau den 25.3.44.	RMA München 1 den 2.4.44
am	Jan. 44 – 10. Juni	Mai 44. – 24. Aug. 44	2 75	77 Tg.	23.6.45.	Bw Murnau den 8.3.45	RMA München 1
am 15.09.45 E 3						Bw den	RMA den

25098 Betriebsbogen für elektr Lokomotiven Din A 4 grauer Karton 2³/₅ Erfurt IV 38 2100 Bogen St

△ **Bild 183** • Erster Betriebsbogen unter Reichsbahn-Regie. LAG 3 wurde zunächst als E 98 03 geführt, erst nachträglich wurde die Gattungsbezeichnung auf E 69 geändert. Abbildung: Sammlung Bernd Mühlstrasser

Bild 184 ▷
Stolz zeigt sich **LAG 1** mit modernisiertem Erscheinungsbild. Gefälligere Stützwinkel für den Stromabnehmer, nachgerüstete Luftdruckbremse und nun ohne die großen Trittstufen. Dieses Foto ist besonders interessant, wenn man die Notizen des Fotografen auf der Rückseite betrachtet. Der Großmeister, welcher Lok- und Ortsstempel verwendete, stempelte die Aufnahme mit E.98.01 ab(!), korrigierte handschriftlich auf **E 69 01**. Als Datum wurde der 11. Juni 1939 gestempelt. Ist dies korrekt, war die Lok also bis zum Sommer 1939 noch nicht umgezeichnet, die Bezeichnung E 98 zum Aufnahmezeitpunkt noch „gängig".

Aufnahme: Carl Bellingrodt, EK-Verlag

◁ **Bild 185**
Schon bald übernahm die Werkstätte in Murnau wieder alle Untersuchungen an den E 69. Für eine E4 mit erhöhtem Arbeitsaufwand ist **E 69 04** im Sommer 1949 in den Murnauer Lokschuppen eingerückt.

Aufnahme: Sammlung Bernd Mühlstrasser

Bis zum 17. November 1940 dauerte es, ehe die Lok, auch auf den neusten Stand gebracht, wieder in Murnau eintraf. Dort musste erst noch an acht Tagen das Werk des AW vollendet und nachgebessert werden, bis die Lok am 26. November wieder auf Strecke ging. Hiervon profitierte nun E 69 01. Sie erhielt nach dem Umbau die bisherigen „Urmotoren" der Lok 3 und damit neben der Leistungssteigerung auf 204 kW (Motorentyp WBM 281) einen offenbar absolut störungsfreien Antrieb eingebaut.

Damit waren nun alle Maschinen wieder auf aktuellem technischen Stand. Vor allem die beiden Hauptloks E 69 02 und 03 sowie die E 69 05, selbst die alte E 69 01 war gut in Schuss. E 69 04 stagnierte dagegen auf dem Stand ihres Umbaues von 1934 und fand daher mehr und mehr als Reservelok Verwendung. Sie kam nur dann zum Einsatz , wenn die erste Garde die Werkstätte aufsuchen musste. So blieb die Lok z. B. im verkehrsschwachen Sommer 1941 vermehrt vor dem Murnauer Lokschuppen abgestellt, kam im Mai 1941 gerade noch 13 mal zum Einsatz, im Juni auf lediglich 243 Laufkilometer an vier Einsatztagen und nur noch zu drei Einsätzen im August 1941. Erst im Laufe des Herbstes war die Lok wieder häufiger im Einsatz zu sehen.

Auf der Oberammergauer Strecke stiegen in den Jahren ab 1942 kriegsbedingt die Leistungen an, fertigte doch unter anderem die Firma Messerschmitt mit bis zu 3.000 Arbeitern in Oberammergau kriegswichtige Teile für Flugzeuge, nachdem das Stammwerk ausgebombt war. So waren E 69 02 und 03 in den Jahren 1942 bis 1944 quasi täglich (!) im Einsatz, nur für die fälligen Revisionen rückten sie in ihr Bw ein.

E 69 04 war nun ebenfalls häufig unterwegs, doch lagen die Kilometerleistungen etwa um ein Viertel niedriger. Selbst die „alte Lady" E 69 01 rumpelte in den dunklen Zeiten des Jahres 1944 an 328 Tagen durchs Ammertal und erreichte damit sogar einen „Treppchenplatz" als Nummer 3 der Familie, noch vor E 69 04 und 05.

Natürlich war E 69 05 als leistungsfähige Güterzuglok in dieser Zeit ebenfalls stark gefordert, allerdings liegen keine durchgängigen Verwendungsnachweise vor. Aber der höchste Kilometerdurchschnitt aller E 69 im Jahr 1944 durch „die Fünfer" lässt ahnen, dass die Maschine ebenfalls „volles Programm" bewältigte. So waren die E 69 auch in den schlimmsten Kriegsjahren zuverlässig und unermüdlich im Einsatz auf ihrer Heimatstrecke. Wie Fotos aus dieser Zeit belegen, blieb es den Maschinen nicht erspart, in der zeittypischen Propaganda-Maskerade durch die Gegend zu fahren. So kehrten die Loks schon Anfang der vierziger Jahre von ihren Aufenthalten im AW Freimann mit dem Reichsadler auf dem Lack zurück. Als Deutschland sich dem Zusammenbruch näherte, hatte dies zumindest auf den technischen Betrieb der Oberammergauer Bahn keinen Einfluss. Vielmehr lief auch die Unterhaltung der Fahrzeuge, ganz im Gegenteil zu den großen Ausbesserungswerken der Reichsbahn, völlig nach Plan.

So wurde E 69 02 noch im Winter 1944/1945 mit aller Sorgfalt im Bw Murnau einer E4 unterzogen und sogar neu lackiert. Einzig spürbare Kriegseinwirkung – im April 1945 gingen beim Einmarsch der alliierten Truppen alle Betriebsbücher der E 69 trotz Auslagerung nach Bad Kohlgrub verloren und somit manch interessanter Blick in die ersten Einsatzjahrzehnte dieser Loks.

1945: Kaum Probleme zur „Stunde Null"

Nach der Kapitulation standen die Räder auch zwischen Murnau und Oberammergau erst einmal weitgehend still. Im Bw Murnau wurde bis in den August 1945 nicht mehr gearbeitet. Bis zum 9. Mai 1945 war E 69 02 noch mit einigen wenigen Zügen im Einsatz, danach ruhte der Verkehr. E 69 03 war im Juni 1945 dann täglich im Dienst, allerdings fast im Alleingang, nur ein Einsatztag für 02 und zwei für die 05 sind ansonsten verzeichnet. E 69 04 kam zunächst überhaupt nicht mehr in Dienst, lediglich im August 1945 war sie kurzfristig eingesetzt und dann die erste Maschine, die im Bw Murnau ab 1. September 1945 wieder eine größere Untersuchung, eine E3, erhielt. Dabei arbeitete die Werkstätte die Lok grundlegend auf, sie erhielt sogar Fensterwischer mit Luftbetätigung, den Anschluss für die 1.000 V-Zugheizung und einen neuen Anstrich. Was jedoch nichts daran ändern konnte, dass die Lok beim Personal wenig beliebt blieb. Dies lag vor allem an der Schützensteuerung, die im Lauf der Jahre immer störanfälliger geworden war. Häufig blieben Schütze hängen. Andererseits konnte es vorkommen, dass an einem Schütz durch die Auf- und Abschaltbewegungen eine Kabelverbindung abfiel oder die Elemente durch Funkenflug festlagen. Dann war die Lok schlagartig dienstuntauglich und blieb auf der Strecke liegen. Versierte Lokführer konnten sich dann allerdings helfen, wenn sie den Schütz mit mechanischem Druck wieder auf Kontakt brachten. So wurde in der „Vierer“ ständig ein Besenstiel mitgeführt …

Schadanfällig erwiesen sich auch die Motorlager, die nur als Gleitlager und nicht als Rollenlager ausgeführt waren. In regelmäßigen Abständen mussten sie neu ausgegossen werden. Wirklich problematisch bei der Lok war die Bremsanlage. Sie erforderte bei der Einstellungs-Regulierung höchstes Fingerspitzengefühl. Wurde das als hängende Traverse ausgeführte Bremsgestänge auf einer Seite nur ein wenig zu sehr angezogen, konnte es bei einer der ersten Fahrten passieren, dass sich dafür auf der gegenüberliegenden Seite das Gestänge verkeilte und die Lok dann plötzlich unbremsbar wurde. In jedem Fall erforderte die Einstellung der Bremsanlage einen hohen Aufwand. All diese Problemzonen an der eigentlich neuesten Lok forderten das Bw Murnau und forderten es auch heraus: Immer wieder wurde an Verbesserungen in Details gearbeitet, wie ein Bastel-Kollektiv kümmerte man sich nicht nur um diese, sondern um alle fünf Loks.

Ein weiteres Sorgenkind war Anfang 1946 die E 69 05. Wie erwähnt, litt die Lok bereits seit ihrer Anlieferung an unruhigem Lauf und Schlingerneigung, durch die schon so mancher Lokführer von seinem Stuhl gefallen war. Dadurch entstanden im Laufe der Zeit immer stärkere Risse zwischen den Achslagerführungen. Anlässlich einer E4 ab 16. Januar 1946 mussten diese nun mit 20 mm dicken Platten zugeschweißt werden. Zusätzlich wurden das vordere und hintere Rahmenblech mit einer Zugstange und Spannschloss verbunden, um weitere Einrisse zu vermeiden.

Von solchen grundlegenden Problemen blieben die zuverlässigen E 69 02 und 03 verschont. Und was war mit E 69 01 los? In allen bisherigen Publikationen zu den E 69 blieb der Einsatz der alten Lok im Dunklen. Kaum, dass alle späteren E 69 ausgeliefert waren, wurde die Lok verbal aufs Abstellgleis geschoben, mit den Worten, dass sie „nach Anlieferung der anderen Maschinen kaum mehr zu nennenswerten Einsätzen gekommen wäre“, da sie für Personenzüge zu langsam und für Güterzüge zu schwach war. Richtig ist, dass schon vor Ende des Zweiten Weltkrieges seltener Reisezüge mit der ehrwürdigen Lady bespannt wurden. Dagegen gelangte die Lok für die langen Güterzüge, vor allem aus der Holzabfuhr in Altenau und Grafenaschau, als Schublok zur Verwendung. Weitere Einsätze verzeichnete sie vor allem mit der Übergabe von Güterwagen aus dem Staatsbahnhof und im Murnauer Rangierdienst. Ein Versuch, die Lok vor dem selbstkonstruierten Schneepflug einzusetzen, scheiterte allerdings schon wenige Kilometer nach Murnau an qualmenden Motoren …

In den Jahren nach Kriegsende kam E 69 01 nochmals zu einer „Einsatzblüte“. Im Bereich des Bw Murnau hatte sich die Schadwagenausbesserung bzw. -zerlegung zu einem Hauptaufgabenfeld entwickelt. Von 1945 bis 1949 wurden ständig kriegsbeschädigte Wagen, die auf dem unterbrochenen zweiten Streckengleis der Garmischer Hauptbahn abgestellt waren, in Murnau je nach Beschädigung aufgearbeitet oder verschrottet. So musste oft neues Wagenmaterial vom Staatsbahnhof zur Oberammergauer Bahn überstellt werden. E 69 01 nahm diese in Empfang, „sägte“ sie in den Lokalbahnhof und vor das Bw. Dort mussten dann die aufzuarbeitenden Wagen in die Halle gedrückt, die zu verschrottenden Fahrzeuge dagegen in einen Gleisstutzen zur ehemaligen Kiesgrube unterhalb des Hotels Wehe rangiert werden. Somit war die Lok über Monate hinweg von früh bis spät beschäftigt, wenngleich dabei keine großartigen Laufleistungen erzielt wurden. Aber für diesen örtlich begrenzten Einsatz gab es keine geeignetere Maschine. Allerdings mussten die Lokführer sich erst einmal auf die exotische Lokbremse einstellen. E 69 01 verfügte zwar über eine Westinghouse-Zugbremse, jedoch über keine moderne Lokbremse. Die Lok selbst musste bei Leerfahrten oder im Rangierdienst mittels der ursprünglichen Wurfhebelbremse gestoppt werden. Dabei war der lange Bremshebel neben dem Führerpult aus der Ruhestellung in Bremsbereitschaft umzuwerfen. Dadurch kamen die Bremsklötze zum Anliegen. Durch verschieden starken Druck auf diesen Hebel konnte dann entsprechend gebremst werden.

Wenn die Lok mal ausfiel, was allerdings respektabel selten vorkam, vertrat sie meist E 69 04. Dabei stellte das Bw Murnau im Übrigen die Ersatzteile für E 69 01, beispielsweise die Schützen für die Steuerung, selbst her. Die Lok war in den meisten Bauteilen nicht kompatibel zu anderen Maschinen, und somit musste in der Murnauer Werkstätte mit viel Liebe und Erfindungsreichtum an den Ausrüstungsteilen der Lok gearbeitet werden

Der Einsatz im Bereich der Wagenzerlegung währte bis Ende 1948. Widerhall in einem Umlaufplan fand er allerdings nicht. Dagegen fungierte E 69 01 ganz offiziell im Passionsfahrplan 1950 als Rangierlok im Lokalbahnhof.

Durch das sensationelle Auftauchen des verlorengeglaubten Betriebsbuches der E 69 01 im Herbst 2024 ist nun erstmals eine umfassende Dokumentation der letzten Einsatzjahre möglich. Aufgrund dieser bislang absolut unbekannten Faktenlage, ist diese in einem seperaten Kapitel ab Seite 111 ausführlich dargestellt!

Natürlich war auch der Einsatz der anderen E 69 in Umlaufplänen geregelt. 1946 gab es einen Dienstplan für zwei E 69 im Personenverkehr mit einem Tagesdurchschnitt von etwa 125 km pro Tag und Lok. Außerdem war E 69 05 fest für die Güterzüge 9998 und 9999, die mittags in Murnau starteten und gegen Abend zurückkamen, eingeteilt. Im Sommer 1947 kam ein Personenzugpaar hinzu.

Ein Jahr später wurden die Züge laut Plan auf folgende Maschinen aufgeteilt:

- **E 69 02**
  2575/2577/2580/2587/2588
  125 km
- **E 69 03**
  2569/2570/2576/2579/2582/2585/2586/2589/2590
  250 km
- **E 69 04**
  2573/Rangierdienst Oberammergau
  30 km
- **E 69 05**
  9998/9999
  50 km

Selbstverständlich rollierten die Loks innerhalb der Plantage, doch gibt die Planung durchaus Aufschluss auf die Arbeitsverteilung der einzelnen Maschinen.

Ab dem Winterfahrplan 1948/49 ergänzte ein weiteres Güterzugpaar für E 69 05 diesen Plan, dessen Rückleistung am späten Vormittag 1950 in eine Lokleerfahrt umgewandelt wurde.

1949: Gut gerüstet in die Passion

Mit Beginn des Jahres 1949 begann sich das Bw Murnau langsam, für die ersten Passionsspiele nach 16 Jahren kriegsbedingter Pause vorzubereiten. Dies taten auch höhere Dienststellen der DB, die einen Hamburger S-Bahn-Triebwagen der Baureihe ET 99 an die Oberammergauer Strecke schickten, um dessen Einsatztauglichkeit zu erkunden. Die Murnauer Werkstätte wollte sich offensichtlich nicht von einem Nordlicht die Schau stehlen lassen und begann, ihre E 69 der Reihe nach durchzuarbeiten und erneut durch einige Umrüstungen für kommende Aufgaben zu stärken.

Als erste kam ab 14. April 1949 die E 69 03 an die Reihe. Zur fälligen E4 wurden alle planmäßigen Revisionsarbeiten an den Hauptbauteilen ausgeführt, einer der Motoren wurde von Grund auf überholt, auf der anderen Achse dagegen ein wenige Wochen zuvor aus E 69 02 schadhaft ausgebauter Fahrmotor mit neuer Laufwelle eingebaut – ein relativ ungewöhnlicher Vorgang, war es doch in Murnau die Regel, dass die Motoren in den Lokomotiven verblieben und im Rahmen einer E-Untersuchung aufgearbeitet wurden. Abschließend versah der Bw-eigene Maler die Lok mustergültig mit neuem grünenAnstrich und Beschriftung, und sie präsentierte sich mit Abschluss der Arbeiten am 30. Juni in außerordentlich gutem Pflegezustand.

Bereits am 17. Juli 1949 rückte als nächste E 69 04 zur E4 ins Bw ein. Aus dieser vom Personal und der Werkstätte weniger geliebten Lok wollte man durch einen umfassenden und einen für ein Bw bemerkenswerten Umrüstungsaufwand endlich eine vollwertige Alternative zu den beiden E 69-Stammloks schaffen. So wurden die Fahrmotoren WBM 282 ausgemustert und, wie schon bei den E 69 02 und 03, Triebwagenmotoren der Reihe EDTM 4/494/III eingebaut. Hierzu mussten die Motoraufhängungen abgeändert und Radsätze aus E 69 02 mit neu aufgezogenen Zahnrädern eingebaut werden. Auch beim alten Luftpresser WBMV 14 erfolgte ein Tausch gegen den der E 69 05, die kurz zuvor den Kompressor VV221 aus der verunglückten E 60 07 erhielt. Mit welcher Fantasie Murnau arbeitete, sieht man auch an der Umrüstung der Puffer. Die alten Stangenpuffer wurden durch Hülsenpuffer ersetzt, die man sich von zu verschrottenden Schadwagen geholt hatte und mit denen nach und nach alle E 69 umgerüstet wurden. Zum Abschluss der Arbeiten erhielt die Lok ebenfalls Neulack und kam mit großer Erwartung ab 16. Oktober 1949 zum Einsatz. In den kommenden Wochen sollte der Trafo noch um eine weitere Fahrstufenanzapfung ergänzt werden, die Lok war damit achtstufig. Damit war der Transformator nun jedoch bis in den Grenzbereich gefordert. Im Sommer gab es daher große Probleme mit der Kühlung des Trafoblocks. Aus diesem Grund mussten nun zwischen Trafo und Achsen Flügelbleche eingebaut werden, die den Fahrtwind einfangen und zum Trafo lenken konnten. Diese Vorrichtung wurde nur im Sommer an der Lok belassen, in der kälteren Jahreszeit jedoch abgenommen. Ingesamt war sie durch die Umbauten wesentlich robuster und zuverlässiger geworden und schloss im Jahr 1950 mit 330 Einsatztagen und 67.399 Laufkilometern erstmals weitgehend zu ihren Schwestern 02 (an 333 Einsatztagen 66.990 km) und 03 (an 344 Einsatztagen 71.946 km) auf, während die Lok im Vorjahr nur 37.000 Laufkilometer erreichte.

Vier Tage nach diesem umfassenden Umbau der „Vierer" kam am 19. Oktober 1949 schließlich E 69 02 zur E3. Hierbei sollte der Grundstein dafür gelegt werden, dass die E 69 02 später vom Personal immer als die beste und neben Lok 05 leistungsfähigste E 69 betrachtet wurde, obwohl sie doch eigentlich ihrer Zwillingsschwester 03 gleichen sollte.

Aus dem großen Fundus im Bahnbetriebswerk gelagerter Motoren, die im Zweiten Weltkrieg von München nach Murnau bebracht worden waren, erhielt die Lok die Fahrmotoren EDTM 494/V, zuvor verwendet in einem ET 31. Diese hatten mit einer Leistung von 275 kW (im Vergleich zum EDTM 4 mit 176 kW) deutlich mehr Kraft als die bisherigen Motoren. Durch die begrenzte Trafoleistung konnte die Lok zwar nicht die ganze, 550 kW Motorleistung ausfahren, dennoch zeigten sich die Motoren anzugsstärker und leistungsbereiter als die in E 69 03 und 04 eingebauten Typen. Sie verblieben in den nächsten Jahrzehnten, als in Freimann die Motoren der E 69 03 und 04 mehrfach getauscht wurden, bei der 02 immer in der Maschine. Erst 1978 musste ein Motor ersetzt werden. Eingebaut wurde wieder ein EDTM 494/IV, in diesem Fall aus dem Triebwagen 432 202. Dieser Motor mit der Nummer 39134 ist noch heute in der Lok und hat dort fast 1,5 Mio. km geleistet.

Zurück zur E3 im Jahr 1949 in Murnau: Neben der Motorenumrüstung kamen dabei auch vom AW Augsburg neu angefertigte Radsätze zum Einbau sowie neu aufgezogene Großzahnräder. Schließlich bekam auch die „Zweier" eine frische Lackierung und wurde am 14. Januar 1950 wieder auf die Strecke gelassen.

Einen Monat später rückte nun auch E 69 05 ins Bw ein, um sich für die nun unmittelbar bevorstehende Passionszeit zu rüsten. Hier galt es zunächst, auch auf der hinteren Lokseite die bereits früher beschriebenen Rahmenbleche und Platten anzuschweißen. Sämtliche Tatzenlager mussten neu ausgegossen und eine neue Licht-Umformeranlage eingebaut werden. Der Anstrich wurde ebenfalls in Grün erneuert. Ab dem 26. April 1950 stand die Lok wieder im Dienst.

Bereits einige Tage zuvor war auch schon E 69 04 wieder ins Bw gerufen worden, um eine weitere, ganz spezielle E 69-Einrichtung zu erhalten: Auf der Linie nach Oberammergau liefen ja noch die alten Lokalbahn-Wagengarnituren. Im Passionsverkehr 1950 sollten diese wenigstens nicht mehr mit Gasbeleuchtung verkehren und bekamen daher eine elektrische Lichtanlage. Da es aber zu aufwendig erschien, allen kleinen zwei- und dreiachsigen Wagen eine Licht-Generator-Anlage einzubauen, wie dies bei den moderneren Reichs- und Bundesbahnwagen obligatorisch war, mussten die E 69 diese Aufgabe übernehmen. Alle Loks erhielten daher eine Lichtmaschine, einen Generator und Umformer für die Zugbeleuchtung der Wagen eingebaut. Daher musste auch eine zusätzliche Kabelanschlussleitung an den Loks angebracht werden, wie sie auf den Fotos der fünfziger Jahre an den Maschinen erkennbar ist. Seither waren an den E 69 drei Kabelverbindungen angebracht – für die angesprochene Lichtleitung, die 800 – 1.000 V Reichsbahnheizung und die ebenfalls für die Lokalbahnwagen notwendige Heizleitung für 220 V. Nach E 69 04 und E 69 05 erhielt ab 28. April 1950 E 69 03 diese zusätzliche Ausrüstung unter den Vorbau eingebaut, anschließend noch E 69 02 und 01.

Dergestalt gestärkt gingen die E 69 in den Passionsfahrplan, in dem sie Unterstützung von 14 Maschinen der Dampflokbaureihe 64 fanden. Ein Trafoschaden (Überschlag auf der 5 kV-Seite) setzte aber E 69 05 ab Anfang Juli außer Gefecht. Der Trafo musste ins AW Freimann geschickt werden. Ansonsten verlief der Einsatz im bis dato dichtesten Fahrplangefüge weitgehend störungslos.

Im Laufe des Jahres 1951 erhielten außer E 69 01 alle Loks die DeLimon-Spurkranzschmierung eingebaut. 1952 erreichte E 69 02 mit 84.859 Laufkilometern den höchsten aufgezeichneten Laufleistungswert, den jemals eine E 69 einfuhr, wobei sich ein Durchschnitt von 252 km pro Einsatztag ergab, immerhin zehn Fahrten auf der Strecke! Auch die anderen Loks hielten mit hohen Laufleistungen wacker mit – die gesamte E 69-Familie befand sich mit ihren bis zu knapp 50 Jahren offensichtlich in der „Blüte ihres Loklebens".

Das Bw Murnau ließ sich in der Folgezeit nicht an der gewohnt liebevollen Pflege ihrer Loks hindern, so erhielten auch E 69 04 und 03 in diesem Jahr letztmalig große Hauptuntersuchungen in ihrem Heimat-Bw, bei denen sogar abermals der Anstrich erneuert wurde. Aber es war nicht zu übersehen – die Arbeiten zur Umstellung der Strecke auf die allgemein übliche Spannung von 15 kV waren in vollem Gange. Nach deren Abschluss sollte die Geschichte der Lokfamilie E 69 beendet werden. Oder was plante man eigentlich in den Amtsstuben mit den alten Loks?

Im Dezernat 21 der BD München wurde am 24. Oktober 1952 genau darüber beraten. Man rechnete dort mit einer Umstellung der Strecke in gut einem Jahr und plante daher die Zukunft des Betriebes nach Oberammergau. Als erstes wurde das

Bw Murnau „geopfert“. Da bald keine „ortsgebundenen Fahrzeuge“ mehr vorhanden sein würden, sollte das Bw zur Außenstelle des Bw Garmisch herabgestuft werden. Für den Reiseverkehr nach Oberammergau plante man mit zwei Triebwagen der Reihe ET 85, für den Güter- und Sonderverkehr sollte E 69 05 auf das übliche Stromsystem umgebaut und die im Garmischer Rangierdienst überlebende Außerfernlok E 62 01 nach Murnau umgesetzt werden. „Die E 62 mit 710 kW-Stundenleistung und die E 69 05 mit 605 kW sind für den planmäßigen Verkehr auf dieser Strecke geeignet“, so die erste und, wie sich zeigen wird, in Teilen gründlich falsche Einschätzung der Expertenrunde. Dies trifft auch auf die Prognose zu den weiteren E 69 zu: „Die bisher eingesetzten E 69 01-04 kommen für den Streckendienst nicht mehr in Frage. Da es aber im Bereich BD München und GBL Süd Bedarf an leichten E-Loks für den Rangierdienst gibt, wird der Umbau 01 – 04 für diesen Dienst vorgeschlagen.“ Für diesen Umbau nutze man am Besten das Bw Murnau, da man dort mit den Loks bestens vertraut sei, und die Lehrwerkstätte, die beide damit eine wirtschaftliche Grundlage hätten. Die Lehrwerkstätte sollte ab 1953 keine neuen Ausbildungsverträge mehr abschließen. Auch damit lagen die Herren falsch, was aber vor allem auch an der zeitlichen Verschiebung der Umstellungsarbeiten an der Strecke lag.

Entsprechend dieser Planungen und einer Zustimmung zum Umbau durch die HVB Offenbach vom 15. Juni 1953 verlässt die E 69 05 Anfang Juli 1953 die heimatliche Idylle in Murnau und wird ins AW Freimann gebracht. Neben den regulären Arbeiten im Umfang einer E4 wurden dort die Umrüstungsarbeiten auf das reguläre Stromsystem der DB ausgeführt. Der Trafo wurde auf 15 kV umgewickelt, die Hochspannungskabel erneuert und auf Seite 1 in einen Außenschacht zwischen den Frontfenstern neu eingeführt. Hinzu kamen neue Dachsicherungen, Isolatoren und Überspannungsableiter. Ebenfalls neu angebracht wurde ein Stromabnehmer der Bauart SBS 9. Bereits am 16. September 1953 unternahm die Lok zwischen Freimann und Freising ihre erste Fahrt mit eigener Kraft unter dem regulär gespeisten Fahrdraht der Bundesbahn. Im AW traf sie auf die Garmischer Altbau-Lok E 62 01, mit der sie in Zukunft den Zugverkehr nach Oberammergau teilweise übernehmen sollte. Die Kosten für die Untersuchung beliefen sich auf 34.317 DM, wobei die Umrüstungsarbeiten mit 11.520 DM zu Buche schlugen.

Als sie am 6. Oktober 1953 aus dem AW entlassen wurde, reiste sie zunächst wieder nach Murnau, wo sie ihre alte Einsatzstätte und das Bw jedoch wegen der noch nicht umgestellten Spannung nicht aus eigener Kraft erreichen konnte. Die Lok kam zu einigen Einsätzen im Rangierdienst des Murnauer Staatsbahnhofs, in Nachbarschaft zu ihren älteren Schwestern, doch schon nach wenigen Tagen musste die Lok nach nur 617 Laufkilometern wieder ins AW Freimann zurück. Erneut war dort an den E 69 fehlerhafte Arbeit geleistet worden, die einer Nachbesserung bedurfte. Diesmal war bei der 05 „Feuer unterm Dach“, die Isolation der Dachsicherungen war ungenügend und musste mit Gummiunterlagen verstärkt werden. Außerdem mussten die ausgebauten Schraubenfedern „reumütig“ wieder eingebaut werden. Nach dieser E0a kehrte die Lok am 23. Oktober 1953 erneut nach Murnau zurück, konnte aber nicht mehr vernünftig eingesetzt werden. Nebenan auf der Oberammergauer Strecke herrschte reger Verkehr, aber E 69 05 konnte nicht mithelfen, im großen Bahnhof rangierte die E 60 – für die umgebaute Fünfer fielen gerade mal zwei Einsatztage im November und vier im Dezember 1953 an.

Noch während die E 69 05 sich im Umbau befand, wurde über das Schicksal der Schwesterloks weiter verhandelt und ent-

△ **Bild 186** • Durch den Einbau stärkerer Motoren gelangte der Trafo von **E69 04** an seine Leistungsgrenze. Im Sommer mussten daher „Windflügel" für eine bessere Luftkühlung sorgen. Auf diesem Foto von 1952 aus dem Vorfeld des Murnauer Lokalbahnhofes sind die Bleche unterhalb der Kühlschlange und nach dem Treppenaufstieg gut zu erkennen. Ebenfalls gut sichtbar sind sowohl an der Lok, als auch dem Lokalbahnwagen die zusätzliche Kabelkupplung für die Beleuchtung der alten Garnituren.

Aufnahme: Carl Bellingrodt, EK-Verlag

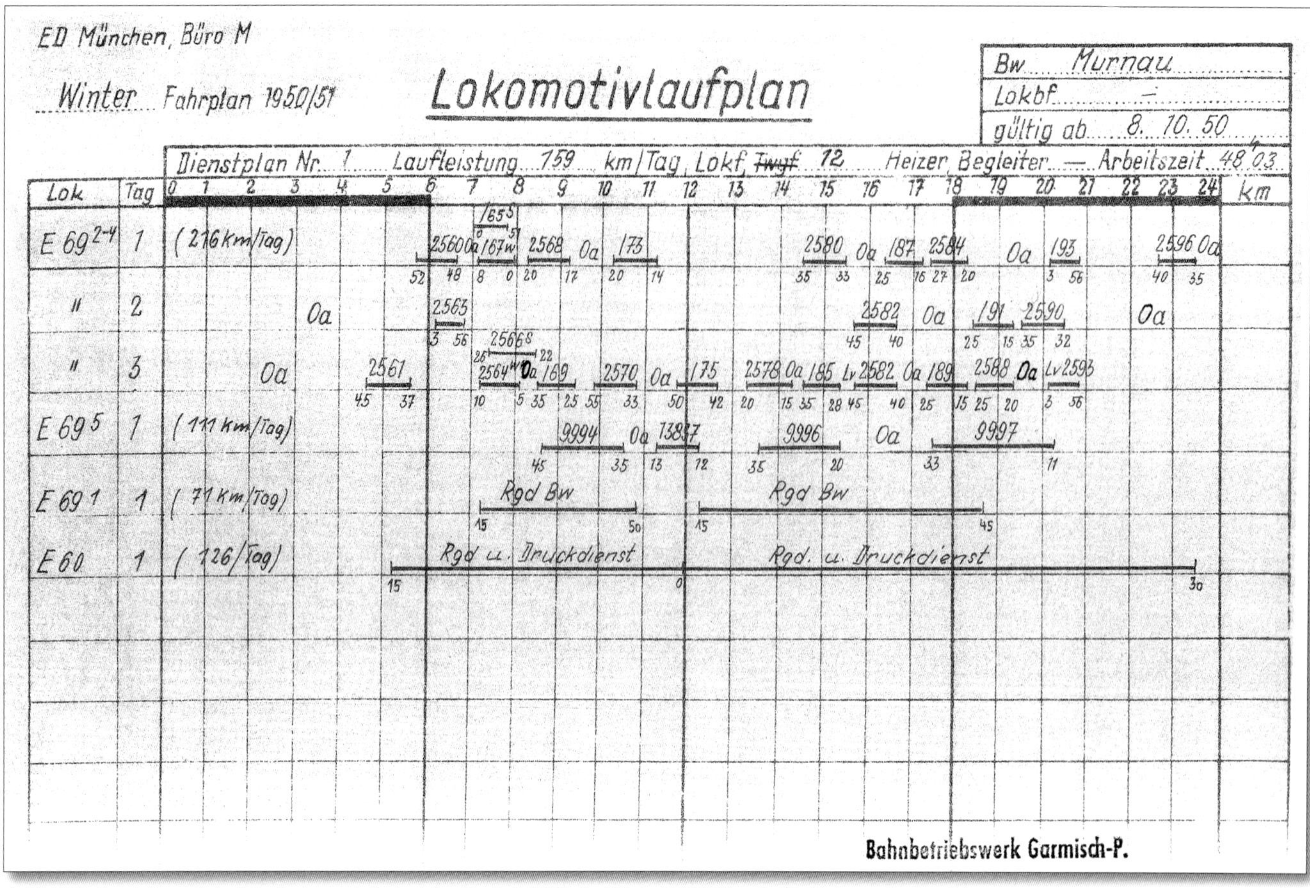

△ **Bild 187** • Der „Lokomotivlaufplan" oder auch Umlaufplan für die E 69 für den Winter 1950/1951 – alle fünf Loks werden benötigt. Abbildung: Sammlung Heinz Skrzypnik

schieden. Die HVB forderte von der Generalbetriebsleitung Süd in Stuttgart Einsatzmöglichkeiten für die Loks darzustellen und die Umbaukosten zu ermitteln. Die Antwort kam prompt: Empfohlen wurde die Umrüstung von E 69 02 – 04. Vom Umbau der 01 sei wegen ungenügender Leistung und aufgrund des hohen Alters abzusehen. Als zukünftige Einsatzorte für E 69 02 bis 04 wurden Freilassing, Rosenheim und München Ost anvisiert, sofern man nicht doch Bedarf nach Oberammergau für die Loks haben würde.

Aufgrund dieser Datenlage entschied das BZA München am 29. August 1953 über die Zukunft der E 69. In der Verfügung 25.252 Fkle 69 wurde festgelegt:

*„E 69 01: Völlig überaltert, umfangreiche Arbeiten am mechanischen und elektrischen Teil erforderlich. Umspanner und Steuerung sind nicht aufarbeitungswürdig, müssten erneuert werden. Außerdem hat die Maschine nur eine Wurfhebelbremse (*womit das BZA sich irrte, denn die Lok besaß schon lange eine Westinghouse-Luftbremse*). Aufarbeitung mechanischer Teil 25.000 DM; elektrischer Teil 75.000 DM, selbst wenn die schwachen Fahrmotoren beibehalten werden. Kosten von über 100.000 DM nicht darstellbar, wir schlagen vor, die Lok auszumustern.E 69 02 und 03: Mechanischer Teil grundsätzlich in Ordnung, Fahrmotoren können belassen werden, Umspanner selbe Bauart wie ET 65, muss lediglich umgewickelt werden, Umbaukosten betragen rd. 15.000 DM pro Lok.*

E 69 04: Guter Allgemeinzustand. Umformer WBT 360 besitzt nur eine Leistung von 236 kW und nur sieben Fahrstufen, die Leistung kann ohne künstliche Kühlung nicht gesteigert werden. Für Verwendung Rangierbetrieb muss die Stufenspannung verkleinert werden. Die Mittel liegen hierfür nicht unter 25.000 DM. Wir schlagen daher vor, einen im AW MF aufgearbeiteten Umformer der BR ET 65 umzubauen und die 04 entsprechend auszurüsten. Damit wären 02 – 04 einheitlich ausgerüstet und die Umrüstkosten betragen nur 18.000 DM.

*Nach dem Umbau können die Loks als Rangierloks für untergeordnete Dienste verwendet werden, für einen Streckeneinsatz kommen sie wegen Hg 45 km/h (*nochmals eine falsche Feststellung, die Höchstgeschwindigkeit betrug 50 km/h*) nicht mehr in Frage."*

Der Plan stand also – nur die Realität hinkte hinterher, wie die GBL Süd am 3. Oktober 1953 meldete. *„Die Strecke könnte sofort umgestellt werden, da 05 nun für 15 kV umgebaut ist und E62 01 als Reservefahrzeug zur Verfügung steht".* Doch die dringend gewünschte Umstellung konnte nicht erfolgen, weil die BD München die zwei notwendigen ET 85 nicht abgeben wollte. Die GBL schlug daher vor, eine geplante Typenbereinigung bei den ET 25 aus Stuttgart und München durchzuführen, womit München mit ET 25 007, bisher in Stuttgart einziges SSW-Fahrzeug unter sonst BBC-Varianten, einen zusätzlichen Triebwagen erhalten würde. Stuttgart würde als Ausgleich einen ET 56 von der Verkehrsausstellung bekommen. Darüber hinaus wären die Mängel an den vorhandenen ET 56 beseitigt und Stuttgart bekäme noch aufgearbeitete E 18 aus dem Tauschgeschäft mit der Deutschen Reichsbahn (Ost). Nicht zu glauben, was alles dranhängt, um die etablierten E 69 zu ersetzen …

Diese Ansicht schien auch die Hzl in Frankfurt zu vertreten, denn nun schlug diese vor, die Strecke nach Umstellung nur vorübergehend mit ET 85 zu befahren und vielleicht doch die dann umgebauten E 69 02 – 04 wieder auf Streckendienst nach Oberammergau zu schicken. Doch nachdem all diese Planspiele scheiterten, blieb die Strecke zunächst vorläufig fest in der Hand von E 69 01 bis 04. Der Umstellungstermin im Jahr 1953 war geplatzt und im Ammertal lief es, wie es immer lief: Ohne die E 69 lief nichts!

(weiter auf Seite 118)

Bevor der Blick in die „neue Zukunft" der Baureihe E 69 fällt, hat es sich die E 69 01 verdient, in einem Sonderkapitel ganz allein im Scheinwerferlicht zu stehen.

△ **Bild 188** • Mit diesem „Auftritt" beginnt die Betriebsbuch-Aufzeichnung für **E 69 01**. Nach der Verstaatlichung gelangten die LAG-E-Loks zur Reichsbahn. Zum „Kennenlernen" mussten alle Maschinen 1940/1941 einen Antrittsbesuch im RAW Freimann absolvieren. Im Rahmen einer Hauptuntersuchung im Frühjahr 1941 erhielt die nun als E69 01 bezeichnete, ehrwürdige LAG 1 zwar ein gepflegtes Äußeres und als einzige E 69 ein Loknummernschild, aber mit dem Reichsadler auch zeittypischen Zierrat. Sie sollte außerdem von hier nicht weit kommen, die mit ihr nicht vertraute AW-Werkstatt hatte gleich mal an den Lagern gepfuscht … AUFNAHME: WERKFOTO AW FREIMANN

Das verlorene Tagebuch der E 69 01

Howard Carter hat die Grabkammer von Tutanchamun gefunden, Ballard die gesunkene Titanic. Und all das erschien mir wahrscheinlicher, als dass sich noch irgendwann der Schleier des Vergessens über die Einsatzgeschichte der E 69 01 heben würde. Als ich im November 2024 das Foto einer Betriebsbuchseite von E 69 01 geschickt bekam, erschien mir das völlig surreal. Einen Monat später konnte ich selbst das komplette „Tagebuch der Einser" in den Händen halten. Ein unwirklicher Moment.

In keiner einzigen Publikation zur E 69 konnte bis dato auf diese Aufzeichnungen zurückgegriffen werden, kein Autor konnte bislang daraus zitieren und schlussfolgern. Die Lok war ein weitgehend „unbeschriebenes Blatt", ein statistischer Wert ohne Charakter, ein Fahrzeug ohne Eigenschaft. Nun aber bekam die Lok eine Geschichte, eine Einordnung, einen Blick auf das letzte Drittel dieser bislang im Dunklen liegenden Einsatzgeschichte.

In früheren Publikationen zur E 69 war sinngemäß über die LAG 1 zu lesen: *„Danach verkehrte sie mehr oder weniger unregelmäßig … insbesondere nach Anlieferung der LAG 5 war sie kaum noch im Einsatz …"*

Dieser Satz trieb mich die letzten Jahrzehnte an, Licht in dieses Dunkel zu bringen. Dass eine Lok über 25 Jahre hinweg „kaum im Einsatz" stehen sollte, das konnte doch nicht sein. Ich konnte diesen Status bereits in meinen ersten Büchern durch „Augenzeugenberichte" widerlegen, aber konkrete Zahlen dazu gab es nicht. Es blieb Spekulation. Nun gibt es Zahlen und Fakten!

Weil dieser Teil der Geschichte nun also ganz neu geschrieben werden kann, habe ich darauf verzichtet, diese Erkenntnisse nur einfach in den laufenden Text „einfließen" zu lassen. Nein – die „Kleine" hat eine ausführliche Wiedergutmachung verdient – daher sei ihr hier ein Extra-Kapitel gewidmet!

Es ist bezeichnend, der erste Eintrag im 1945 neu angelegten Betriebsbuch der E 69 01 – das Original war wie alle E 69-Bücher im Krieg verloren gegangen – stellte dem RAW Freimann ein schlechtes Zeugnis aus. Nur einmal war die Lok in den Fängen der Freimanner und schon ging es schief. Eigentlich wurden die Loks auch zu den Hauptuntersuchungen nur in Murnau gehegt und gepflegt, doch kurz nach Übernahme der Exoten durch die Reichsbahn „kümmerte" sich das AW Anfang der vierziger Jahre doch mal um seine Neuzugänge. Vielleicht um sicherzustellen, dass die damals so wichtigen Hoheitszeichen auch plakativ angebracht wurden? Aber da musste man sich eigentlich keine Sorgen machen, Hakenkreuze waren auch in Murnau zur Genüge vertreten. Als mit der zunehmenden Bombardierung des Großraums München die Arbeitsfähigkeit der großen Werke prekär wurde, besann man sich bei den E 69 auch schnell wieder der heimatlichen Vollpflege und führte alle Hauptuntersuchungen wieder in Murnau aus. Zuvor, im Frühjahr 1941, sollte allerdings E 69 01 im AW Freimann vorstellig werden, um die fällige E4-Hauptuntersuchung per 30. Juni 1941 im RAW zu erhalten. Doch schon der einzige Versuch ging schief! Auf der Rückübberführung der Lok liefen die eigentlich neu gegossenen Motor-Lager aus. Die Lok strandete , kehrte wieder ins RAW Freimann zurück. Vom 2. Juli 1941 bis 31. August 1941 musste das AW die fehlerhaft ausgeführte Arbeit im Zuge einer E0 korrigieren. Dies ist der allererste dokumentierte Betriebsbucheintrag zu E 69 01, der in Murnau offensichtlich so viel negativen Beigeschmack hatte, dass sich dieser Eintrag im nach Kriegsverlust ersatzweise angelegten Betriebsbuch wieder fand. Denn eigentlich waren ansonsten nur die Dokumentationen der laufenden Untersuchungszeit nach Neuanlage, also ab 1944 verzeichnet. Für diese letzten zehn Jahre Einsatzzeit ermöglicht das aufgefundene Betriebsbuch nun aber erstmalig einen Einblick in den „Alltag" der Ur-E 69, deren Zuverlässigkeit und Tagesgeschäft. Bereits der erste Blick in die hinterlegten technischen Daten und Stammblätter brachte eine große Überraschung ans Licht: Die Lok fuhr mit völlig anderen und vor allem leistungsfähigeren Motoren, als die Fachwelt das bislang vermutet hatte!

Bislang zeichnete man die Motorisierung von LAG 1 / E 69 01 so nach, dass die Lok bei Inbetriebnahme mit Motoren der Bezeichnung WBM 285, welche eine Leistung von 100 PS hatten, ausgerüstet war und damit den gleichen Motortyp wie die kurz zuvor in Dienst gestellten MAN-Triebwagen der Oberammergauer Bahn besaß. Nachdem die Schwesterlok LAG 2 mit verbesserten und leistungsfähigeren Motoren der Kennung WBM 280 angeliefert wurde, verwendete man diesen Motortyp bereits in den frühen zehner Jahren auch bei der LAG 1, deren Leistungsfähigkeit sich damit spürbar erhöhte. Das dem Betriebsbuch beigefügte Stammblatt des Motors #1502639 im letzten Zustand der Lok dokumentiert jedoch den Einbau eines dritten Motortyps, eines WBM 281 mit Baujahr 1912 für die LAG. Ganz offensichtlich wurden die Liefermotoren der LAG 3 in den frühen vierziger Jahren in E 69 01 eingebaut, nachdem die E 69 03 im Rahmen ihres großen Umbaus 1940 mit den Triebwagen-Serienmotoren EDTM 4 an den Start ging. Völlig unbestritten war dies eine gute Wahl – für die restliche Betriebszeit der E 69 01 taucht in den Unterlagen kein einziger Motorschaden auf! Die Motoren wurden regelmäßig gewartet, untersucht und revidiert, ein Schaden ist bis zur Ausmusterung der Lok jedoch nie verzeichnet worden!

Bezüglich eines weiteren, wichtigen Hauptbauteils verrät das Betriebsbuch weniger spannendes: Bereits bei der Inbetriebsetzung erhielt die Lok einen Trafo der Bezeichnung WBT 1a – auch hier baugleich mit den Konstruktionen in den Triebwagen. Damit war der LAG in Murnau auch eine rationelle und einfache Werkstattorganisation möglich. Nach Ausscheiden der Triebwagen gegen 1919 lagerte die Murnauer Werkstatt Motoren, Schaltwerke und Trafos der ausgemusterten, aber nur gut 15 Jahre alten Fahrzeuge großzügig ein. Für LAG 1 / E 69 01 ist laut Betriebsbuch ein Trafowechsel im Jahr 1941 hinterlegt, doch kam es dabei nicht zu einem Typenwechsel. Man bediente sich offensichtlich auch in den vierziger Jahren noch rationell an den eingelagerten Altbeständen. Negativ sollte das jedoch zu Buche schlagen, als die Frage zum Umbau auf 15 kV im Raum stand. Hier musste E 69 01 dann mit dem ältesten Trafomodell der Baureihe antreten, dessen Umrüstung nicht mehr in Frage kam.

Nachdem nun also die technischen Rahmendaten von E 69 01 ab Mitte der vierziger Jahre nachgezeichnet sind, schweift der spannende Blick darauf, in welchem Maße die Lok sich denn über ihre letzten 14 Betriebsjahre am Verkehrsgeschehen der Ammergauer Bahn beteiligte.

Das Leistungsaufkommen der Oberammergauer Bahn erfährt im Vergleich der frühen und späten Kriegsjahre, der Nachkriegszeit und den Wirtschaftswunderjahren überraschenderweise wenig Schwankungen in der Gesamtanforderung. In dem Maße, wie im Kriegsverlauf der Reisendenverkehr abnahm, wuchsen die Transportleistungen kriegswichtiger Güter, zumal in Oberammergau Messerschmitt-Flugzeuge produziert wurden. Einer Delle zur „Stunde 0" standen eine schnelle Erholung der Reiseströme, aber auch ansteigende Holz- und Handwerksproduktion im Ammertal gegenüber, sodass der Gesamtverkehr auf der Linie so umfangreich war, dass die bereits vorliegenden Einsatzdaten von E 69 02 bis 04 in der Regel bei allen Loks über 300 Einsatztage lagen – also werktäglich diese drei Maschinen dauerhaft im Einsatz standen. Auch E 69 05 beteiligte sich am Einsatzreigen jährlich mit meist 250 bis über 300 Einsatztagen, womit also E 69 02 – 05 fast täglich auf der Linie unterwegs waren. Die Frage nach dem Bedarf für E 69 01 stellt sich damit also zu Recht. Erstmals finden sich auch Antworten darauf. Antworten, die aber ein „sowohl" als „auch" beinhalten. Zusammengefasst lässt sich feststellen: E 69 01 spielte in ihren letzten Betriebsjahren kräftig mit, präsentierte sich überaus zuverlässig und fast ohne technische Probleme. Phasenweise, und das auch nochmals in den frühen fünfziger Jahren, schloss sie mit Einsatztagen zu ihren anderen Schwestern auf, fuhr jedoch deutlich niedrigere Kilometerleistungen ein. Offensichtlich wurde sie häufig für einzelne Zugleistungen, als „Pausenvertretung" und für unterrangige Dienste herangezogen. Sie aber als Reservelok und „Notnagel" zu diskreditieren, ginge weit an der ernsthaften Bedeutung für den täglichen Betrieb vorbei. Deutlich wird dies schnell, wenn wir einen Blick auf die letzten zehn Betriebsjahre der ersten Vollbahn-Wechselstromlok Deutschlands werfen:

1944

Insgesamt mag es verwundern, dass eine kleine, eher touristisch geprägte Nebenbahn im letzten kompletten Kriegsjahr unter „Volllast" gefahren wurde. Dabei war der Fahrplan im Reisezugverkehr bereits eingeschränkt. Ganz offensichtlich glichen verstärkte Materialtransporte ins Ammertal den Rückgang des alltäglichen Personenverkehrs mehr als aus. In teils unterirdischen, in die Bergsubstanz des Labermassivs getriebenen Fertigungsanlagen wurden in Oberammergau Teile für Messerschmitt-Flugzeuge gefertigt. In Spitzenzeiten, wie im November 1944, mit über 3.000 Beschäftigten – darunter in etwa 1.000 Zwangsarbeitern. Für den Lokdienst im Ammertal bedeutete dies, dass alle fünf Maschinen nahezu täglich im Einsatz standen. Mit 328 Einsatztagen für E 69 01 ist eindrucksvoll belegt, dass die älteste im Bunde ein unersetzlicher Faktor im Betrieb darstellte. So war die Lok im Juni, Juli, August und Dezember täglich im Dienst. Im Vergleich zu den Schwesterloks fällt jedoch die geringere Kilometerleistung auf. Vermutlich war E 69 01 in diesen Kriegszeiten Stammlok für die wenigen Personenzugleistungen, während die stärkeren Schwestern einen wichtigen Faktor für die Güterleistungen darstellten.

1945/1946

Trotz der militärischen Produktion im Ammertal war die Region und die Bahnlinie kaum Ziel von Bomberangriffen, sodass der Zugverkehr bis weit in den April des Jahres 1945 stabil laufen konnte. Auch das Einsatzvolumen von E 69 01 zeigte sich zunächst unerschüttert von der Kriegslage: 31 Einsatztage im Januar, jeder Tag im Februar, 26 Tage im März und auch bis zum Einmarsch der Amerikaner am 29. April 1945 ins Ammertal, war die Lok täglich im Einsatz! Dann war aber erstmal Schluss. Der Zugverkehr ruhte mehrere Wochen und begann dann sehr zögerlich im Sommer 1945 wieder . E 69 01 war daran nicht beteiligt. Mit dem Anlauf des Betriebsdienstes beorderte die Heimatdienststelle die Lok zwar zu einer E2 ins Bw, tatsächlich kam die Lok aber nur ein einziges Mal im weiteren Jahresverlauf in Dienst – nur im August 1945 gab es einen offiziellen Einsatztag. Interessanterweise widerspricht dies auf den ersten Blick ausgerechnet den wenigen Einsatzinformationen, die mir vor Kenntnis des Betriebsbuches vorlagen. Da berichtete ein damaliger Murnauer Bw-Lehrling nämlich von der Schadwagen-Verschrottung in der Kiesgrube des Murnauer Betriebswerkes, bei der vor allem Bahnmitarbeiter mit nationalsozialistischer Vergangenheit zum Arbeitsdienst verpflichtet wurden. Hier berichtete er, war ständig E 69 01 eingesetzt, um die zugeführten Schadwagen an der Übergabestelle zur Staatsbahn abzuholen, ins Lokalbahngelände zu sägen und in die Kiesgrube zuzustellen. Noch in den siebziger Jahren besserte die Außenstelle Murnau im Lokschuppen Güterwagen der DB aus. Und auch dabei erledigten im Bw „abgestellte“ 169 die Zufuhr der Schadwagen. Hier wurden ebenfalls keine Einsatztage für diese Dienste verzeichnet, obwohl die diensthabenden Loks stundenlang aufgebügelt waren und von Zeit zu Zeit Wagen verschoben. Dies hielt nachweislich jedoch keinen Einzug in die Einsatzmeldungen. So löst sich der Widerspruch für E 69 01 auf: Auch im Jahr 1946 weist die Einsatzstatistik für E 69 01 nur zwölf offizelle Einsatztage (!) (Januar 1x, Februar 4x und August 7x) auf obwohl die Lok in dieser Zeit nach Mitarbeiteraussagen fast täglich in der Kiesgrube eingesetzt war.

Das Einrücken der Lok ab Mitte November 1946 ins Bw Murnau zur E3-Hauptuntersuchung macht deutlich: abseits des Kiesgruben-Dienstes wurde mit der Lok weiter im Streckendienst geplant.

△ **Bild 189** • Bezüglich der Geschwindigkeit gab es „Verwirrung“ um die **LAG 1**. Manche Quellen sprechen von 45 km/h bei der Ablieferung, wozu es aber keine weiteren Hinweise gibt. Vermutlich dürfte dieses Geschwindigkeitsschild aus der Lok schon 1905 angebracht worden sein und belegt damit die bis zum Ende der Lok gültigen 40 km/h. Das Gusseisenschild liegt heute im Depot des Deutschen Museums. AUFNAHME: DEUTSCHES MUSEUM MÜNCHEN

1947

Diese E3 währte bis in den Juni 1947, was einerseits für eine sehr gründliche Überarbeitung der Lok, andererseits auch für eine weniger priorisierte Dringlichkeit spricht. Gleichzeitig war auch E 69 02 zur E2 im Bw Murnau und der Unterhalt der anderen Loks ging ja auch weiter. Dennoch startete E 69 01 per 28. Juni 1947 in einen neuen Unterhaltungsabschnitt. Ob das Team der Werkstatt in Murnau ahnte, dass die Lok damit, mit etwas Anlauf aber dann umso beeindruckender, nochmals in einen einsatzträchtigen und fleißigen Lebensabschnitt starten würde, der die Lok noch einmal zum markanten Gesicht auf der Ammertaler Strecke werden ließ?

Mit Abschluss der E3 stürzte sich die frisch aufgearbeitete und neu lackierte Lok jedenfalls sofort in den Zugdienst nach Oberammergau und verzeichnete in den Folgemonaten jeweils rund 25 Einsatztage pro Monat, bei durchaus anständigen Kilometerleistungen. Bemerkenswert: Schon im dritten Jahr in Folge mit „0“ Schadtagen. Da war also keineswegs ein klappriges, altes Ding unterwegs, das noch die Resterampe zu bedienen hatte, nein, da kämpfte Deutschlands älteste Wechselstrom-Ellok nach wie vor tapfer im Alltagsdienst. Und das nicht nur tapfer, sondern auch noch spotbillig: Die Unterhaltskosten für das halbe Jahr nach der E3 betrugen für 1947 saldiert lediglich 119 RM!

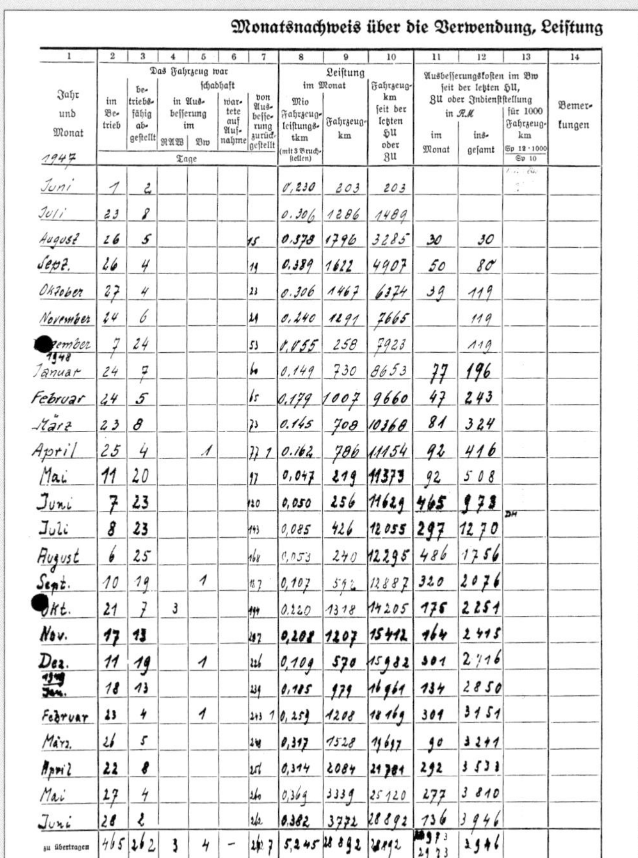

Monatsnachweis über die Verwendung, Leistung

1	2	3	4	5	6	7	8	9	10	11	12	13	14
Jahr und Monat	Das Fahrzeug war: im Betrieb	betriebsfähig abgestellt	schadhaft: in Ausbesserung im RAW	in Ausbesserung im Bw	wartete auf Aufnahme	von Ausbesserung zurückgestellt	Leistung im Monat: Mio Fahrzeugleistungs-tkm (mit 3 Bruchstellen)	Leistung im Monat: Fahrzeug-km	Fahrzeug-km seit der letzten HU oder ZU	Ausbesserungskosten im Bw seit der letzten HU, ZU oder Indienststellung in RM: im Monat	insgesamt	für 1000 Fahrzeug-km (Sp 12 · 1000 / Sp 10)	Bemerkungen
	Tage												
1947													
Juni	1	2					0,230	203	203				
Juli	23	8					0.306	1286	1489				
August	26	5				15	0.378	1796	3285	30	30		
Sept.	26	4				11	0.389	1622	4907	50	80		
Oktober	27	4				23	0.306	1467	6374	39	119		
November	24	6				29	0.240	1291	7665		119		
[illegible]ember	7	24				53	0.055	258	7923		119		
1948 Januar	24	7				60	0.149	730	8653	77	196		
Februar	24	5				65	0.179	1007	9660	47	243		
März	23	8				73	0.145	708	10368	81	324		
April	25	4		1		77 1	0.162	786	11154	92	416		
Mai	11	20				97	0,047	219	11373	92	508		
Juni	7	23				120	0,050	256	11629	465	973	DH	
Juli	8	23				143	0,085	426	12055	297	1270		
August	6	25				168	0,053	240	12295	486	1756		
Sept.	10	19		1		187	0,107	592	12887	320	2076		
Okt.	21	7	3			194	0.220	1318	14205	175	2251		
Nov.	17	13				207	0,208	1207	15412	164	2415		
Dez.	11	19		1		226	0,109	570	15982	301	2716		
1949 Jan.	18	13				239	0,185	979	16961	134	2850		
Februar	23	4		1		243 1	0,259	1208	18169	301	3151		
März.	26	5				248	0,317	1528	19697	90	3241		
April	22	8				256	0,314	2084	21781	292	3533		
Mai	27	4				260	0,369	3339	25120	277	3810		
Juni	28	2				262	0.382	3772	28892	136	3946		
zu übertragen	465	262	3	4	–	267	5,245	28892	28892	2973 2973	3946		

Anmerkung: Bei Zuführung eines Fahrzeugs zum RAW sind die Bw-Kosten, soweit hierzu der Gemeinkostenzuschlag noch nicht bestimmt ist, mit dem zuletzt gültigen Gemeinkostenzuschlag zu berechnen.

◁ **Bild 190**
Durchaus fleißiger Arbeitsnachweis! Regelmäßig gebraucht wurde **E 69 01** auch in den späten vierziger Jahren. Auch ein Blick auf die Ausbesserungskosten lohnt sich und zeichnet das Bild einer sparsamen sowie zuverlässigen Lok.

ABBILDUNG: SAMMLUNG BERND MÜHLSTRASSER

1948

Offensichtlich hatte die Ammertalstrecke bereits wenige Jahre nach dem Zusammenbruch des Dritten Reichs wieder eine hohe Alltagsfrequenz erreicht. Obwohl das Zugangebot im Reiseverkehr noch überschaubar war, rollten die 69er mit insgesamt über 1.500 Einsatztagen pro Jahr über die Oberammergauer Linie. Da die „Großen“, also die Loks E 69 02 – 05, in diesem Jahr keine großen Hauptuntersuchungen zu durchlaufen hatten, war die E 69 01 nur im ersten Halbjahr noch vermehrt, dann etwas weniger im Einsatz. Lediglich drei einzelne Schadtage schlugen kaum spürbar zu Buche.

1949

Dagegen zogen die Leistungen, vor allem auch die absolvierten Laufkilometer im letzten Jahr der vierziger Dekade wieder spürbar an. Mit 24.257 km Jahresleistung erreichte die Lok den höchsten Wert ihrer dokumentierten Einsatzphase. Ein Durchschnittswert von 92 km pro Einsatztag belegt, dass die Lok im Durchschnitt vier Züge je Einsatztag durchs Ammertal zog. Natürlich profitierte „Kathie“ davon, dass E 69 02, 03 und 04 in diesem Jahr jeweils mehrwöchige E3-Hauptuntersuchungen in Murnau absolvierten und somit nicht im Streckendienst waren. Doch was würde das helfen, wenn die E 69 01 nicht mehr in der Lage gewesen wäre, diese Anforderungen zu erfüllen? Aber auch unter diesen Anforderungen schnurrte die Kleine zuverlässig und trug in diesem Jahr sage und schreibe einen einzigen Schadtag in die

△ **Bild 191** • Die Steuerwalze unter dem Handhebel im Führertisch. Die siebte Anzapfung war nie belegt. Aufnahme: Bernd Mühlstrasser

△ **Bild 192** • Im hinteren Vorbau waren die sechs Schützenelemente untergebracht. Aufnahme: Bernd Mühlstrasser

Statistik ein, Der Betrieb mit 265 Einsatztagen schlug beim Bw Murnau mit – erstmals in Deutsche Mark (DM) erfassten – Gesamtkosten von 3.234 DM zu Buche.

1950

Für das Ammertal stand mit diesem Jahr ein „großes Ereignis" ins Haus – die ersten Passionsspiele nach dem Zweiten Weltkrieg, welches die erste Massenveranstaltung für die Bundesrepublik Deutschland mit über einer halben Million Besuchern darstellte. Viele davon reisten mit der Bundesbahn über die Oberammergauer Strecke an und ab. Eine große Last dieser Aufgabe trugen die zugeteilten Dampfloks der Baureihe 64. Jedoch waren die E 69 im regulären Personen- und Güterverkehr ebenso unentbehrlich, wie für Sonderleistungen und Schubdienste. Im Merkheft zur Durchführung des Passionsspielverkehrs findet auch E 69 01 Erwähnung: Unter „Zugförderung" werden fünf E 69 (01-05) zur Durchführung der verstärkten Nebenbahnzüge (Kp) und Güterzüge genannt. Explizit wird dargestellt, welche Zuglasten E 69 01 zusammen mit einer Schublok der Baureihe 64 (Pt35.13)in beiden Richtungen bespannen darf: Last 215 t, Grenzlast 226 t. Für die Schwestern 02 – 04 lag dieser Wert bei 240 t, mit Grenzlast 252 t und die 05 durfte 295 t mit 310 t Grenzlast satteln. Ein kleiner Hinweis darauf, dass die Leistungsfähigkeit, die man der 01 bescheinigte, keineswegs deutlich unter denen der 02 – 04 lag. Doch nicht nur in dieser Dienstordnung tauchte die „Einser" auf, erstmals wurde ihr in den Umläufen des Sommers 1950 und des Winters 1950/51 ein eigener Lauftag reserviert. So erforderte der verstärkte Passionsverkehr im Sommer einen Rangierdienst von 7.30 – 16.40 Uhr im Lokalbahnhof Murnau. Diesen Plantag behielt man auch nach der Passion bei und erwartete dabei auch die fabelhaft klingende Kilometertagesleistung von 71 km. Letztlich war es in Murnau aber immer egal, welche Laufpläne erstellt wurden. Es gab einfach mal fünf Loks und eine entsprechende Anzahl von Zugleistungen, welche dann sinnvoll und nach Verfügbarkeit bespannt wurden. Der Vermerk „E 69 05 nur für Güterzüge" wurde permanent missachtet.

Kurz vor Beginn der Passionsspiele wurde bei E 69 01 im Auftrag des EZA München ein Lichttransformator eingebaut sowie die entsprechenden Kabel-Kupplungen an den Vorbauten angebracht. Dies erfolgte im Frühjahr 1950 bei allen E 69, um so die alten Zuggarnituren ab sofort über die Lok mit Lichtstrom zu versorgen.

Wertschätzung also auch für Lok 1, die entsprechend in diesem Jahr mit 289 Einsatztagen eine formidable Einsatzbilanz nachweisen konnte. Die Statistik weist ihr dabei zehn Schadtage aus, wobei neun auf den Einbau des Gleichrichters gehen, letztlich brillierte die Maschine mit erneut nur einem einzigen Schadtag (im Februar.)

△ **Bild 193** • Schlicht war der Führerstand der „Einser". Im Vordergrund die 6-stufige Schützensteuerung per Handhebel, zwei Strommessgeräte und die dominierende Wurfhebelbremse. Im Hintergrund hat die elektrische Ausrüstung schon den Platz eines Seitenfensters eingenommen. Aufnahme: Ernst Schörner

1951

Wenn auch leicht abgeflacht, so fuhr die „E 69-Oma" im dritten Jahr in Folge hohe Einsatztage und passable Laufkilometer ein. Angesichts der Tatsache, dass sie von Mai bis August 1951 eine umfassende Hauptuntersuchung E4 im „AW" Murnau erhielt und am 18. August 1951 frisch lackiert wieder in den Dienst zu-

Bild 194 ▷
Ein Dach über dem Kopf gab es nur, wenn im Bw Murnau eine Ausbesserung oder Untersuchung anstand. **E69 01** wartet Anfang der fünfziger Jahre im Lokschuppen auf eine Fristuntersuchung.

Aufnahme: Sammlung Bernd Mühlstrasser

rückkehrte, machen sich 209 Einsatztage hervorragend. Dies war tatsächlich nur deswegen möglich, weil die Lok im Januar, Februar, März und September an allen Tagen im Einsatz stand. Erst mit dem Spätherbst sanken ihre Beschäftigungstage. Neue Hauptuntersuchung und hohe Einsatzfrequenz zeigten aber auch in diesem Jahr: die Lok war wesentlich mehr als ein „Nice-to-have" auf dem Hof. Und dennoch, 1951 sollte das letzte Jahr werden, in dem die mittlerweile 46 Jahre alte Lok noch in der „ersten Liga" mitspielte. Für die Oberammergauer Bahn taten sich Veränderungen auf: Die Systemumrüstung wurde verstärkt diskutiert, die Zugleistungen im Reisezugverkehr wurden ausgedünnt und auch die Güterleistungen litten unter dem Druck der Straße. Der Wind wehte rauer im Ammertal und blies nun auch der guten alten 01 ins hübsche Gesicht.

1952

Im Laufe des Jahres 1952 gerät die bisher heile Welt für E 69 01 ins Wanken. Natürlich ohne Mithilfe der Lok, denn die fuhr nach wie vor Uhrwerksgleich … oder sind drei Schadtage etwa ein Makel? Angesichts der Verkehrsrückgänge sank in diesem Jahr ihre Einsatzbilanz auf 147 Tage, also auf ein Niveau, wie vor den letzten „wilden" Jahren. Aber am 24. Oktober 1952 saßen im Referat 25 der BD München Herren der Transportleitung zusammen und

Bild 195 ▷
Im Oktober 1952 posiert **E 69 01** bestens gepflegt im Bw Murnau für die hohen Herren, die über das weitere Schicksal der E69 entscheiden sollten. Leider konnte sie die Truppe nur kurz von ihrer Zukunft überzeugen.

Aufnahme: A. Dormann, Sammlung W. Löckel

△ **Bild 196** • Bis zur Aufarbeitung als Museumslok überbrückte **E69 01** die Zeit im Freigelände des AW Freimann. Im Herbst 1955 erhielt sie dabei Gesellschaft von den polnischen 3 Kv-Gleichstromloks EL 102, 104 und 105. Diese 1935/1936 für die private Elektryczne Koleje Dojazdowne (EKD) gebauten Maschinen gelangten in die Hände der Wehrmacht und sollten nach Italien gebracht werden. Letztlich strandeten sie zum Kriegsende in der Direktion Augsburg. Bevor sie 1958 verschrottet wurden, trafen sie in Freimann auf unsere E 69. AUFNAHME: HANS-REINHARD EHLERS, SAMMLUNG BRIAN RAMPP

planten die Zukunft der Baureihe E 69. Der Umbau der Strecke ins Ammertal auf das reguläre Stromsystem hatte bereits begonnen und damit war klar, die E 69 würde ihr Alleinstellungsmerkmal und damit ihr exklusives Refugium verlieren. Und die Herren in München planten nicht weiter mit E 69 01 bis 04 im Ammertal, sahen aber im Bereich der BD München weiterhin Bedarf für leichte Rangieraufgaben. Die Verantwortlichen beschlossen den Tag mit der Anweisung: „Wir bitten den Umbau auf 15 kV bei der E 69 05 für den Streckendienst und der E 69 01 bis 04 für den Rangierdienst zu genehmigen". Dieser sollte mit der Kompetenz und Arbeitskraft des Bw Murnau erfolgen.

1953

In den Büros wurde weiter um die Zukunft der E 69 beraten und gerungen. Noch im Juni des Jahres 1953 setzte sich die HVB Offenbach dafür ein, alle „kleinen" E 69 als Rangierloks umzurüsten, und damit Ende 1953 mit Umstellung der Strecke auch unverzüglich zu beginnen. Doch die Umrüstung der Ammergauer Bahn auf 15 kV verzögerte sich. Im Herbst verließ E 69 05 ihre Familie, um sich für die Zukunft zu wappnen, während 01 – 04 weiterhin den Verkehr stemmten. E 69 01 hatte sich dabei nichts vorzuwerfen, nahm sich erneut nur einen Schadtag, war aber dennoch nur noch an 85 Tagen im Einsatz. Jeden Monat vertrat sie ein paar Tage lang ihre Schwestern, nur im November ließ sie es mit 23 Einsatztagen nochmal so richtig krachen. Es sollte ihr letzter starker Auftritt werden. Ihr Totenglöckchen war schon geläutet, genauer am 20. August 1953. Da wurde nämlich in der Betriebsleitung Süd auf Anfrage entschieden, „vom Umbau der E 69 01 wegen der ungenügenden Leistung und des hohen Alters abzusehen". Im Bericht wurde die Lok als „völlig überaltert" bewertet. Man hob dabei auf den Umstand ab, dass die E 69 01 als einzige Lok in den dreißiger Jahren keine grundlegende Überarbeitung erfahren hatte. Anders als bei den Schwesterloks, wurden Hauptbauteile nicht durch Einheitsbauteile ersetzt – die Lok fuhr quasi noch im Ursprungszustand und war damit technisch nicht nur vier Jahre älter als die 02, sondern effektiv fast 30 Jahre „zurück". Nun hatte sie das im Betrieb die letzten Jahre nicht negativ merken lassen, aber natürlich stand sie nun vor einer zu großen Hürde. Der Umbau auf 15 kV würde bei ihr nicht nur eine „Anpassung" von Trafo und Schaltwerk erfordern, sondern den Einbau von Austausch-Komponenten. Während man bei E 69 02 und 03 mit Umrüstungskosten von 15.000 DM kalkulierte, rechnete man bei E 69 01 mit über 100.000 DM. Wobei man leider auch mit falschen Zahlen hantierte. In den Untersuchungsberichten war die Rede davon, dass die Lok nur eine Wurfhebelbremse hätte und somit auch die Bremsanlage völlig neu konzipiert werden müsste. Dies war falsch, die Lok fuhr schon lange mit einer Westinghouse-Luftbremse durch die Lande. Letztlich wird dies aber nicht den Ausschlag gegeben haben. Im Herbst 1953 wurde der Daumen gesenkt – die letzten Tage der ersten Wechselstromlok waren angebrochen.

Bereits im gesamten Jahr 1953 zahlte die 01 schon den Preis für gesunkene Beförderungszahlen auf der Stammstrecke und die in Warteschleife geschickte Zukunftsplanung der gesamten Baureihe. Die Schwesterloks erhielten keine grundlegenden Untersuchungen mehr, fielen daher nicht mehr längerfristig für Untersuchungsarbeiten aus, sondern blieben im Dienst. Nur an E 69 02 erfolgte noch eine notwendige, jedoch eingeschränkte Hauptuntersuchung. Die Umbauarbeiten an der Strecke erforderten Betriebseinschränkungen und Streckensperrungen, auch dadurch reduzierte sich der Bedarf für eine fünfte Lok. So kam E 69 01 nur im Sommer nochmals zu zweistelligen Einsatztagen. Nach Abgang der E 69 05, die bereits auf 15 kV, 16 2/3 Hz umgebaut wurde, benötigte das Bw Murnau die E 69 01 im November 1953 dann aber nochmals für 23 Einsatztage, dem höchsten Wert seit mehr als zwei Jahren. Die knapp 2.000 Laufkilometer wurden auch in diesem Monat störungsfrei absolviert.

1954

Solche „Höhepunkte" waren 1954 nicht mehr zu erwarten. Im Gegenteil, die Lok war schon in der Verlängerung, denn eigentlich sollte die Heimstrecke schon umgestellt und die Lok bereits abgestellt sein. Aber ein halbes Jahr Schonfrist blieben noch, bis die Arbeiten tatsächlich abgeschlossen waren. Wortwörtlich sichtbares Zeichen der Veränderungen gab es schon zum Jahresbeginn: An der Lok wurde ein neues Bw-Schild montiert: Bislang „lebenslang" Murnau wurde durch Bw Garmisch ersetzt. Zusammen mit E 69 04 und 05 wechselte sie am 01. Januar 1954 buchmäßig dorthin, ohne jemals „persönlich" dort hingelangt zu sein.

Die Einsätze der alten Lady waren nun völlig überschaubar: vier Tage im Januar, kein einziger Einsatz im Februar und auch nur drei im März. Ein letztes Ausrufezeichen dann noch mit elf Tagen im April, die alte Dame durfte nochmals ein wenig mitmischen. Der Mai brachte noch fünf Einsatztage und der Juni, letzter Monat im 5 kV-Betrieb nach Oberammergau, bescherte ihr immerhin nochmals ehrenvolle – vielleicht bewusst angesetzte – vier letzte Einsätze. Am 21. Juni 1954 absolvierte die Lok dann ihre allerletzte Fahrt – 49 Jahre nach der Premiere als erste Vollbahn-Wechselstromlok im Planbetrieb bügelte sie an diesem heißen und sonnigen Sommertag ein letztes Mal in ihrer Heimat-Dienststelle ab. Eine Ära war zu Ende.

Die Mitarbeiter der Murnauer Werkstätte stellten die Lok, und wenige Tage später dann auch die anderen drei E 69 02 – 04, im Außenbereich des Bahnbetriebswerks ab. Alle vier wurden am 1. Juli 1954 auf z-gestellt. Manchmal wiehert der Amtsschimmel aber länger, als die Pferde leben: So erhielt E 69 01 im August 1954 tatsächlich noch die Fristverlängerung ihrer nächstfälligen Hauptuntersuchung bis 17. Juli 1955. Dieser statistische Gnadenakt konnte jedoch ihr Schicksal nicht mehr abwenden – am 25. November 1954 wurde die Lok, entsprechend Verfügung HVB 25.252 FKle 69 vom 16. September 1953, ausgemustert.

Die Lok war bereits einige Tage zuvor über das Bw München Hbf, ins AW Freimann gebracht worden. Dort wusste man bereits, dass die Lok als Denkmal-Lokomotive erhalten bleiben sollte. Daher wurde sie dort geschützt abgestellt, denn über das „Wie" als Museumsstück musste erst noch abschließend entschieden werden.

Der erstmalige Blick auf die letzten Einsatzjahre der E 69 01 haben der Lok nun ein „Gesicht" gegeben. Über all die Jahre war auch die „kleine" E 69 ein wichtiger Bestandteil der Lokfamilie. Sie stand nicht im Vordergrund der Betriebsabwicklung, aber spielte über lange Zeit dennoch eine wichtige Rolle. Bemerkenswert dabei ist in jedem Falle: die Lok war immer bereit, nahezu störungsfrei und ohne permanent sich wiederholende „Wehwehchen" unterwegs. Aus den Unterhaltungsunterlagen lässt sich keinerlei Schwachpunkt oder Achillesferse der Lok heraus interpretieren. Ihr Stellenwert innerhalb der Lokfamilie dürfte daher makellos gewesen sein: Attribute wie „altersschwach, nicht mehr gewachsen, kaum mehr im Einsatz" sollten daher ab sofort aus jeder E 69 01-Biografie gestrichen werden. Die Lok ist vielmehr, um es in Worten unserer Zeit zu sagen, ein stets zuverlässiges „Backup" für die Schwesterloks gewesen. Eine rundum sympathische „Katharina"!

▽ **Bild 197** • Am 1. Dezember 1954, sechs Tage nach ihrer Ausmusterung , erreicht **E69 01** das AW Freimann. AUFNAHME: WERKFOTO AW FREIMANN

1954: Ende der Lokalbahn-Romantik

Das Jahr 1954 begann mit einer Zäsur: Das zur Auflösung vorgesehene Bw Murnau gab buchmäßig am 1. Januar 1954 die Loks E 69 01, E 69 04 und E 69 05 nach Garmisch ab. Für die E 69 01 und E 69 04 war dies aber nur auf dem Papier der Fall und auch wenn schon neue Schilder an den Loks angebracht waren, verblieben sie in Murnau. Für E 69 05 bedeutete dies aber tatsächlich den Umzug nach Garmisch.

Nachdem sich die Umstellung der Oberammergauer Strecke weiter verzögerte, sollte durch die Stationierung der Lok 05 im Bw Garmisch eine bessere Auslastung der umgebauten Maschine erreicht werden. Zunächst kam die Lok auch etwa jeden zweiten Tag zu einigen Rangieraufgaben nach Garmisch, im April und Mai 1954 jedoch blieb die Lok ungenutzt im Bw abgestellt. Doch endlich näherten sich die Arbeiten zur Systemumstellung der Heimatstrecke dem Ende zu und am 27. Juni 1954 war dann auch E 69 05 wieder in ihrer gewohnten Umgebung zu finden. Die Strecke wurde an diesem Tag auf das bundesbahnübliche Stromsystem umgestellt. E 69 05 übernahm, zusammen mit E 62 01 und dem ET 85 23, den Betrieb ins Ammertal. Während die „Fünfer", früher als ungeliebte Schaukellok möglichst nur für den Güterzug verwendet, auf der Oberammergauer Strecke nun nahezu täglich zu hohen Laufleistungen kam, rollten in den Abendstunden des 26. Juni 1954 die E 69 01 (letzter Einsatztag 21. Juni 1954), 02, 03 und 04 auf die Bw-Freigleise in Murnau und sahen zu, wie nebenan andere Maschinen die ihnen für Jahrzehnte angestammten Dienste versahen.

Für Wochen standen die alten LAG-Maschinen noch in Murnau, dies seit dem 1. Juli 1954 als z-Loks. Das sorgte bei der HVB aber keineswegs für Begeisterung. Sie hatten bereits den Umbau von E 69 02 – 04 angeordnet, doch die BD München war skeptisch. Die als Ersatz vorgesehene E62 01 hatte sich bereits als völlig ungeeignet herausgestellt. Sie hatte damit ihr Lokleben verwirkt und wurde 1955 endgültig als letzte ihrer Baureihe ausgemustert. Die ET 85 wussten ebenfalls nicht zu überzeugen und bange blickte man auf den nahenden Winterbetrieb. In München wartete man noch ab, ehe man sich an den E 69 01-04 baulich vergreifen wollte. Brauchte man sie eventuell reumütig kurzfristig nochmals im alten 5 kV-Modus, um den Betrieb stabil zu halten?

Die HVB knallte daher am 20. November 1954 mit der Faust auf den Tisch: Sollten die alten E 69 tatsächlich wieder im Ammertal benötigt werden, dann aber umgebaut auf das übliche Stromsystem! Die ausstehende Entscheidung über den Fahrzeugeinsatz nach Oberammergau dürfe nicht zum Anlass genommen werden, die angeordnete Umrüstung zurückzustellen, sondern im Gegenteil, diese zu forcieren! Erschrocken von dieser klaren Ansage regierte man in der BD München umgehend. Schon am 25. November 1954 hatten die stillgelegten Loks Murnau verlassen und liefen im Ausbesserungswerk ein. Wenige Tage zuvor war bereits E 69 01 abgefahren worden, erreichte aber erst nach einigen Tagen Aufenthalt im Bw München am 1. Dezember 1954 das Ausbesserungswerk München-Freimann. Für die Lok die letzte Reise, denn schon am 25. November 1954 wurder hinter die Lokgeschichte dieser ersten Vollbahn-Ellok für Wechselstrom der Schlussstrich nach 49 Betriebsjahren gezogen. Die Lok blieb zunächst hinter der alten Abnahmehalle abgestellt. Angesichts der großen Bedeutung des Lokzwerges für die elektrische Triebfahrzeuggeschichte wollte man die Lok nicht verschrotten. Vielmehr erfolgte eine Zurückversetzung in den Zustand als LAG 1, und die Lok konnte Ende der fünfziger Jahre im AW Freimann als Denkmal aufgestellt werden (siehe hierzu das Kapitel „Verlängerung").

Von den „Überlebenden" wurde zunächst E 69 02 in Angriff genommen. Der Transformator musste für die Spannung von 15 kV umgewickelt und die Hochspannungseinrichtungen angepasst werden. Der alte Stromabnehmer, welcher eine Sonderbauart darstellte, wurde gegen einen SBS 9,

▽ **Bild 198** • Erstmal Schluss für die alten Lokalbahn-Maschinen: Wenige Tage nach der Systemumstellung stehen **E 69 04** und **02** „ganz hinten" im Bw Murnau – die Zukunftsplanung sieht keine Rückkehr in den Ammergauer Zugdienst mehr vor. Aufnahme: Sammlung Brian Rampp

△ **Bild 199** • Vermutlich als letzte Lok eingesetzt, steht **E 69 03** im Juli 1954 ein paar Meter weiter am Lokschuppen, auch sie wird nicht mehr gebraucht.
Aufnahme: Sammlung Brian Rampp

den bundesbahntypischen Altbaulok-Bügel, getauscht. Auch die Heizkupplungen wurden abgeändert. So verließ die Lok am 18. März 1955 erstmals aus eigener Kraft das Münchner Ausbesserungswerk. Die Systemumrüstung kostete lediglich rund 20.000 DM. Die Lok war nun im gesamten elektrifizierten DB-Netz einsatztauglich und kehrte erstmal zum Bw Garmisch, dem sie ja bereits am 14. April 1954 zugeschlagen worden war, zurück. Sie verblieb aber in ihrer alten Heimat Murnau. Hier sollte sie als Unterstützung für E 69 05 einspringen können, nachdem E 62 01 wegen ihrer Untauglichkeit die Karriere auf der Ammergauer

▽ **Bild 200** • Reisefertig „verpackt" hat das Bw Murnau seine alten Haudegen **E 69 01**, **03**, **04** und **02** am 6. November 1954 am Einfahrtsignal von Murnau Ort abgestellt. E 69 01 wird als erste abgefahren, bald folgen ihr die drei Loks mit Zukunftsvision ins AW Freimann.
Aufnahme: Dr. Günther Scheingraber / Ek-Verlag

△ **Bild 201** • Gewohnte Szenerie am 6. März 1959 in Altenau. Dorfkirche, Dorfschule, Dorfbahnhof – welch beschauliche Stimmung in den „Fünzigern".
AUFNAHME: GERD WOLFF, SAMMLUNG EISENBAHNSTIFTUNG

Bahn beenden musste. E 69 02 knüpfte, obwohl eigentlich nicht mehr für das Ammertal eingeplant, auch sogleich an den Fleiß der alten Tage an und war bereits im April an allen 30 Tagen im Dienst, leistete dabei mit 8.718 Laufkilometern den höchsten von einer E 69 erreichten Monatswert! Gleichzeitig war auch E 69 05 an 25 Tagen im Einsatz, sodass im Ammertal erneut vor allem E 69 den Zugverkehr beherrschten. Am letzten Tag des Monats mischte dann auch E 69 03 wieder im Revier mit, denn mit dem 28. April 1955 hatte auch sie das AW Freimann umgebaut verlassen. Sie erhielt ebenfalls eine neue Trafowicklung und weitere Anpassungsarbeiten, zusätzlich wurde die Bordanlage samt Sifa und Batterie von 6 V auf 24 V umgebaut.

Noch einige Tage länger, nämlich bis zum 13. Mai 1955, dauerten die aufwendigeren Arbeiten an E 69 04. Dabei wurde, wie geplant, der alte und bekanntermaßen überforderte Trafo nicht weiterverwendet, sondern ein Austauschtrafo verbaut. Dieser wurde aus dem Triebwagen ET 56 002a entnommen, wofür die Aufhängungen abgeändert werden mussten. Damit konnte die Schützensteuerung nun um eine weitere Fahrstufe, die neunte, ergänzt werden. Auch bei E 69 04 erfolgte die Umstellung der Bordstromversorgung auf 24 V.

1955: Vagabunden-Jahre

Als die vier verbliebenen E 69 nun Mitte Mai 1955 wieder vollzählig dienstbereit waren, hatte sich die kurze April-Blüte auf der Bahn nach Oberammergau allerdings schon wieder in die Laufplan-Realität zurückentwickelt: Nur E 69 05 kam täglich zum Einsatz, die „Zweier" noch an zwölf Tagen und für die 03 und 04 hatte die Murnauer Einsatzstelle gar keine Verwendung mehr. Warum kehrten die umgebauten Loks überhaupt nochmal kurz nach Murnau zurück, obwohl die langfristige Planung doch in eine andere Richtung ging?

Eine Übernahme des Gesamtverkehrs zwischen Murnau und Oberammergau durch die E 69 war nicht vorgesehen, und somit waren die frisch umgebauten Loks in ihrem alten Revier eigentlich überflüssig. Der Maschinendienst der BD München hatte daher ab Fahrplanwechsel am 24. Mai 1955 für zwei Loks neue Aufgaben vorgesehen: E 69 03 und 04 verließen am Tag zuvor ihre alte (und kurzzeitig wieder neue) Heimat und fuhren über München nach Rosenheim. Dort trennte sich E 69 04 von ihrer Schwesterlok und fuhr weiter bis Freilassing. Dies also waren nun die neuen Heimat-Dienststellen der Loks – ob diese dort mit offenen Armen empfangen wurden, ist nicht bekannt.

Diese nun schon seit zwei Jahren vorgeplante „neue" Zeit war nur eine sehr kurze, denn bereits am 20. Juni 1955 verließ E 69 04 Freilassing wieder, hatte dort gerade mal zehn Arbeitstage verbuchen können und ersetzte in Rosenheim E 69 03, die dort immerhin auf 14 Einsätze gekommen war und dabei etwa 1.000 km leistete. Buchmäßig verblieb die 03 noch bis zum 4. Juli in Rosenheim, traf sich mittlerweile aber schon mit ihrer Zwillingsschwester 02, die nun auch noch aus Murnau abberufen wurde, in München Ost, wo beide Maschinen bis Mitte Juli eine Rangierfunkeinrichtung erhielten.

Zum Stichtag am 5. Juli 1955 regelte sich die Verteilung der Loks nach diesem wenig planmäßigen Hin und Her neu. E 69 04 kehrte wieder zum Bw Garmisch, Außenstelle Murnau, also in die gewohnte Heimat zurück, nachdem sie in Rosenheim auch nur an vier Tagen in Dienst stand. Sie sollte nun wieder auf ihrer alten Stammstrecke zum Einsatz kommen und dabei E 69 05 in ihren Diensten unterstützen.

Für E 69 02 und 03 aber war großer Tapetenwechsel angesagt: Der alte Kopfbahnhof in Heidelberg war in jahrelanger Bauzeit verlegt und als neuer Durchgangsbahnhof an das elektrische Netz angeschlossen worden. Auch im Rangierbereich wollte man daher auf Dampfloks weitgehend verzichten und so entschloss sich die Bundesbahn, die beiden baugleichen und leistungsfähigen E 69 02 und 03 an den Neckar zu versetzen. Dies wird im separaten Kapitel zu den Heidelberger Jahren ausführlich dargestellt.

Dagegen kämpften die beiden E 69 04 und 05 mit zunehmender Konkurrenz durch die ET 85. Bis zum Winterfahrplan 1956/57 waren noch etwas mehr als

△ **Bild 202** • Trotz der Konkurrenz durch Triebwagen hielt **E 69 05** auch im März 1959 die „Lokalbahn-Welt“ am Leben. So hat sich mit dem abfahrbereiten Personenzug im Lokalbahnhof Murnau und der klassischen Zweiachser-Garnitur überhaupt nichts an dem Bild der letzten 30 Jahre geändert. Nur der abgestellte ET85-Beiwagen vor der Lagerhalle verrät die neue Zeit. Das Hotel Wehe dagegen thront noch immer über der Szenerie und war vielleicht das ideale Ziel für manchen Eisenbahnfreund der fünfziger Jahre.
Aufnahme: Gerd Wolff, Sammlung Eisenbahnstiftung

200 km, also acht Züge auf der Bahn nach Oberammergau für eine Lok eingeplant, doch ab Sommer 1957 beschränkten sich die E 69-Dienste lediglich auf den werktäglichen Güterzug. Zwar wurden die Loks gerne für alle anfallenden Sonderarbeiten auf ihrer Heimatstrecke, vom Arbeits- bis zum Zirkuszug und auch weiterhin für den Schadwagenverschub im Bereich der Werkstätte Murnau verwendet, doch konnte dies die beiden Maschinen kaum vernünftig auslasten. So stand vor allem E 69 04 in diesen Jahren mehr herum, als dass sie zum Einsatz kam (1957 z.B. 136 Einsatz- und 179 Kalt-Tage). Ab Herbst 1958 konnten aber wieder zusätzlich zum Güterzug vier Personenzüge bespannt werden, weiterhin leistete eine E 69

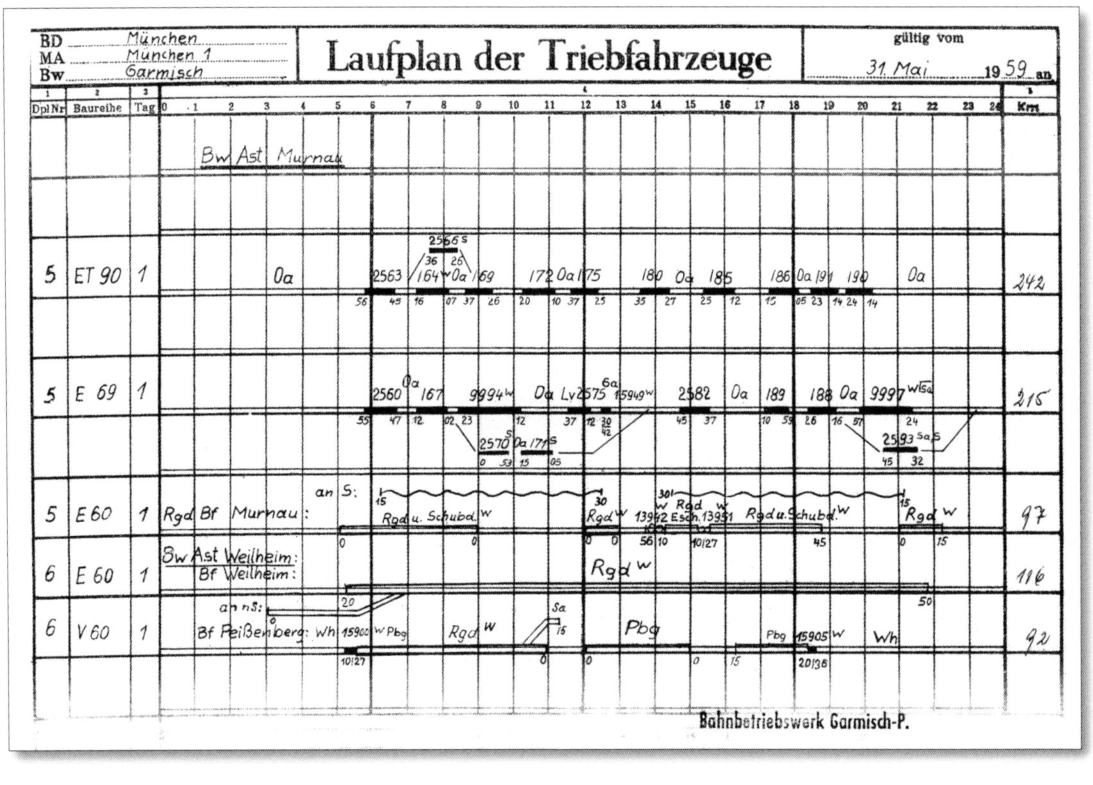

Bild 203 ▷ Umlaufplan für den Mischbetrieb aus ET 90 und E 69 im Sommer 1959. Interessant der Leervorspann der E 69 vor ET 90, leider ohne fotografische Dokumentation.

Abbildung: Sammlung Heinz Skrzypnik

△ **Bild 204** • Ein neuer Hingucker im Ammertal! **E 69 05** ist im Winter 1960 erstmals mit rotem Farbkleid anzutreffen. Ein erstes Foto gelingt mit dem Güterzug auf Gleis 1a in Oberammergau. AUFNAHME: DR. GÜNTHER SCHEINGRABER / EK-VERLAG

einem ET 90 vor dem Personenzug 2575 Leervorspann. So lief eine Lok der Baureihe E 69 wieder in einem Plandienst mit über 200 Laufkilometern, ein Niveau, das bis zum Mai 1960 gehalten wurde.

Lebte die E 69-Familie nun in zwei sehr konträren Welten, steht dennoch ein Akt der „Familienzusammenführung" in der E 69-Chronik, der wegweisend für die große Beliebtheit der E 69 bei den Eisenbahnfreunden speziell in den siebziger Jahren werden sollte. Im Herbst 1959 trafen die Schwestern E 69 03 als Heidelberger und E 69 05 als Garmischer Lok im AW Freimann aufeinander. Beide Maschinen waren zur Hauptuntersuchung fällig und verließen gemeinsam, wenn auch mit unterschiedlichem Reiseziel, am 8. Dezember 1959 das Ausbesserungswerk. Entsprechend der damals neu festgelegten Praxis, elektrische Rangierloks in Rot zu lackieren, erhielten beide Maschinen ein neues, rotes Farbkleid mit gelbem Zierstreifen.

Somit waren beide Lok-Paare in Heidelberg und Garmisch nun mit zwei verschiedenen Farbversionen ausstaffiert, mit jeweils den noch grünen E 69 02 und 04 und den beiden neu in Rot lackierten Loks. Diese bunte Mischung machte von nun an den Reiz der E 69-Familie aus, war zu diesem Zeitpunkt aber rein zufällig, was die Auswahl der Maschinen betraf. In den Folgejahren standen keine E3-Revisionen mehr auf dem Programm, sodass ein durchaus möglicher Farbwechsel der grünen Maschinen unterblieb, und später hatte wohl auch die DB Gefallen an der Vielfalt gewonnen und unterließ einen weiteren Wechsel. Dies war eigentlich von keinem Regelwerk gedeckt!

▽ **Bild 205** • In Unterammergau stellt die schicke Neu-Rote anschließend einen offenen Güterwagen auf dem Gleisanschluss der HU (Holzindustrie Unterammergau) zu. AUFNAHME: DR. GÜNTHER SCHEINGRABER / EK-VERLAG

Heidelberger Rangierzwerge auf Erfolgskurs

Während die fünf E 69 Anfang der fünfziger Jahre noch unbeschwert durch das Ammertal wieselten, ahnte man noch nicht, dass auf den Schreibtischen verschiedener Bundesbahn-Dezernate bereits über das weitere Schicksal der Loks „verhandelt“ wurde. Liefen doch bereits erste Arbeiten zur Umstellung des 5 kV-Inselbetriebes der Oberammergauer Strecke auf das reguläre Stromsystem der DB. Damit würden die Lok-Pioniere nicht nur ihren exklusiven Status als einzige einsetzbare E-Lokbaureihe verlieren, sondern vielleicht auch überhaupt ihre Existenzbegründung.

Bald schon deuteten die Planungen aber auf den Weiterbetrieb der Lokzwerge hin. Diese war jedoch nicht mehr im Ammertal vorgesehen, sondern in Form leichter Rangier- und Arbeitszugeinsätze in den Heimatdienststellen Freilassing, Rosenheim und München Ost.

Kurzfristig kamen E 69 in Freilassing und Rosenheim auch zum Einsatz, doch ergab sich nach der um fast zwei Jahre verzögerten Systemumstellung in Murnau mittlerweile auch ein völlig neues Betätigungsfeld: Der alte Kopfbahnhof in Heidelberg wurde am 5. Mai 1955 durch einen neuangelegten, elektrifizierten Durchgangsbahnhof ersetzt. Da auch der Rangierdienst elektrisch abgewickelt werden sollte, kamen die arbeitslos gewordenen E 69 gerade recht! So zog man die Rosenheimer E 69 03 und die nach Murnau zurückgekehrte E 69 02 von ihren Aufgaben ab und bereitete sie durch den Einbau von Rangierfunk, äußerlich erkennbar an der dosenförmigen Antenne auf dem Dach, im Bw München Ost für ihre neuen Aufgaben vor.

Am 15. Juli 1955 trafen die Ammertaler Lokzwerge schließlich in Heidelberg ein und riefen sicherlich beim vorbestimmten Personal erstmal reichlich Kopfschütteln aus. Mit diesen Miniloks wollte man nun

△ **Bild 206** • Für zwei E 69 war ab 1955 Tapetenwechsel angesagt: Rund um die Uhr Rangierdienst in Heidelberg! Im Sommer 1956 präsentiert sich **E 69 02**, mit Ausnahme der Rangierfunkantenne noch ganz im gewohnten „Localbahn"-Zustand, auch die zusätzliche Lichtkupplung ist noch montiert. AUFNAHME: KARL WALBRACH

▽ **Bild 207** • **E 69 03** zeigt sich hier noch im „Murnauer Dress", auch der Stromabnehmer ist noch nicht umgerüstet. Neu dagegen die langen Zuggarnituren, die die kleinen Loks nun zu bewältigten hatten. Am 22. Juli 1956 kreuzt die Rangiergarnitur genau jene Weichenverbindung, auf der die Lok einige Jahre später das Kräftemessen mit einer P8 verlieren sollte. AUFNAHME: CARL BELLINGRODT / EK-VERLAG

△ **Bild 208** • In ganz neuer Gesellschaft bewegt sich **E 69 03** nun in Heidelberg: Mit 92 311 dampft eine der kurzfristigen Rangier-Vertretungen vor einem Güterzug, während die E 18 010 in einer anderen Liga spielt. Heidelberg Postbahnhof, 26. Oktober 1957. AUFNAHME: HELMUTH RÖTH, SAMMLUNG EISENBAHNSTIFTUNG

also fast rund um die Uhr den Rangieraufwand eines Hauptbahnhofes bewältigen? Vielleicht war es ganz gut, dass zunächst mal nur mit dem Umsetzen von Kurs-, Post- und Paketwagen gerechnet wurde.

Dies sollte sich bald ändern, aber zunächst schien das Programm überschaubar. Einer der Stammlokführer, Hr. Jackisch, hatte noch beim RAW Tempelhof gelernt und für das Bw Berlin Anhalter Bahnhof auf schweren Schnellzugdampfloks Dienst getan, nun war es an den kleinen Oberbayerinnen, seine Sympathien zu gewinnen …

Zumindest E 69 03 konnte auch sofort in den Rangierdienst geschickt werden. Durch ihren Wechsel-/Gleichstromumformer mit 24-V-Bordnetz war sie unmittelbar einsatzfähig, der Röhrenfunk wurde nicht gestört. Schnell überzeugte sie das Personal durch zuverlässige und unerwartet hohe Leistungsbereitschaft. Dagegen war E 69 02 mit ihrem alten 6-V-Netz noch nicht uneingeschränkt einsatzfähig und diente erstmal nur als Reserve.

Am 5. August 1955 begann dann im Bw Heidelberg unter Regie eines oberbayerischen „Landsmanns", Werner Streil (Werkmeister), die erneute Anpassung von E 69 02 an die aktuellen Bedürfnisse. Im Vorbau 1 wurde ein neuer Batteriekasten für die 24-V-Batterie II Go 50 eingebaut, die alte Sifa durch eine 24-Volt-Anlage ersetzt und ebenso wie auch an E 69 03, der für den Rangierbetrieb unabdingbare zweite Schnellabschaltknopf beim Zusatzbremsventil eingebaut. Ein Bosch-Scheibenwischer und Windschutzscheiben auf der Führerstandsseite waren weitere Anpassungsarbeiten an beiden Loks, die einem reibungslosen Betrieb in der neuen Funktion als Rangier- statt Streckenloks dienten. Auch die Position des Tachos wurde in das Blickfeld des rangierenden Lokführers gerückt.

So angepasst ging dann am 29. August 1955 auch E 69 02 in den regulären Einsatz. Nahezu rund um die Uhr gab es täglich zwei Rangierdienste: Lok 1 für den Osten (Richtung Bruchsal) und Lok 2 Richtung Westen (Richtung Mannheim).

▽ **Bild 209** • Einige Wochen nach der Neugestaltung der Dachaufbauten zur Aufnahme des Stromabnehmers SBS39 im AW Esslingen zeigt sich **E 69 02** am 19. Juni 1957 im Heidelberger Hauptbahnhof nicht mehr so „bayerisch-verspielt", sondern als zeitgemäße Bundesbahn-Lok. AUFNAHME: DR. GÜNTHER SCHEINGRABER / EK-VERLAG

Um den Betrieb der Loks ordnungsgemäß dokumentieren zu können, wurde ein Rüttelschreiber am Fahrmotor montiert, um die effektiven Einsatzzeiten nachweisen zu können. Aus diesen Aufzeichnungen ging schließlich hervor, dass die Loks durchschnittlich 7 km pro Einsatzstunde unterwegs waren, somit 168 km am Tag und gute 5.000 Laufkilometer im Monat erreichten. Der Non-Stop-Einsatz der kleinen Loks wurde nur am Freitag kurz unterbrochen, die Lok aus dem Dienst 2 rückte für etwa eine Stunde zu Fristarbeiten im Bw ein und wurde kurzfristig durch die alten ex-Berliner T12 (BR 74) oder eine der letzten verbliebenen XB (BR 92) ersetzt. Anders als bei diesen Ersatz-Dampfern war die Wirtschaftlichkeit der E 69 bei diesen Diensten unschlagbar hoch.

Dennoch zeigte sich im Laufe der nächsten Monate – es war nicht alles Gold, was da rund um die E 69 so glänzte: Nach gelegentlichem Abbügeln der Lok in kurzen Dienstpausen kam es vermehrt beim Wiederaufbügeln zu Explosionen und einem Zerknallen der Durchführungs-Isolatoren. Untersuchungen ergaben schnell eine Erklärung für dieses Problem: Schadstoffe in der Luft! Vermutlich aus dem Raum Ludwigshafen von der Badischen Anilin- & Soda-Fabrik AG (BASF) stammend, stauten sich diese bei bestimmten Windlagen am Odenwald und somit im Großraum Heidelberg. Daraus setzten sich Partikel ab und führten zu Überschlägen in den Isolatoren. Diesem Phänomen begegnete man schließlich durch die Umrüstung auf den moderneren Stromabnehmer SBS 39. Da bei diesem Bügeltypus die Einführung der Hauptstromleitung unverrückbar war, musste der Stromabnehmer asymmetrisch auf dem Lokdach angebracht werden. Wieder war es als erste E 69 03, die ihr Upgrade erhielt und im Bw Heidelberg angepasst wurde. Hierzu montierte man vier offene Blechwinkel auf dem Lokdach, auf denen nun der Stromabnehmer lagerte. Er rückte aus der Mitte nun weiter vor an die Dachkante auf Seite 1. Die Umrüstung von Stromabnehmer und Einspeisungsisolierung erwies sich sofort als Erfolg und wurde daher auch für E 69 02 „bestellt". Da sich diese Anfang 1957 sowieso zu einer U0 im AW Esslingen befand, wurden diese Arbeiten dort ausgeführt, nachdem AW-Mitarbeiter in Heidelberg die „Vorlage E 69 03" begutachtet hatten. Interessanterweise verwendete Esslingen bei den Auflagewinkeln abweichend solche, die durchgängig verblecht waren, sodass man für den Ausgang der Lokpfeife extra ein Loch für die Druckluftleitung einfügen musste.

△ **Bild 210** • Im Mai 1959 sind die Umbauten auch an **E 69 03** erkennbar: Neue Röhrensicherung und der asymmetrisch angebrachte Stromabnehmer SBS 39. Dagegen sind die Tage des grünen Farbkleids im Mai 1959 schon gezählt. Die entspannte Position des Rangierers würde heute Schnappatmung nicht nur bei der Berufsgenossenschaft auslösen! AUFNAHME: JOACHIM CLAUS

Ein weiterer Schritt in Richtung „moderne Betriebslok" erfolgte dann bei beiden Maschinen Ende der 50er Jahre, als die bestehende Westinghouse-Bremseinrichtung durch eine Knorr-Anlage ersetzt wurde. Nach deren Einbau reiste ein Bremsmesszug aus Minden an, um die neuen Bremswerte festzulegen.

Weniger planmäßig dagegen waren umfangreiche Arbeiten an den Loks, die durch Unfälle im harten Rangierbetrieb notwendig wurden. Den schwersten Zwischenfall erlitt dabei E 69 03 am 9. November 1961. Auf Höhe der Czernybrücke war die Lok aus dem Hauptbahnhof heraus in Richtung Abstellgruppe unterwegs. Dabei fuhr sie seitlich einer P8 in die Flanke, wodurch die E 69 umstürzte. Der Lokführer der E 69 hätte halten müssen, betätigte jedoch den Sandstreuer statt der Lokbremse und fuhr daher ungebremst in die Dampflok. Die E 69 03 lag nun auf ihrer rechten Seite, zog sich massive Blechschäden, einen zerstörten Hauptluftbehälter, abgerissene Sandkästen und beschädigte Achslager zu.

Knapp entging sie einer frühzeitigen Ausmusterung und wurde bis Ende Februar 1962 im AW Freimann im Zuge einer E2 wieder aufgearbeitet. Äußerlich fiel nun vor allem der neue Luftbehälter unter der Führerstandstreppe auf, der etwas länger und mit gerundeten Enden ausgeführt war, während der bisherige (und an 02 verbliebene) Behälter gerade Ecken aufwies. Elektrische Rangierloks der DB, wie E 60 und E 63, hatten ab Ende der fünfziger Jahre größere Rangierbrücken und längere Trittstufen erhalten, um die Sicherheit des Rangierpersonals zu erhöhen. Im Rahmen dieser Unfallausbesserung an E 69 03 wünschte sich das Bw Heidelberg nun auch die Ausrüstung der Lok mit diesen Rangierbühnen. Es sei dem Schicksal gedankt, dass das AW Freimann diesen Auftrag offensichtlich übersehen hatte …

Schon im gleichen Jahr, im Dezember 1962, entgleiste E 69 02 „am langen Buckel" zwischen Rangierbahnhof und Hauptbahnhof durch eine plötzliche Spurerweiterung mit allen Rädern und setzte sich in den Schotter. Auch hier wurden die Achs- und Tatzlager sowie der Trafo beschädigt. Auch der Stromabnehmer nahm Schaden. Erneut wurde das AW Esslingen mit den Arbeiten betraut und die Lok stand ab 7. Februar 1963 wieder im Einsatz.

Abgesehen von diesen unverschuldeten Ausfällen durch Unfälle hatten sich die beiden Loks mittlerweile einen glänzenden Ruf bei ihrer Heimatdienststelle erarbeitet. Zuverlässig und absolut rationell im Einsatz. Bereits im ersten kompletten Heidelberger Einsatzjahr, 1956, war E 69 02 an 359, E 69 03 gar an 361 Tagen im Dienst. Den Traum aller Werkstätten erfüllte schließlich E 69 03 im Jahr 1960 auf sensationelle Weise: Mit – dank Schaltjahr – 366 Einsatztagen! Ohne jeglichen Schad- oder Kalt-Tag, war sie die Dauerläuferin des Jahres. Welch ein glänzender Arbeitsnachweis einer damals fast fünzigjährigen kleinen Lok aus der Urzeit des elektrischen Betriebes!

Die Aufgaben in Heidelberg hatten sich im Übrigen massiv gesteigert. Noch immer waren Kurswagen umzusetzen, Paketwagen zum Postbahnhof zu rangieren.

△ **Bild 211** • Die kantige **E 69 03** unter dem geschwungenen Bahnsteigdach des Heidelberger Hauptbahnhofs am 31. Mai 1958.
AUFNAHME: HELMUT RÖTH

Mit Beginn der großen Reisewellen waren auch schiere Mammut-Aufgaben dazugekommen. Die bekannten Scharnow- und Touropa-Tourismuszüge verkehrten nun ab Heidelberg in den Nächten von Donnerstag auf Freitag und Freitag auf Samstag. Dafür waren 12 – 13 vierachsige Wagen umzusetzen und bereitzustellen. Die anstandslose Bewältigung dieser Aufgaben prägte fortan die Bewunderung der Personale und Beobachter.

Ein wenig Probleme im täglichen Betrieb machten lediglich Aushilfslokführer. Diese waren ein Nockenschaltwerk mit indirektem Lauf gewohnt, quasi der „Servolenkung" unter den Schaltwerken. Dagegen schaltete man die Fahrstufen bei den E 69 direkt. Wurde nun zu langsam aufgeschaltet, konnte es zwischen den Fahrstufen zu einem Lichtbogen kommen, bei dem sich die Kontakte festschweißen konnten. Da diese Schützenelemente jedoch durch Serienbauteile des ET 25/32/55 tauschbar waren, konnte in diesem Fall schnell Abhilfe geschaffen werden. Dem erfahrenen und die Loks schätzenden Stammpersonalen ist dies jedoch kaum passiert.

Zum Thema „Aushilfe" gibt es außerdem zu berichten, dass die E 69 mehrfach in Mannheim aushalfen und dort mit dem Schlossberg nochmals eine harte Aufgabe vor sich hatten. Nötig war diese Lokhilfe immer dann, wenn in Heidelberg wegen Arbeiten an der Fahrleitung kurzzeitig V 60 im Rangierdienst eingesetzt werden mussten. Diese kamen dann aus Mannheim und dort leisteten die E 69 währenddessen „Ersatzdienst". Gefahren wurde dabei mit dem örtlichen Mannheimer Personal.

Es war also alles eingerichtet und es herrschte höchste Zufriedenheit beim badischen Heimat-Bw Heidelberg. Man war daher wohl nicht wirklich begeistert, als im April 1964 aus München ein Anruf vom Maschinentechnischen Büro M150 im Bw Heidelberg einging, der sich über den Zustand der beiden emigrierten E 69 erkundigte. Was weder die beiden E 69 noch das Bw Heidelberg wussten: Der „Ersatz" der Baureihe E 69 im Ammertal kam auf keine stabilen Beine. Die ET 85 waren schon lange abgezogen, die E 41-Nachfolger wurden andernorts benötigt und fielen außerdem durch zu hohe Spurkranzabnutzung negativ auf. Seit 1962 waren daher E 69 04 und 05 schon im Dauereinsatz, um die Lücke zu schließen und sich erneut im Einsatz nach Oberammergau als unentbehrlich zu zeigen. Wenn man nun die anderen zwei auch noch haben könnte …

Die Kernfrage bezog sich auf die Ausrüstung der Heidelberger Auswanderer mit 1.000-V-Reichsbahn-Zugheizanlage. Als die Loks vor neun Jahren Bayern verließen, waren sie ja noch mit den alten Zweiachsern unterwegs, nun verkehrten Silberlinge auf der alten Heimatstrecke. Da die Heidelberger Maschinen einen Umspanner analog zum ET 25 besaßen, konnten sie sowohl mit der alten Localbahn-Heizanzapfung (300 V), als auch mit der UIC-gerechten 900-V-Anzapfung aufwarten und damit eine Heizleistung von 75 kW (ausreichend für drei B4nl) leisten. In Heidelberg war die Zugheizung aus Sicherheitsgründen abgeklemmt, konnte aber problemlos wieder angelegt werden. Der Anrufer aus München war offensichtlich zufrieden mit der Auskunft, in Heidelberg war man bedient …

◁ **Bild 212**
Ganz für sich allein scheint **E 69 03** am 26. März 1959 den aufgeräumten Heidelberger Hauptbahnhof zu haben. Die Tage mit grünem Farbkleid sind gezählt, das badische Intermezzo des bayrischen Lokzwergs hat dagegen erst „Halbzeit".

AUFNAHME: DR. ROLF BRÜNING

Bild 213 ▷
Die immer noch modern wirkenden Bahnsteigdächer und die gläserne Übergangshalle prägen auch heute noch den Charakter von Heidelberg Hbf. Die wendige Rangierlok **E 69 02** ist dagegen ebenso Vergangenheit wie die Schienenbus-Garnitur am Nachbargleis.

Aufnahme:
Dr. Rolf Brüning

Bild 214 ▷
Welch ein Kontrast zur Ammertaler Alpenlandschaft: **E 69 02** wartet am 10. Januar 1960 in der Ostausfahrt des Heidelberger Hauptbahnhofes auf weitere Aufgaben. Die Wohnblocks in der Lessingstraße haben bis heute überdauert.

Aufnahme:
Dieter Hauss; Sammlung Wolfgang Löckel/Horst Kraft

Bild 215 ▷
Der fröhliche Farbklecks **E 69 03** hat am 29. Juni 1961 einen Kurswagen am Haken.

Aufnahme:
Dieter Hauss; Sammlung Wolfgang Löckel/Horst Kraft

◁ **Bild 216**
Seit Ende des Jahres 1959 wieselte ein roter Farbklecks durch den Heidelberger Bahnhof: **E 69 03** ist gerade mal zwei Monate errötet, als sie am 6. Februar 1960 im Postbahnhof als Paketbote unterwegs ist.

Aufnahme: Helmuth Röth

Schnell, schon einen Monat später, verlor das Bw Heidelberg die liebgewonnenen E 69 an Garmisch. Ersatz erhielt man in Form von E 60 05 und 06. Zwar waren die Tauschloks leistungsstärker, doch an hundertprozentige Verfügbarkeit und einen fast kostenneutralen Betrieb der Rangieraufgaben war nun nicht mehr zu denken. Technisch sah man die um 20 Jahre älteren E 69 im Vergleich zu den Tausch-E 60 als modernere Fahrzeuge an! Sie hatten mit Hauptbauteilen der E 18, 44 und den ET 25/32/55 einen technischen Stand der dreißiger und vierziger Jahre, während die E 60 mit der Verwendung von Bauteilen

▽ **Bild 217** • Welcher Fernreisende hätte gedacht, dass er im Heidelberger Hauptbahnhof mit einer der „Ur-Elektroloks" eine Kurswagen-Zustellreise absolvieren dürfte? **E 69 02** schiebt am 2. März 1958 im schadstoffhaltigen Dunst einen Schnellzugwagen auf den weiterfahrenden D-Zug. Aufnahme: Dr. Rolf Brüning

der E 91 und E 52 den Endzwanzigern entsprach.

Ob man 1964 in Heidelberg damit gerechnet hatte, dass die abgegebenen Schützlinge noch annähernd 20 Jahre den Verkehr im Ammertal bestimmen sollten und gleichzeitig die ersten E 60 in Heidelberg immerhin bis zum Einsatzende dieser Baureihe 1983 dem Bw treu bleiben würden?

E 69 02 verabschiedete sich bereits am 20. Mai 1964 von ihrer badischen Zwischenstation, nahm die defekte E10 106 an den Haken und fuhr direkt ins AW Freimann, wo sie sich eine fällige E2 abholte und damit erst im Oktober 1964 wieder ins Ammertal zurück kehrte.

Den Schlusspunkt in Heidelberg setzte dagegen E 69 03 bis in die letzten Maitage 1964, um auf halbem Weg gegen die aus München anreisende E60 06 getauscht zu werden. Bereits zum Fahrplanwechsel am 1. Juni 1964 durfte sie dann wieder über ihre alte Stammstrecke rollen.

Bereits die Umrüstung durch BBC in den Jahren 1937 und 1940 an E 69 02 und 03 brachte viele moderne Serienbauteile in die elektrische Ausrüstung der Loks. Anpassungsarbeiten in Heidelberg verstärkten diesen Trend zu „Einheitsloks". Teilweise mussten an den Bauteilen Anpassungsarbeiten vorgenommen werden, dennoch war die Ersatzteilversorgung durch Kompatibilität mit Serienbauteilen etablierter DB-Fahrzeuge gut abgesichert

Für viele detailreiche Informationen bedanke ich mich herzlich bei Werner Streil, München, der in leitender Funktion im Werkstättendienst des Bw Heidelberg die Zeit der E 69 über die gesamte Zeit aktiv begleitete.

△ **Bild 218** • Allerheiligen 1956 – kein Feiertag für die beiden E 69. Gemeinsam warten sie auf neue Aufgaben. Beim direkten Vergleich wird klar, dass sich beide Loks von der Kontur her merklich unterscheiden.
Aufnahme: Helmuth Röth, Sammlung Eisenbahnstiftung

Anpassungen n. Bundesbahn-Standards

Stromabnehmer SBS 39:	baugl. E 18, E 44 und E 94
Trafo TRB:	baugl. ET 25, ET 32 und ET 55
Nockenschaltwerk:	baugl. ET 25 BBC , ET 32 und ET 55
Fahrtrichtungswender:	baugl. E 16.1
Fahrmotor EDTM 4/494:	baugl. ET 25 BBC, ET 32 und ET 65
Trennschütze:	baugl. E 17 und E 44
Luftpresser:	baugl. ET 25, ET 32 und ET 55
Bord-Netz 24 V: (02)	baugl. E 16

▽ **Bild 219** • Der Abschied naht: Die elegante Optik der Heidelberger Bahnhofsdächer sind für **E 69 02** am 2. April 1964 nicht mehr lange Fotokulisse. Anders, als zu Beginn des Intermezzos am Neckar, ist die Rangierantenne nun mittig angebracht.
Aufnahme: Sammlung Brian Rampp

△ **Bild 220** • Beschaulichkeit und Anmut im Werdenfelser Land der sechziger Jahre: Die Verbindungsstraße Murnau – Kohlgrub ist noch schmal und ruhig, als **E 69 05** mit ihrem Güterzug der Steigung nach Jägerhaus entgegenstrebt. AUFNAHME: JÜRGEN HAGEMANN

1960: In der Heimat nur der „Pausen-Clown"

Zum Sommerfahrplan 1960 kam abermals ein neues Triebfahrzeug auf die Oberammergauer Bahn und ersetzte die nicht ökonomisch einsetzbaren Triebwagen der Baureihen ET 85 und ET 90 endgültig, dies nach nur sechs Jahren. Sie nahmen aber auch den beiden E 69 zunehmend Leistungen ab: Die fast noch fabrikneuen E 41, vor allem für den Wendezugverkehr der Ballungsräume konzipiert, waren durch verhältnismäßig geringe Achslasten für die Oberammergauer Bahn noch akzeptabel und hielten nun mit Wendezügen im Ammertal Einzug.

Im Passionsfahrplan gingen alle Leistungen auf die Maschinen der Baureihe E 41 über, nur ein Güterzugpaar nach Oberammergau, eine Lokleerfahrt Murnau – Grafenaschau und eine Güterrückleistung verblieben den E 69, was ganze 108 Laufkilometer bedeutete.

Ab Herbst 1960 war die E 69 im Ammertal, zumindest auf dem Papier, absolut überflüssig – es wurde kein Umlaufplan erstellt. Die E 41 übernahm den Gesamtverkehr auf der Linie, auch den Güterzug, nachdem das zusätzliche Angebot auf der Strecke nach Oberammergau eingeschränkt wurde und die Übergabe in den Umlauf integriert werden konnte. Die E 69-Einsätze brachen daher völlig zusammen. Nur für Sonder- und Ersatzleistungen in Murnau abgestellt, kamen die beiden Loks im Herbst 1960 kaum mehr auf die Strecke.

So machte sich E 69 05 am 24. November 1960 auf, ihr Glück in der Fremde zu suchen: Lokführer Führmann brachte die Lok nach Treuchtlingen und wies dort gleich auch die Personale ein. Die „Fünfer" diente in der Folgezeit als Ersatz für die nun abgezogene E 60 im Rangierdienst! Die Lok blieb bis einschließlich Januar 1961 in dieser Dampflok-Hochburg und kehrte dann wieder nach Murnau zurück, wo zumindest im Februar vermehrt Einsätze zu verzeichnen waren. Anfang der siebziger Jahre übernahm 169 005 für einige Wochen nochmals diesen Stellvertreter-Job in Treuchtlingen.

Während auch im weiteren Verlauf des Jahres 1961 bei den beiden Garmischer E 69 Flaute herrschte (E 69 04 kam lediglich auf eine Jahresleistung von 4.077 km), begann für die beiden Heidelberger Loks eine Serie von Unfällen. Schien sich da das Ende der alten Lokzwerge anzudeuten?

1962: Stilles Comeback im Ammertal

Unterdessen führten die beiden Garmischer Maschinen ein wesentlich ungefährlicheres und bald auch wieder arbeitsreicheres Leben in der alten Heimat. Für Winter 1961/62 war wieder ein Umlauf für eine Lok erstellt worden, der erneut den Güterzug vorsah. Völlig überraschend übernahmen die beiden E 69 ab Februar 1962 dann aber einen großen Teil der E 41-Planleistungen, da die modernen Loks vermehrt im Großraum München benötigt wurden. Dem trug die BD München dann auch bereits im Sommer 1962 Rechnung, indem sie nach langer Pause einen zweitägigen Umlauf für die beiden E 69 aufstellte. Urplötzlich lief nun wieder der Gesamtverkehr auf der Strecke mit den alten Loks. Die Laufleistungen explodierten geradewegs, beide Maschinen standen plötzlich in fast pausenlosemEinsatz. So im Juli 1962, als jeweils 31 Einsatztage verzeichnet und insgesamt 12.611 Laufkilometer gefahren wurden. Diese Laufleistungen blieben auch in den nachfolgenden Fahrplanperioden erhalten, sodass keinerlei Puffer für die fälligen Fristarbeiten oder gar längere Reparaturaufenthalte blieben, ohne dafür Ersatzloks anfordern zu müssen. Es musste also nach fast zehn Jahren ständigem Hin und Her, in der Triebfahrzeuggestellung für die Bahnstrecke Murnau – Oberammergau nach einer sinnvollen Lösung gesucht werden. Und diese konnte eigentlich nur lauten: Wieder alle E 69 für den rationellen und leistungs-

△ **Bild 221** • Auf der Stammstrecke kaum gebraucht, machte sich **E 69 05** im August 1961 auf der Mittenwaldbahn nützlich. In den „Buckelwiesen" bei Klais fungierte sie als Bauzuglok. Aufnahme: Dr. Rolf Brüning

gerechten Einsatz auf der Oberammergauer Bahn einzuplanen. Heidelberg musste auf seine liebgewordenen Oldtimer aus Bayern leider wieder verzichten! Bereits zum Fahrplanwechsel am 1. Juni 1964 rollte E 69 03 dann wieder durch die Wiesen und Hügel ihrer alten Heimat im Ammertal, die Schwester 02 rüstete sich zunächst noch mit einer frischen Hauptuntersuchung für ihr Comeback.
Die wirren zehn Jahre in der E 69-Geschichte waren damit endgültig vorbei.

▽ **Bild 222** • Zur gleichen Zeit ist auch die kleine Schwester **E 69 04** auf ihrer Heimatlinie als „Helferlein" im Einsatz. Zwischen Altenau und Saulgrub werden neue Schienen angeliefert. Aufnahme: Dr. Rolf Brüning

△ **Bild 223** • Im Sommer 1964 hatten die beiden Loks bereits Verstärkung durch die Heidelberger Schwestern erhalten, dennoch ist hier **E 69 04**, mit P2585 einfahrend in Murnau Ort, erneut eine der diensthabenden E 69. Aufnahme: Rudolf Birzer

Was mit der Systemumstellung im Juni 1954 zu Ende war, erlebte nun, genau zehn Jahre später, wieder eine Renaissance: Die geradezu einmalige Symbiose einer Eisenbahnstrecke und einer Lokomotiv-Reihe. Mit der E 69 stand nun wieder das ideale und wirtschaftlichste Fahrzeug für den Betrieb auf dieser Linie zur Verfügung. Durch die regelmäßigen Anpassungsumbauten an den Fahrzeugen konnte sich die Unterhaltung dieser eigentlichen Splittergattung gut koordinieren lassen, viele Teile waren mittlerweile mit Regelbaugruppen anderer Triebfahrzeuge kompatibel und somit die Unterhaltung äußerst wirtschaftlich. Für die Anforderungen der Bahnstrecke reichten die Loks absolut aus. Vor allem das Hauptmanko der E 69, die mit 50 km/h relativ niedrige Höchstgeschwindigkeit, war hier ausreichend; die Strecke durfte auch von schnelleren Trieb-

◁ **Bild 224**
Diese Bahnhofsansicht „geht immer", war im Juni 1963 aber auch ein sichtbarer Zeitschritt: Eilzugwagen wurden durch nagelneue Silberlinge ersetzt und die kurzzeitig dominierenden E 41 verschwanden. Plötzlich mussten E 69 04 und 05 alles alleine bewältigen. So bringt sich **E 69 05** auch ganz schnell wieder in Position für die Rückfahrt als P2585 nach Murnau.

Aufnahme: Rudolf Birzer

fahrzeugen nicht mit höherem Tempo befahren werden. Die Zugkräfte der E 69 reichten sowohl im Personen- als auch im normalen Güterverkehr in der Regel problemlos aus.

Somit war die Strecke ab dem Sommer 1964 wieder fest in der Hand der E 69. Zwei Jahre lief dies bestens, doch im Jahr 1966 kamen sie ganz deutlich in die Krise. Eine Serie von Schäden bei allen Maschinen ließ die Ammergauer Bahn über Wochen ganz E 69-frei werden und führte dazu, dem Bw Garmisch im Laufe des Jahres zwei E 44 umzustationieren, die als Ersatz für die E 69 der Außenstelle Murnau eingesetzt wurden und in diesem Jahr große Teile des Zugverkehrs übernahmen. Den Anfang der Unglücksserie machte bereits am 17. Dezember 1965 die E 69 04 mit einem Bandagenriss im Fahrmotor 2. Als die Lok am 28. Januar 1966 das AW Freimann wieder verlassen konnte, hatten sich dort bereits die Schwesterloks E 69 03 (beide Fahrmotoren defekt) und E 69 05 (Fahrmotor 1 Überschlag und Trafounterbrechung) eingefunden. Beide Maschinen konnten das Werk erst nach monatelanger Reparaturzeit verlassen, E 69 03 kehrte im Juni, E 69 05 gar erst im August wieder zurück. In diesem Zeitraum musste E 69 04 von 4. April bis 12. Mai 1966 erneut ins AW, diesmal aber für die fällige U2. Komplett war der E 69-Bestand dann ab 14. April 1966 in Freimann versammelt, als nun auch E 69 02 mit einem kapitalen Fahrmotorschaden eintraf: Fahrmotor 2, Ritzel und Zahnkränze waren stark beschädigt – Die Lok musste 17 Monate bis zum 31. Oktober 1967 in Freimann bleiben! Mehr als vier Wochen waren also im Frühjahr 1966 alle E 69 schadhaft im AW. Mit der Rückkehr von E 69 05 am 12. August 1966 aus dem AW schien sich die Lage nun langsam wieder zu normalisieren, schließlich standen endlich wieder drei Einsatzloks der Baureihe E 69 zur Verfügung. Doch bereits zwei Wochen später musste die Lok erneut mit Fahrmotorschaden einrücken und bis Mitte November 1966 ausgebessert werden.

△ **Bild 225** • „Wo wollen denn die zwei großen Wagen mit der kleinen Lok hin?" … beschrieb einmal ein Fotograf den Anblick einer E 69 mit den beiden Silberlingen. Ob er dabei dieses Motiv betrachtete? **E 69 03** in der großen, weiten Alpenwelt bei Scherenau.

Aufnahme: Jürgen Hagemann

Bild 226 ▷

Seltener „Ausrutscher" bei **E 69 02** – ein 19 Monate andauernder AW-Aufenthalt wegen einer massiven Motorblockade mit Radsatzschäden. Fragen, bei ansonsten gutem Lackzustand, wirft die malträtierte Fensterfront auf … Hagelschaden oder noch ein „Saure Luft-Mitbringsel" aus Heidelberg?

Aufnahme: Gerhard Gress

△ **Bild 227** • Die alte LAG 4 in Murnau, nun als **169 004-9** ins moderne E-Lok-Sortiment der Bundesbahn eingereiht. Das mit hellem Grün auf dunklem Farbkleid lackierte Nummernfeld wird die Lok ihr restliches Betriebsleben begleiten. Aufnahme: BZA München, Sammlung Helge Hufschläger

In der Folgezeit normalisierte sich der Schadbestand aber wieder. 1967 war schon kein nennenswerter neuer „Störfall" zu notieren, auch 1968 blieb die Lage weitgehend ruhig. Dagegen erhielten die Lokomotiven in diesem Jahr entsprechend der allgemeinen Einführung durch die DB neue, computergerecht aufgebaute Loknummern. Das „E" für Elektroloks wurde zu einer „1", die Seriennummer dreistellig, und EDV-bedingt fügte sich eine errechenbare Kontrollziffer an. So lauteten die neuen Betriebsnummern nun 169 002-3, 169 003-1, 169 004-9 und 169 005-6.

Eine „nummerische" Besonderheit wies schon länger 169 004 auf. Die Anwendung der Regel, dass vorne da ist, wo der Hauptschalter bzw. die Hauptsicherung angebracht ist, führte zu einer geänderten Vorne/Hinten-Klassifizierung der Lok. Aus Seite 1 wurde die Seite 2, aus Seite 2 die Vorderseite. Da die Loks auf der Oberammergauer Bahn immer mit Seite 1 nach Oberammergau fahren sollten, musste nun bei 169 004 darauf geachtet werden, dass die Lok mit Seite 2 in Murnau abfahren konnte. Diese fixe Seitenvorwahl war darin begründet, dass bei sieben der neun Unterwegsbahnhöfe der Bahnsteig auf der linken Seite angeordnet war und der nicht mittig angeordnete Bedienstandort sollte sinnvollerweise zur Bahnsteigseite gerichtet sein, um dem Lokführer bei der Abfahrt den Blick auf den Bahnsteig zu ermöglichen. Manchmal kam es nun allerdings vor, dass bei den Fristarbeiten in Garmisch und der Ausfahrt aus der Fristhalle auf der Drehscheibe falsch gedreht wurde. Wenn die Lok dann „falschrum" in Murnau ankam, hatte sie schlechte Karten. Entweder man schickte sie in den nächsten Tagen nochmals nach Garmisch auf die Scheibe, oder die unglückliche Maschine war in den Folgewochen erste Wahl fürs Freigleis vor dem Lokschuppen, also Einsatz nur als Nothelfer.

Eine besondere Ehre wurde 169 002 Ende der sechziger Jahre zuteil. Nach Ausscheiden einer alten Länderbahn-Dampflok aus dem DB-Betriebsstand rückte die Lok in den Status als „ältestes Triebfahrzeug der DB" auf und dies, obwohl damals noch zahlreiche Dampfloks bei der Bundesbahn Dienst taten. In der Funktion des Fahrzeug-Oldies kam die Lok von nun an sehr häufig auf Ausstellungen zu repräsentativen Ehren, auf einer großen Deutschlandtour sogar in Hannover und Osnabrück. Andererseits reisten nun alle Newcomer der Bahn nach Murnau, um dort neben der 169 002 in Pose zu stehen und dabei die Entwicklung der Eisenbahn zu dokumentieren. So ließ sich der erste S-Bahnzug der Baureihe 420 ebenso neben der E 69 ablichten, wie die 103 oder der IC-Triebwagen 403.

Die Sommerfahrpläne 1968 und 1969 forderten die Ammergauer Loks besonders. Erstmals seit der Systemumstellung waren sogar drei Loks planmäßig vorgesehen. Zwei Maschinen für die Reisezüge und eine Zusatzlok für den Übergabezug 9994/9995. Im Winter wurde dieser jedoch jeweils in den Reisezug-Umlauf eingebunden.

Vom Dienst auf ihrer Heimatstrecke verabschiedete sich am 3. Januar 1969 169 003 für drei Jahre! Diesmal war aber keine Umbeheimatung der Grund, sondern ein schwerer Fahrmotorschaden mit gebrochenem Ritzel, Blockade und dadurch beschädigten Radsätzen. Nicht, dass die Reparatur wirklich 1.096 Tage gedauert hätte, aber im AW Freimann herrschten gerade andere Prioritäten. Die Inbetriebsetzung der letzten Loks der Baureihe 110, der ersten der Baureihe 103 sowie die Vorbereitung für die Einführung des IC-Verkehrs zum Juni 1971 ließen in den DB-AW gravierende Arbeitsrückstände entstehen. Die Aufarbeitung des Murnauer Lokzwerges musste daher lange warten. Unterdessen waren aber die anderen drei Maschinen fleißig und ohne bemerkenswerte Störungen im Einsatz.

△ **Bild 228** • Alles fertig für die Übergabe nach Oberammergau! Die „diensthabende" 160 hat noch einen Kohlewagen angehängt, jetzt kann es losgehen für **169 004**. Aufnahme: Peter Bäuchle

△ **Bild 229 • 169 003** dürfte die letzte Betriebslok gewesen sein, die noch nicht mit Computernummer beschriftet war. Ihre Vorbauten, fast drei Jahre auf dem Lokfriedhof in Freimann „gelagert", tragen bis zur Entlassung der Lok im Januar 1972 noch, so wie hier im Juli 1971, die alte Nummer und schauen auch sonst ziemlich mitgenommen aus. AUFNAHME: STEFFEN LÜDECKE

1970: In die letzte Dekade

Bereits zum zweiten Mal verliefen die Passionsspiele 1970 ohne nennenswerte Beteiligung der Baureihe 169. Erneut, wie schon 1960, übernahmen Wendezüge mit Münchner Loks der Baureihe 141 die Regelzüge sowie die große Zahl an Sonderzügen. Der Zugverkehr war aber kein Vergleich mehr zu den Ausnahmezuständen, die die Passionsmonate in der ersten Hälfte des Jahrhunderts für die Bahn bedeuteten. Für die 169 verblieben einmal mehr die Güterzugleistungen, nun als Gz 17994 und Gz 17995 bezeichnet, sowie alle möglichen Sondereinsätze, darunter auch häufig ehrenvoll der Transport eines Kurswagen-Paares aus dem dänischen Helsingör, quasi als Schnellzug, über die Ammergauer Bahn.

Die ruhigere Einsatzzeit wurde genutzt, um an den drei derzeit laufenden Loks der Reihe nach die neuen Hauptuntersuchungen U2 auszuführen. Als erste lief 169 005 bereits im Februar 1970 im AW Freimann ein, welches sie nach fast sechs Monaten im Juli wieder verließ. Ihr folgte einen Monat später 169 002, die bis Mitte Dezember im AW blieb. Als Abschluss kam 169 004 ab 8. Dezember 1970 ins AW.

Die fein geplante Reihenfolge sollte dafür sorgen, dass der derzeit durch den Ausfall von 169 003 knappe Lokbestand nicht unter den Planbedarf gedrückt wurde. Aber nicht zum ersten, und vor allem auch nicht zum letzten Mal zeigte sich, dass die Wartung der E 69 in Freimann nicht im Geringsten dem Vergleich zu den Untersuchungen in der Werkstätte Murnau standhielt. Obwohl an 169 002 während der Untersuchung natürlich die Fahrmotoren ebenso wie die Batterien laut Ausbesserungsvermerk aufgearbeitet wurden, schaffte die Lok nach ihrem AW-Aufenthalt gerade mal die Fahrt nach Murnau und drei Einsatztage, dann waren genau diese Bauteile wieder schadhaft und die Lok musste erneut für einen Monat ins AW.

Das Bw Garmisch hatte damit zu kämpfen, dass die Loks oft in eher bedenklichem Zustand aus dem AW kamen. Nicht selten mussten die Maschinen nach einer Hauptuntersuchung, aus der sie eigentlich in bestem Pflegezustand zurückkehren sollten, erst mühevoll im Bw Garmisch wieder eingestellt und nachgebessert werden. So machten sich die Garmischer auch ein schonendes Einfahren der Loks nach ihrem AW-Aufenthalt zu eigen, oft wurden die Maschinen nach einer Hauptuntersuchung in den ersten Einsatztagen nur mit dem Mittagszugpaar nach Oberammergau geschickt und dann wieder im Bw Murnau nachjustiert. Man wollte damit

▽ **Bild 230 •** Christel von der Post ist schon da, aber **169 004** wartet wie üblich auf Gleis 2 noch auf Anschlusszüge. AUFNAHME: KARL-FRIEDRICH SEITZ

◁ **Bild 231** In gedämpfter Herbstsonne strahlt selbst **169 005** ein gewisse Gediegenheit aus, wobei sie hier aber laut heulend den Anstieg nach Kurhaus herauf zieht.

Aufnahme: Claus-Jürgen Schulze

vor allem den richtigen Sitz und Abrieb der Kohlenstücke überwachen.

Die ersten Jahre in den Siebzigern verliefen überwiegend störungsfrei. Gleich nach der Passion 1970 war die Neubau-Konkurrenz 141 wieder verschwunden, die Baureihe 169 beherrschte den Gesamtverkehr zwischen Murnau und Oberammergau. Nachdem ab Anfang 1972 auch 169 003 wieder mit von der Partie war, kam es über lange Zeit nicht mehr zu Engpässen in den Umlaufplänen. Vielmehr hielten sich alle E 69 nun über Jahre dem AW Freimann weitgehend fern, lediglich 169 005 erhielt ab Dezember 1973 in Freimann als erste E 69 eine Indusi eingebaut, da sie gelegentlich zu Sonderaufgaben auf den Hauptbahnen eingesetzt war. Bei der ansonsten als zuverlässigste 169 bekannten „Zweier" begann erstmals im Oktober 1973 eine Serie von Tatzlager- und Achslagerschäden, die die Lok auch noch im November 1973, Dezember 1974 und Mai 1975 für einige Zeit lahm legte. Begonnen hatte diese Serie mit einem Federbruch des Schmierpolsters, sodass unbemerkt kein Öl mehr auf die Lager gelangte.

▽ **Bild 232** • Ein „Service-Pack" hat sich da auf Gleis 2 in Murnau eingefunden. **169 003** hat am 12. Juni 1973 gleich mal 701 124 und einen Klv aus dem Ammertal mitgebracht.

Aufnahme: Claus-Jürgen Schulze

△ **Bild 233** • Repräsentative Verpflichtungen waren für **169 002** fester Bestandteil ihres Einsatzjahres 1975. Im April feiert Krauss-Maffei mit „ihrer Referenzlok" ein Produktionsjubiläum. Die Festgäste werden stilvoll vom Hauptbahnhof nach Allach gebracht. Aufnahme: Sammlung Brian Rampp

▽ **Bild 234** • Schon 1968 unternahm die kleine Lok ihre größte Reise: Zur Hannover-Messe und anschließend nach Osnabrück ging´s selbstverständlich mit eigener Kraft! Aufnahme: Sammlung Brian Rampp

△ **Bild 235** • Dankbare Fotografen-Abwechslung bot die morgendliche Übergabeleistung auf der Stammstrecke. Bis 1976 lief noch regelmäßig der Begleitwagen mit, am 4. Juli 1975 direkt hinter der Zuglok bei Seeleiten-Berggeist. AUFNAHME: FRANK LÜDECKE

1975: Rotstift regiert bei der DB

Ab Sommerfahrplan 1975 strich die Bundesbahn auf der Bahnlinie nach Oberammergau den gesamten Zugverkehr an Sonn- und Feiertagen, bereits ab Samstag 18.06 Uhr ruhte der Betrieb. Dadurch sanken Einsatztage und Laufkilometer der 169 von nun an ab, auch sie hatten nun „Sonntagsruhe". Ein kleiner Ausgleich konnte aber durch den neu in den Umlauf integrierten Übergabezug 67640 und 67641 zwischen Murnau und Uffing geschaffen werden. Damit erhielten die 169 erstmals in ihrer Geschichte von Murnau aus eine planmäßige Leistung außerhalb ihrer Stammstrecke. Der weitgehend unbeachtet gebliebene Hauptbahneinsatz verblieb bis einschließlich zum Winterfahrplan 1977/78 im 169-Plan. Ab Sommer 1978 bediente ein mit einer Lok der Baureihe 160 bespannter Übergabezug Weilheim – Murnau den Tarifpunkt Uffing, sodass der 169-Ausflug wieder entfiel.

Man könnte annehmen, die 169 hätten eine sensible Seele, denn auf den Rückgang ihrer Laufleistungen wegen der Sonntagsruhe reagierten sie mit „Streik". Ein Vorgang, der sich bei den in der weiteren Lokkarriere noch folgenden Plankürzungen gerne wiederholte. Mit Beginn des Sommerfahrplans 1975 meldeten sich die 169 auf jeden Fall mal geschlossen ab: 169 002 war schon länger mit dem angesprochenen Tatzlagerschaden im AW, 169 003 fiel ab 31. Mai mit Motorschaden aus und 169 004 erlitt am 13. Mai einen Rahmenriss, bei dem der Trafo aus seiner Verankerung rutschte und beschädigt

◁ **Bild 236**
Kurz nach ihrer letzten Hauptuntersuchung im November 1975 kam **169 004** zu für sie völlig unbekannten Ausstellungs-Ehren. Im Starnberger Flügelbahnhof von München Hbf waren allerdings eher der „Donald Duck" und die 044 404 die Publikumsrenner. Anlass war „140 Jahre Deutsche Eisenbahnen".

AUFNAHME: DR. GÜNTHER SCHEINGRABER / EK-VERLAG

△ **Bild 237** • E 69 und zwei „Silberlinge" – das war zwar Standard, keineswegs aber immer der Fall. Der Mangel an Gepäckabteil-Wagen machte die Wageneinsätze oft über längere Phasen „bunt". So bunt, dass im Winter 1975 / 1976 wochenlang sogar ein BD(ü)ns 273 aus der „Pop-Kollektion" in grau/blau mitlief. Tatsächlich machte die dunkle 169 004 die „beste Figur" vor dieser Farbvariante, bei **169 002** wirkte die Farbkombination unharmonischer. Der Zug in klassischer Startposition mit ungewöhnlicher Wagenreihung in Murnau, im Januar 1976.
Aufnahme: Dr. Alfred Hierl

wurde. 169 005, die als einzige den Fahrplanwechsel noch im aktiven Dienst erlebte, rückte schließlich am 6. Juni 1975 mit Motorüberschlag einige Wochen zu früh ins AW ein, um sich dort die fällige U2 abzuholen. Für fast zwei Wochen dominierten Anfang Juni 1975 also mal wieder die 144 auf der Oberammergauer Bahn, ehe sich am 12. Juni 169 002, am 14. Juni 169 004 und am 2. Juli auch 169 003 wieder zurückmeldeten.

Kurz nachdem Ende September 1975 169 005 frisch hauptuntersucht wieder in Murnau eintraf, brach 169 004 zu ihrer letzten U2 ins AW Freimann auf. In ungewöhnlich kurzer Zeit von nur sechs Wochen – meist dauerten die Hauptuntersuchungen für die 169 etwa fünf Monate – wurde die Lok von Grund auf überholt und erhielt als zweite Maschine ihrer Gattung eine Indusi eingebaut. Hierzu musste allerdings ein

Bild 238 ▷ Wieder mal Lokalbahn-Romantik pur: **169 003** auf dem Heimweg mit ihrer Übergabe rollt unterhalb vom Gut Jägerhaus durch die im März 1975 schon schneefreien Wiesen und Hügel.

Aufnahme: Claus-Jürgen Schulze

△ **Bild 239** • Zwischen Unterammergau und Altenau schlängelt sich die Strecke durch mooriges Gelände, während im Hintergrund die Ammergauer Alpen eine dramatische Kulisse abgeben. **169 004** macht sich im Morgennebel, umrahmt von Steckenberg und Pürschling, auf den Weg nach Murnau. AUFNAHME: CLAUS-JÜRGEN SCHULZE

zweites Seitenfenster verschlossen werden, um die Relaiskästen sowie das Indusi-Aufzeichnungsgerät samt Tacho unterbringen zu können. Da E 69 01 bis 04 ja praktisch rundherum verglast sind, war es schon immer schwierig, alle Instrumente und Leitungen im Führerstand zu montieren. Daher verloren bereits in den fünfziger Jahren E 69 01, 03 und 04 eines ihrer Seitenfenster. Statt einer Scheibe erhielten sie ein Blech in den Fensterrahmen eingepasst und auf der Innenseite konnten nun zusätzliche Funktionsteile montiert werden. Die einzige Lok, die auch noch in den siebziger Jahren mit allen Fenstern ausgestattet war, blieb 169 002. Als nun bei 169 004 ein weiteres Fenster verschlossen wurde, verblechte man diesmal jedoch den ganzen Bereich der ursprünglichen Öffnung und ließ den nun sinnlosen Rahmen verschwinden, wodurch die unschönen, mit Schrauben und Nieten versehenen „Blechfenster“ nun entfielen. Immerhin ein schmaler Streifen normales DB-Grün zierte an dieser Stelle nun den Lack der Vierer, die seit Mitte der fünfziger statt des fröhlichen „Murnau-Grün“ eine dunkles und mattes Flaschengrün-

◁ **Bild 240**
Nicht weniger eindrucksvoll ist die Bergwelt von Teufelstätt und Brunnenkopf als Hintergrund für die Übergabe mit **169 005** kurz vor Altenau.

AUFNAHME: CLAUS-JÜRGEN SCHULZE

△ **Bild 241** • Weg von der kleinen Lokalbahn führte die kleinen Loks über einige Fahrplanperioden die Übergabe nach Uffing an der Garmischer Hauptbahn. Mit Üg 67646 steht **169 005** am 10. August 1976 ganz anständig abfahrbereit nach Murnau …
Aufnahme: Frank Lüdecke

Farbkleid trug, das der Lok ein eher finsteres Äußeres verlieh. So frisch untersucht, kam 169 004 Anfang Dezember 1975 zu einer ihr sonst kaum zugebilligten Ehre. Anlässlich einer Ausstellung zum 140. Jubiläum der deutschen Eisenbahnen, durfte sie im Münchner Hauptbahnhof ihre Baureihe repräsentieren. Unter anderem waren auch 044 404 und 191 099 anwesend.

Der Reigen der U2-Untersuchungen ging nach nur kurzer Unterbrechung bereits im Februar 1976 weiter, als nun 169 002 in Freimann eintraf und dort ebenfalls neben der planmäßigen Revision eine Indusi eingebaut bekam. Dabei verlor die Lok die beiden jeweils rechten Seitenfenster. Ab Mai 1976 war die Lok so wieder im Einsatz im Ammertal. Den Schlusspunkt aller regulären Hauptuntersuchungen an der Baureihe 169 setzte schließlich ab Ende September 1976 169 003. Zuvor wartete sie jedoch noch die Fahrzeugschau in Murnau und einen gemeinsamen Sonderzugeinsatz von 169 002 und 003 zwischen Gar-

(weiter auf Seite 144)

Bild 242 ▷
… während es **169 003** mit der gleichen Leistung offensichtlich wesentlich eiliger hatte. Da blieb keine Zeit mehr zum Umsetzen und daher stürmte der Übergabezug rückwärts zurück nach Murnau. Das Signal ist gezogen und der gemeinsame Blick von Rangierer und Lokführer aus den Seitenfenstern ersetzt wohl eine führende Lok auf den folgenden sechs Kilometern nach Murnau.

Aufnahme: Claus-Jürgen Schulze

△ **Bild 243** • „Blickpunkt-Leser", die mit dem futuristischen IC-Triebwagen der Baureihe 403 aus Bremen nach Oberammergau gereist sind, durften sich am 24. September 1976 auf eine Sonderfahrt „mit den ältesten Fahrzeugen der DB" als Kontrastprogramm freuen. Mit **169 003** und 002 im „Sandwich" geht bei bestem Herbstwetter nach Garmisch-Partenkirchen.

Aufnahme: Ulrich Budde

△ **Bild 244** • Am 27. September 1976 hat **169 004** den Schülerzug am Haken. Während die Lok mit höchster Fahrstufe die Steigung erklimmt, herrscht auf der noch nicht ausgebauten Staatsstraße bei Grafenaschau gerade Ruhe.

Aufnahme: Martin Welzel

△ **Bild 245** • Modellbahn oder Realität? Es war die Welt der Ammergauer Bahn! **169 005** ist mit der Übergabe 67644 am 23. September 1976 in Saulgrub auf dem Rückweg nach Murnau. AUFNAHME: ULRICH BUDDE

△ **Bild 246** • Heute ist **169 004** mit dem Güterzug unterwegs. Gerade in Oberammergau angekommen, darf nun erstmal 169 002 mit dem N6608 ausfahren, ehe die Güterwagen zugestellt werden. Der Kesselwagen geht an den Heizölhändler Sauer, der sich den Platz (rechts im Bild) des ehemaligen Lokschuppens gesichert hat. AUFNAHME: MARTIN WELZEL

△ **Bild 247** • Auch im „Herbst“ eines Loklebens kann man sich nochmals von einem Großmeister der Eisenbahnfotografie ablichten lassen: Am 11. September 1976 zeigt **169 005** ihr authentisches Aussehen der siebziger Jahre. Ein Vierteljahrhundert hat den Lack gezeichnet, nur ein paar kräftig-rote Ausbesserungen waren dem Arbeitstier vergönnt. Gut ausgeleuchtet steht die Lok an ihrem Stammplatz im Bw Murnau. Aufnahme: Ernst Schörner, Sammlung Stephan Beständig

misch und Oberammergau am 24. September 1976 ab, obwohl die Lok bereits weit über den regulär zulässigen Laufkilometergrenzwert von 200.000 km gefahren war und schon fast den Überschreitungswert erreicht hatte. Am 28. September 1976 war die Lok dann aber im AW Freimann zur Untersuchung eingetroffen.

Auch 169 003 bekam nun eine Indusi-Einrichtung eingebaut, wobei ein weiteres Seitenfenster verschlossen werden musste. Bei ihr waren nun die jeweils auf der Seite 1 liegenden Fenster verbaut worden, anders als die Diagonal-Anordnung der 169 002. Am 29. Dezember 1976 verließ die Lok in scheinbar bester Verfassung die Tore des AW Freimann, schon freudig in Murnau erwartet.

▽ **Bild 248** • Alle anderen Maschinen außer der 005 sind auf dieser Betriebswerk-Aufnahme zu sehen. An **169 004** sind während der Zugpause ein paar Handgriffe und das Abschmieren der Lager zu erledigen, auch **169 002** wird für ihren nächsten Einsatz vorbereitet. **169 003** dagegen hat ihre Laufkilometerfrist erreicht und wartet auf die Reise ins AW Freimann. Aufnahme: Ulrich Budde

△ **Bild 249 • 169 005** ist nicht nur mit dem Schadwagenverschub im Bw Murnau beschäftigt, sondern schiebt auch **169 003**. Diese wird gleich ins AW Freimann fahren, um sich eine neue Hauptuntersuchung abzuholen. 27. September 1976
Aufnahme: Martin Welzel

▽ **Bild 250 •** Schon einen Tag später war von der Lok nicht mehr „viel übrig". Im Zuge der anstehenden U2 wurde sie schon „entkernt", auch an dem Seitenfenster, das sie nun verlieren wird, war schon Hand angelegt.
Aufnahme: Rudolf Vyzina

△ **Bild 251** • Schwestern-Treffen in Bad Kohlgrub! Am 12. Januar 1977 rollt **169 002** mit N6614 in den Kreuzungsbahnhof ein, den 169 004 mit N6615 schon erreicht hat. Auf dem Gütergleis ist 169 005 mit dem Winterdienst beschäftigt und wartet darauf, die nächste Zuglücke zu nutzen. Aufnahme: Peter Müller

▽ **Bild 252** • Die ganze Mühe ist umsonst: **169 004** ist mit voller Kraft auf dem Damm über Bad Kohlgrub unterwegs und wird in den kommenden Wochen im Dauereinsatz stehen. Noch ahnt sie nicht, das der wenige Tage vor diesem am 22. Januar 1977 aufgenommenen Foto erlittene Motorschaden von Schwester 169 003 schon bald ihr Todesurteil sein sollte. Aufnahme: Claus-Jürgen Schulze

Waren nun alle Lokomotiven mit nagelneuen Hauptuntersuchungen und mit besten Zukunftsaussichten versehen, reduzierte sich überraschend schnell der Bestand um eine Lok. Zur Einordnung: Nur zwei Tage nach Abschluss der U2 an 169 003 setzte die DB neue Unterhaltungsrichtlinien in Kraft. Diese lauteten – kurz gefasst – „kein Geld für alte Loks mehr". Mit dem Stichtag wurden keine Hauptuntersuchungen und größere Schadausbesserungen an allen Altbauloks (außer 118, 144 und 194) mehr genehmigt, schadhafte oder mit auslaufenden Fristen konfrontierte Maschinen wären abzustellen. Mit 104 020 und 144 508 waren schon wenige Tage später die ersten Fahrzeuge von dieser Regel betroffen, beide Loks markierten die erste Abstellung ihrer Baureihen. Dass sich ganz schnell auch eine Lok der Baureihe 169 dazu gesellte, damit konnte man nicht rechnen.

Doch 169 003 war im AW Freimann einmal mehr fehlerhaft „in Stand gesetzt" worden und kam nach ihrer Untersuchung nicht mehr richtig in Fahrt. Am 31. Dezember 1976 wurde sie erstmals nach der HU eingesetzt, musste aber nach nur wenigen Zugleistungen bereits am 4. Januar 1977 von 169 005 in Oberammergau abgeholt

Bild 253 ▷
Das „Corpus Delicti" – der Schützen-Aufbau im Vorbau von 169 004. Die massiven Bauteile mit den sichtbaren Funkenfeuern waren wartungs- und störanfälliger als die Nockenelemente der anderen Loks. Ein Hauptargument für die „Opfergabe" zu Gunsten der Schwesterlok 03.

Aufnahme: Bernd Mühlstrasser

▽ **Bild 254** • Schnelles Ende nach der neuen HU. Im Winter 1977 findet sich **169 003** plötzlich z-gestellt auf dem Lokfriedhof wieder. Auch 144 508 ist frisches Opfer des neuen, altbaufeindlichen Unterhaltungskonzepts. 117 007 hat dagegen schon länger Fristablauf. Doch die kleine Rote unterscheidet sich nicht nur farblich von den Leidensgenossinnen, sie wird auch als einzige wieder in Fahrt kommen!
Aufnahme: Rudolf Vyzina

△ **Bild 255** • „Sie ist wieder da!“ – Anfang Mai 1977 ist die totgeglaubte 169 003 nach der „Organspende“ der Schwesterlok 04 wieder daheim in Murnau. Ein bisschen angerostet und nie mehr so fit wie zuvor. Dennoch darf die Ersatzlok 144 035 nun wieder abziehen, **169 002** und **003** übernehmen am gleichen Tag noch „die Geschäfte“ im Ammertal. Aufnahme: Peter Zink

werden. In den kommenden Tagen versuchten die Monteure in Murnau und Garmisch, die Lok wieder in Fahrt zu bekommen, doch die Bemühungen wirkten irgendwie ratlos. Unter anderem gab es gravierende Probleme mit der Motorstromanzeige, die vermuten ließen, dass zu hohe Stromstärken auf den Motor wirken konnten. Am Abend des 13. Januar 1977 stieg die „Dreier“ schließlich wieder in den Plan ein. Bereits am 18. Januar 1977 erlitt sie vor dem 6606 einen Motorschaden und musste nur 3.200 Laufkilometer nach der Hauptuntersuchung erneut ins Ausbesserungswerk. Der Zeitpunkt war schlecht gewählt …

△ **Bild 256** • Endstation Lokfriedhof! Nach der Motorspende an ihre Schwester ist **169 004** auf dem Lokfriedhof gelandet. Dennoch bleibt ihr der Schneidbrenner erspart. In Gesellschaft von 191 100 und 163 004 fällt ein letztes Mal ihr dunkler Lack ins Auge. Leider schon „verschwunden“ – die loktypischen Zeiss-Scheinwerfer. Aufnahme im Herbst 1977, rund um den Ausmusterungstermin vom 29. September 1977. Aufnahme: Rudolf Vyzina

Trotz der frischen U2 schien damit für 169 003 das schnelle Ende gekommen zu sein, das AW stellte sie ohne weitere Diagnose auf den Lokfriedhof. Am 19. Februar 1977 schrieb das Bw Garmisch besorgt an das Ausbesserungswerk, im Falle einer geplanten Ausmusterung der frisch untersuchten Lok doch lieber aus 169 004 einen Motor zu entnehmen und diese Maschine auszumustern. *„Die Motoren der beiden Triebfahrzeuge haben die gleiche Typenbezeichnung. Der Umbau wäre auf Grund des geringeren Unterhaltungsaufwandes und der geringeren Störanfälligkeit der Lok 169 003 ein wesentlicher Vorteil (169 004 Schützensteuerung).*"

AW und zuständiges Maschinenamt ließen die Garmischer zunächst im Ungewissen, wie sie sich entscheiden wollten. Doch am 21. Februar erfolgte die z-Stellung der 169 003, offensichtlich war der Kampf um die beliebte Lok verloren. Mittlerweile hatte sich auch 169 005 mit einem Ritzel- und Laufwellenbruch im AW eingefunden, den sie sich beim „Schneeschaufeln" zugezogen hatte, als die Lok mit einigen Niederbordwagen durch das gesamte Bw-Gebiet von Garmisch tingelte und Schneeabraum von den Bahnsteigen auf die freie Strecke ablud. Auf der Oberammergauer Bahn waren nun 169 002 und 004 im Dauereinsatz, bei Fristarbeiten an beiden Loks Ende Februar mussten 144 065 und 036 aushelfen. Ende März kam schließlich doch der Bescheid aus dem AW Freimann – der Vorschlag des Bw Garmisch wurde angenommen, die 169 004 sollte für die weitere Karriere der 003 geopfert werden. Zunächst war noch die Rückkehr der 169 005 aus dem AW abzuwarten, die das Werk am 20. April verlassen konnte. „Nichtsahnend" war 169 004 an diesem Tag noch fleißig mit allen ihren Planzügen unterwegs und fuhr am 21. April 1977 den zweiten Morgenzug ab Oberammergau, die Übergabe und das Nachmittagszugpaar 6615 und 6616, dann wurde sie aus dem Plan genommen. Am Morgen des 22. April 1977 bügelte Lofführer Johann Wurzer 169 004 an ihrem letzten Lebenstag um 6.52 Uhr in Murnau auf und fuhr sie mit eigener Kraft direkt ins AW Freimann. Mit ihrer Ankunft dort erfolgte die z-Stellung der Lok, gleichzeitig wechselte 169 003 in den Einsatzbestand über. Bereits am 3. Mai 1977 war der Motor eingebaut, und die „Dreier" verließ das AW, dem Ende gerade noch von der Schippe gesprungen, zu Lasten der Schwesterlok. Dass die Ausmusterung der 004 eigentlich nur dem „ungünstigen Zeitpunkt" zuzuschreiben ist, wird daraus ersichtlich, dass der in die 003 gespendete Motor ein Jahr später ebenfalls schadhaft war. Als Ersatz wurde dann der alte Motor, der 1977 zur vorübergehenden Abstellung der Dreier führte, wieder repariert eingebaut – ein Jahr zuvor schien eine Reparatur nicht möglich zu sein. Doch die DB hatte mittlerweile den Geldhahn für Altbaumaschinen wegen Lokmangels wieder aufgedreht, ihre Verfügung wieder zurückgenommen. Die 169 004 hatte einfach das falsche Zeitfenster erwischt, die Ausmusterung der Lok erfolgte daher am 29. September 1977, sie stand bereits seit Ende April 1977 auf dem Lokfriedhof des AW Freimann.

Fortan mussten für den Betrieb nach Oberammergau drei Lokomotiven genügen. Kein Problem, denn in den Folgemonaten verrichteten die verbliebenen Loks brav ihren Dienst. Am 15. Juli sowie am 1. und 2. August 1977 mussten die Maschinen sogar ganz besonders fleißig sein. Züge, die seit vielen Jahren nur im Buchfahrplan ein Schattendasein als Bedarfzug fristeten, erwachten plötzlich zum Leben. Zugleistungen, die ersatzweise für Buskurse gefahren wurden, falls die Busse nicht verkehren können. Durch starke Regenfälle war die Straßenverbindung Bad Kohlgrub – Murnau plötzlich unpassierbar geworden, täglich mussten etwa sechs zusätzliche Zugleistungen erbracht werden. Damit verkehrten für mehrere Tage alle Loks der Baureihe 169 mit drei Zuggarnituren zwischen Murnau und Oberammergau.

△ **Bild 257** • Die klassische Fotostelle oberhalb Murnau Ort gibt im Mai 1977 den Blick auf einen ungewöhnlichen Dreiwagen-Zug nach Oberammergau frei. Eine Reisegruppe benutzte für mehrere Ausflüge im Oberland die DB und für sie wurde so mehrfach ein Zusatzwagen mitgeführt. Natürlich durfte **169 005** diese Leistung bespannen.

AUFNAHME: JÜRGEN HAGEMANN

△ **Bild 258** • Alltäglicher Zufall, es haben sich am 23. Dezember 1977 doch in Murnau mal wieder alle im Bw Garmisch beheimateten E-Lok-Baureihen zum Gruppenbild versammelt. Tatsächlich sollte die E 44 die Erste sein, die aus dem Werdenfelser Land verschwand (1979), gefolgt von der E 60. Die **169 005** hatte noch an meisten Zukunft vor sich. Aufnahme: Brian Rampp

Ende 1977 undAnfang 1978 mussten dann aber die beiden „Roten" erneut mit Motorschäden ins AW einrücken, sodass Mitte Februar 1978 nur noch 169 002 einsatzfähig blieb. Da mittlerweile im Bw Garmisch auch der reduzierte 144-Bestand Probleme bereitete, wurde 141 371 aus Nürnberg ausgeliehen, die damit, abgesehen von den Passionsperioden, erstmals seit 16 Jahren Pause wieder 141-Planleistungen im Ammertal übernahm. Allerdings fiel auch diese Lok des Öfteren während ihres gut einmonatigen Gastspiels aus, sodass doch einige Male 144 auf die Strecke mussten, ehe ab Mitte März 1978 wieder alle 169 zum Dienst antraten. Doch dieser neuerliche doppelte Ausfall sollte für die scheinbar etwas labil gewordenen 169 nicht ohne Folgen bleiben. Zum Fahrplanwechsel Sommer 1978 verloren die 169 die Hälfte der Züge an eine Münchner 141. Es entstand ein Mischbetrieb 141 und 169. Es gab keine speziellen 169- und speziellen 141-Züge, sondern Plantag 1 und Plantag 2 wurden abwechselnd von beiden Baureihen gefahren. Wie bereits einmal erwähnt – die sensiblen E 69 reagierten auf derartige Eingriffe in ihr Reservat „beleidigt" … Schon wenige Tage später schleppte sich 169 002 mit dem 6617 zwar pünktlich, aber mühsam nach Oberammergau, für die Rückleistung musste 169 003 aus Murnau als Lz anreisen. Ein Motorschaden, bei der Zweier eher selten, bescherte der Lok einen längeren Sommerurlaub bis Anfang August. Dabei vermied man im Bw Garmisch, die Lok ins AW zu überführen. Vielmehr forderte man einen Ersatzmotor an, den schließlich am 18. Juli das Heimat-Bw einbauen konnte. Der Motor stammte aus dem Nürnberger 432 202.

Dennoch überließen die E 69 der Knall-Konkurrenz – die Baureihe 141 wird wegen lauterer Geräusche beim Anfahren auch gerne als „Knallfrosch" bezeichnet – das Feld keineswegs kampflos. Im Gegenteil, ließen sie es sich nicht nehmen, im Juni an sieben, im Juli an zehn, im August an drei und im September an 20 Tagen die 141-Leistungen mit zu übernehmen. Häufig wurde also im gewohnten Zwei-Lok-Betrieb mit 169 gefahren, während die Plan-141 in Murnau abgestellt war. Im Winterfahrplan 1978/79 blieb zwar der 141/169-Mischplan bestehen, doch die 169 hatten sich ihre Stammstrecke fast komplett wieder zurück erobert. Im Oktober ließ sich nur an acht Tagen eine 141 blicken, im November wurde keine einzige Leistung von 141 gefahren, im Dezember nur an den ersten paar Tagen. Auch im Januar durfte nur deswegen mal für vier Tage eine 141 antreten, weil 169 002 zu den berühmt-berüchtigten Posteraufnahmen ins Bw Freilassing reiste, die wegen anhaltenden Schneefalls trotz vieler zusammengeführter Altbau-Elloks nicht stattfinden konnten.

1979: Die Konkurrenz schläft nicht

Anfang März 1979 war es dann aber mit diesem erfreulichen „Revival" der 169 wieder vorbei. Von nun ab für die restliche Laufzeit des Winterfahrplans war die planmäßige Einheitslok der Baureihe 141 doch meist in ihrem Umlauf zu finden. Weshalb aber nach dem zuverlässigen E 69-Dienst in dieser Fahrplanperiode mit Beginn des Sommerfahrplanes 1979 ein völliger Zusammenbruch der Leistungen für die alten Loks eintrat, ließ die Szene rätseln. Der neue Umlauf sah von Montag bis Donnerstag nur den Übergabezug sowie das Nachmittags-Zugpaar 6615/6616 vor. Lediglich freitags blieben die Loks ganztägig im Plan, ebenso am Samstag. Dies bedeutete einen Rückgang auf nur 100 km Laufleistung täglich, lediglich am Freitag wurden 175 km und samstags 150 km erreicht. 141-Ersatzleistungen fielen zwar hin und wieder an, doch keinesfalls mehr in dem Maße der vorherigen Fahrplanperiode. Dagegen verabschiedeten sich die E 69 aus dem Sommerfahrplan mit einer imposanten Sonderzugleistung. Am 29. September 1979 kam der traditionsreiche Rheingold-Zug im Rahmen einer Sonderfahrt nach Oberammergau. Um die schweren Vorkriegswagen über die starken Steigungen zu bringen,

△ **Bild 259** • Nur zu den nach 4.000 Laufkilometern fälligen Fristarbeiten waren E 69 im Heimat-Bw Garmisch anzutreffen. **169 003** sonnt sich während dieser Auszeit im winterlichen Zugspitzdorf. Aufnahme: Rudi Vyzinka

△ **Bild 260** • Saulgrub war der Kreuzungsbahnhof mit dem längsten Überholgleis. Daher ist vom „Bahnhof" auch noch gar nichts zu sehen, als **169 005** mit Üg67664 im Februar 1977 durch den Zweispurabschnitt zuckelt. Noch ist Heizperiode und daher sind auch vier Kohlewagen für die Nato-Schule in Oberammergau mit im Gepäck.
Aufnahme: Claus-Jürgen Schulze

waren alle drei Loks nötig. So zogen 169 002 und 003 gemeinsam, während die 005 nachschob.

Zum Winterfahrplan 1979/80 änderte sich der Einsatzplan der 169 erneut. Weiterhin wurde nur eine Maschine benötigt, doch stieg die Tagesleistung nun wieder auf 200 km montags, 175 km täglich von Dienstag bis Freitag sowie immerhin noch 75 km am Samstag. Alle Leistungen sahen dabei Reisezugleistungen vor, der Übergabezug ging auf die 141 über. In der Regel fuhren die Loks in diesem Fahrplan erstmals nicht abwechselnd, sondern eine Maschine knapp vier Wochen durch. Mit Er-

△ **Bild 261** • Nein, kein Zug-Surfer … Vielmehr streikte die Lichtzeichenanlage bei Bad Kohlgrub Kurhaus mal wieder. Gemeinsam setzten Schaffner und Lokpfeife im Verbund die Vorfahrt für N6615 durch.
Aufnahme: Brian Rampp

△ **Bild 262** • Im März 1979 absolvierte **169 003** fast alle Planleistungen für die E 69. So ist es auch kein Zufall, dass der Fotograf mit einem „zeitgemäßen Studentenauto" angereist ist, vor N6608 in Jägerhaus auf die schicke Rote trifft. AUFNAHME: STEFFEN LÜDECKE

reichen der Fristgrenze wechselte dann die andere 169 in den Plan. Die planmäßig nicht benötigte Lok absolvierte aber fast täglich im Bereich des ehemaligen Bw-Murnau den Schadwagenverschub. Dies galt zumindest für 169 002 und 003, 169 005 wechselte angesichts der nun fehlenden Güterzugleistung und der ungestörten Einsatzbereitschaft der beiden 169 002 und 003 im Oktober und November 1979 als Reservelok ins Bw Garmisch, nachdem dort mittlerweile keine 144 und 160 mehr zur Verfügung standen. Anfang Dezember 1979 kehrte sie jedoch wieder nach Murnau zurück, hatte sie doch im

▽ **Bild 263** • Die Ammergauer Bergwelt hinter sich lassend, macht sich **169 002** im Mai 1980 bei Unterammergau auf den Weg nach Murnau. Der mitgeführte Eilzugwagen war längere Zeit „Standard". AUFNAHME: BERND MÜHLSTRASSER

△ **Bild 264** • Ein Defekt von 111 077 vor N4653 verhalf **169 005** am 20. Juli 1979 zur wohl einzigen Reisezugleistung auf der KBS 960 nach Garmisch-Partenkirchen. Zugausfall war zu Bundesbahnzeiten keine wirkliche Option und so schickte man kurzerhand die kleine E 69 auf die große Reise. Bei der Ausfahrt aus Farchant ist das Ziel schon fast erreicht. AUFNAHME: ANDRÉ SINN

Bedarfsfalle mit dem Murnauer Klimaschneepflug die Strecke freizuräumen. Für zwei Wochen war sie dann Ende Januar/Anfang Februar 1980 mit dem sogenannten Räumzug im gesamten Bereich des Bw Garmisch unterwegs, mit welchem die Schneeberge aus den Bahnhöfen auf die freie Strecke gebracht wurden.

Am 23. März 1980 brachen dann 169 005 und 002 gemeinsam ins AW Freimann auf. Allerdings war es diesmal kein Schaden, der die Loks in den Münchner Norden verschlug. Vielmehr erhielten die beiden Loks, ebenso wie die vier Tage später folgende 169 003, eine vollständige Neulackierung in den gewohnten Farben, nach 23 bzw. 21 Jahren war dies auch dringend notwendig geworden. Dennoch war diese Maßnahme vor allem eine große Wertschätzung des Arbeitgebers DB für die alten Maschinen – die gesamte Baureihe strahlte nun um die Wette.

Anlass hierfür war eine große Fahrzeugschau unter dem Motto „75 Jahre Elektrischer Betrieb“, die am 6. April 1980 im Bereich des Lokalbahnhofs und des Bw Murnau stattfand. 169 002 und 005 waren mit einer historischen Plattformwagen-Garnitur auf ihrer Stammlinie unterwegs, ebenso eine 403-Einheit, die damit zum zweiten Mal auf diese Strecke kam. Allerdings war der strahlend neue Lack an den 169 kaum unter den österlichen Schneemassen zu erkennen, die an diesen Tagen vom Himmel gefallen waren. Mit 116 009 und 144 002 gelangten Ausstellungsloks nach Murnau, die früher auf der Garmischer Hauptbahn häufig anzutreffen waren, und mit der E 52 34 kam eine ehemalige Murnauer Lok wieder in ihre alte Heimat.

Optisch in bestem Pflegezustand fuhren die drei 169 nun auf den schon lange im Visier stehenden „Tag X“ zu. Im Sommer 1980 fanden wieder Passionsspiele in Oberammergau statt. Das gewohnte Ausscheiden der 169 aus ihren angestammten Diensten in den Passionsfahrplänen hatten viele Beobachter seit langem schon als den Schlussstrich der E 69-Geschichte angesehen. Es war unwahrscheinlich, dass die Loks nach einer Planpause wieder in ihre alte Aufgaben zurückkehren würden.

▽ **Bild 265** • Aus dem „hässlichen Entlein“ ist über Nacht eine Prinzessin geworden! Zu ihrem 50. Geburtstag und zum Jubiläum „75 Jahre Elektrischer Betrieb“ spendierte ihr Dienstherr der **169 005**, und den beiden Schwestern, ein neues Farbkleid. Am ersten Einsatztag als „Schönheit“ präsentiert sie sich stolz am Oberammergauer Schlüsselstellwerk, März 1980. AUFNAHME: BERND MÜHLSTRASSER

◁ **Bild 266**
Für die Ausstellung „75 Jahre Elektrischer Betrieb" werden am 3. April 1980 Museumsexemplare nach Murnau überführt. Die abschließende **169 003**, mit noch „feuchtem" neuen Lack aus Freimann kommend, gehört natürlich nicht dazu – sie ist Betriebslok! Mit im Verbund sind 144 002, E 52 34, E 19 12 und 120 004, aufgenommen bei Diemendorf.

Aufnahme:
Steffen Lüdecke

◁ **Bild 267**
Lauter schöne neue Kleider zur Geburtstagsparty! Innerhalb von einer Woche hat die Bundesbahn ihre gesamte E 69-Familie neu lackiert. Im Murnauer Lokalbahnhof zeigen sich am 2. April 1980 die drei Schwestern bestens herausgeputzt.

Aufnahme:
Bernd Mühlstrasser

◁ **Bild 268**
„Alles in einer Hand": Lokpfeife, Sandung, Zug- und Lokbremse (v.l.n.r), und alles im Blick: Tacho, Bremsdruck, Hauptluftleitung – so übersichtlich zeigen sich die Bedienelemente auf **169 002**. Diese Anordnung wurde erst 1976 im Bereich eines nun verblechten Seitenfensters neu gruppiert.

Aufnahme:
Dieter Kempf

Bild 269 ▷
Es gab sie doch – die Unterschiede der beiden unzertrennlichen Schwestern. Die Bremseinrichtungen sind bei **169 003** abweichend um das offen gebliebene Fenster herum angeordnet.

Aufnahme:
Bernd Mühlstrasser

◁ **Bild 270**
Harmonie aus Eisenbahn und Landschaft ist gerade im Abschnitt Scherenau-Altenau unübersehbar . Moosiger Birkengrund geht nahtlos über in die „Wiesmad"-Hänge des Hörnle. Mit ihrer „E-Mobilität" ist **169 002** dabei keineswegs ein Störfaktor!

Aufnahme: Rolf Köstner

Die Bundesbahn hatte in den späten siebziger Jahren bereits viele Altbau-Baureihen von den Schienen verbannt, darunter die E 16, E 17, E 63 und sogar die Neubauloks E 10^{0}. Ausgerechnet die ältesten Triebfahrzeuge sollten diesem Trend trotzen?

Ganz „Aus" war es mit Beginn des Sommerfahrplanes 1980 dann aber überraschend doch noch nicht. Die Übergabe nach Oberammergau gewährleistete den 169 einen zumindest regelmäßigen Einsatz.

Daneben konnte 169 003 einmal im Reisezugdienst aushelfen, 169 002 und mehrfach 169 005 waren auch mit Dienstgüterzügen im Ammertal und im Garmischer Raum unterwegs.

Völlig überraschend war dann jedoch, dass mit Beginn des Winterfahrplans

Bild 271 ▷
Das Naturschutzgebiet Pulvermoos zwischen Ober- und Unterammergau wird von der Bahnlinie seitlich begrenzt. In diese Voralpenidylle passt **169 002** mit ihrem N6610 perfekt hinein.

Aufnahme: Rolf Köstner

Bild 272 ▷
Der bewaldete „Burabichl" ist schon umrundet, jetzt geht es für **169 002** geradewegs auf Oberammergau zu. Herbst 1980.

Aufnahme: Rolf Köstner

△ **Bild 273** • Nächtlicher Föhnhimmel über **169 002**, die uns noch ein „Guad Nacht" zublinzelt, ehe die Nachtruhe beginnt. Aufnahme: Rolf Köstner

▽ **Bild 274** • Weder der „Kofel" im Hintergrund, noch die Haflinger-Familie lassen sich von der neulackierten **169 003** auf der Unterammergauer Ammerbrücke aus der Ruhe bringen. Gehört halt im April 1980 alles zum gewohnten Alltag. Aufnahme: Karsten Risch, Sammlung Eisenbahnstiftung

1980/81 weiterhin 169 auf der Strecke nach Oberammergau zu finden waren. Und geradezu sensationell war der Umfang der Leistungen. Das Zugangebot auf der Linie war zum Mai 1980 deutlich erhöht worden. Nachdem diese Angebotsausweitung auch nach den Passionsspielen beibehalten blieb, fanden die 169 nun wieder ein reiches Betätigungsfeld.

Erstmals seit zweieinhalb Jahren benötigte die Zugförderung jetzt wieder täglich zwei E 69 planmäßig, daneben noch eine Lok der Baureihe 141. Dabei begann eine 169 um 6.00 Uhr in Oberammergau ihren Dienst und fuhr bis gegen 14 Uhr Reisezüge. Die zweite Lok begann kurz nach 8 Uhr mit dem Übergabezug und blieb bis zum Abendzug mit Ankunft um 19 Uhr in Oberammergau im Plan. Damit erreichten beide Maschinen täglich je 175 km, also wieder eine deutlich höhere Laufleistung als in den vorhergehenden Fahrplanperioden. Einziger kleiner Wermutstropfen, zumindest für die Eisenbahnfreunde: Samstags war nur eine Lok unterwegs, die bereits gegen 10 Uhr „Dienstschluss" hatte, am wiederbelebten Sonntagsverkehr waren die 169 gar nicht beteiligt, alle Loks waren dann in Murnau abgestellt.

Das Vertrauen, das die DB in ihre mittlerweile bis über 70 Jahre alten Loks setzte, zahlten diese absolut zuverlässig zurück. Ungewohnte Leistungsdichte war im Dezember 1980 zu verzeichnen. Zusammen kamen die drei 169 auf 59 Einsatztage! Dabei war 169 005 häufig mit der Übergabe und auch mit dem Schneepflug im Einsatz, die beiden anderen 169 fuhren brav ihre vielfältigen Planleistungen. Insgesamt war diese interessante Fahrplanperiode durch unermüdlichen Dienst der Reihe 169 geprägt. Dabei fiel auf, dass 169 005 ungewohnt häufig mit im Plan lief, praktisch gleichberechtigt mit den beiden anderen Maschinen – eine späte Genugtuung für die häufig stiefmütterlich behandelte Lok. Vielleicht lag es ja auch an dem recht kalten Winter, denn die 005 hatte als einzige E 69 eine hölzerne Führerhausverkleidung und war so recht angenehm temperiert. Dagegen waren die anderen E 69 nicht isoliert. Früher erhielten die Lokführer in Murnau daher auch einen Wintermantel und Pelzstiefel von der Bahn gestellt!

(weiter auf Seite 160)

△ **Bild 275** • Ein selten gewähltes Motiv: **169 002** macht sich am Einfahrtsignal von Murnau Ort auf den Weg „hinauf" ins Ammertal, 25. März 1981. AUFNAHME: PROF. DR. WILLI HAGER, SAMMLUNG EISENBAHNSTIFTUNG

▽ **Bild 276** • Mit der Übergabe 67663 lässt **169 002** am 17. Mai 1981, wenige Tage vor dem Planabschied von ihrer Hausstrecke, Unterammergau hinter sich zurück. AUFNAHME: BERND MÜHLSTRASSER

◁ **Bild 277**
Schneehölle Ammertal – **169 005** hat sich am Nikolaustag 1980 mit einem weißen Rauschebart gut getarnt. Eben hat sie die Strecke mit ihrem Klimaschneepflug bis Oberammergau freigeräumt.

Aufnahme: Bernd Mühlstrasser

◁ **Bild 278**
Der letzte Einsatzwinter, und doch eine so alltägliche Szene: Während **169 003** mit dem 6614 schon einen Moment in Bad Kohlgrub steht, hörte man **169 002** vor 6615 gerade noch den Berg rauf heulen. Nun ist der Fahrschalter aber in Stellung „0" und die Fuhre rollt in den Bahnhof ein. Loks und Lokführer sagen „Servus beinand".

Aufnahme: Frank Lüdecke

◁ **Bild 279**
Die bestens gepflegte **169 005** ist mit ihrer Übergabe im Dezember 1980 „der rote Knaller" in der Winterlandschaft bei Unterammergau.

Aufnahme: Dieter Kempf

Bild 280 ▷
Man sieht der Szenerie bei Scherenau die Kälte an! Durch eine Winter-Steppe staubt **169 002** am 9. Dezember 1980 mit ihrem N6616, zackig grüßt der Kofel aus Oberammergau.

Aufnahme: Peter Bäuchle

Bild 281 ▷
Die „Standardaufnahme" vom Bahnhof Oberammergau ist 1905 genauso sehenswert, wie auch am 9. Dezember 1980 in der „Wintertraum-Variante". **169 003** steht bereit für die nächste Fahrt. Das Labermassiv zeigt sich ebenso ortsprägend, wie das Passionsspieltheater links und das Bahnhofsgebäude.

Aufnahme: Peter Bäuchle

Bild 282 ▷
Der Traumwinter hält den gesamten Dezember 1980 an. Auch am 29. Dezember 1980 schiebt **169 003** in kalter Wintersonne ein Häuflein Schnee mit dem Pflug vor sich her, während die Fahrgäste in Unterammergau sich schon auf die bullende Wärme in den Silberlingen freuen.

Aufnahme: Wolfgang Mletzko

1981: In die Zielgerade – Der Abschied

Mit dem Mai 1981 brach trotz der erfolgreichen und störungsfreien Fahrplanperiode nun der Abschied der alten Lokalbahn-Elloks von ihrer Heimatstrecke an. Zum Fahrplanwechsel am 31. Mai 1981 erhöhte sich die zulässige Streckenhöchstgeschwindigkeit der Bahn nach Oberammergau abschnittsweise auf 60 km/h. Für die nur 50 km/h schnellen 169 bedeutete dies, dass sie erstmals die geforderten Ansprüche ihrer Heimatstrecke nicht mehr erfüllen konnten. Zumindest auf dem Papier. Denn in Wirklichkeit passierte nicht mehr, als das sich aufgrund der teilweise schnelleren Geschwindigkeit die Fahrzeit der Züge um etwa fünf Minuten verkürzte. Mit den nun meist angesetzten 40 min hatten sich die E 69 bis Mitte der siebziger Jahre allerdings auch erfolgreich abstrampeln müssen, erst 1977 wurde, auch aufgrund einiger eingerichteter Langsamfahrstellen, die Fahrzeit bis auf in der Regel 46 Minuten gestreckt.

△ **Bild 283** • Tage des Abschieds – nur noch einmal nach dieser Fahrt wird **169 002** mit einem Güterzug im Ammertal unterwegs sein. An diesem 25. Mai 1981 bringt sie dennoch völlig routiniert ihre Üg67663 hinter Altenau zum Ziel. AUFNAHME: WOLFGANG MLETZKO

▽ **Bild 284** • Vorvorletzter Einsatztag im Personenverkehr für **169 005**. Bei wolkenverhangem Himmel rollt der Nahverkehrszug von Kohlgrub herunter auf Grafenaschau zu, 27. Mai 1981. AUFNAHME: WOLFGANG MLETZKO

▽ **Bild 285** • Mit diesem N6610 endet nach 75 Jahren die Ära der E 69 im Personenverkehr auf ihrer Stammstrecke. Es ist **169 005**, die dieses Kapitel am 30. Mai 1981 bei Unterammergau zuschlägt. AUFNAHME: BERND MÜHLSTRASSER

△ **Bild 286** • Dem „Abschiedsschmerz" im Ammertal entzieht sich **169 003** durch eine Sonderfahrt zur S-Bahn-Eröffnung nach Wolfratshausen. Auf dem Weg dazu rollt sie durch Possenhofen auf der Garmischer Hauptbahn, 26. Mai 1981. AUFNAHME: STEFFEN LÜDECKE

Aber auch diese Rechnerei half nicht; die Ära der alten Loks war vorbei. Zuvor waren am 8., 15. und 18. Mai nochmals alle drei Loks zum Einsatz gekommen. Am 21. Mai 1981 verabschiedete sich 169 003 vorzeitig vom Reisezugdienst im Ammertal, um sich anschließend im Heimat-Bw herausputzen zu lassen. Schließlich sollte sie am 30. Mai 1981 in München Stargast bei der Eröffnung der S7 sein, die auf S-Bahn-Triebwagen umgestellt wurde. Als alte LAG-Lok fuhr sie auf dieser ehemaligen LAG-Paradestrecke einen Sonderzug.

Am selben Tag fuhr 169 005 mit den Zügen 6600, 6603, 6606, 6609 und 6610 die letzten Nahverkehrszüge für die Baureihe 169 auf der Oberammergauer Bahn. Ihr war in diesem Monat auch der seltene Triumph beschieden, im Wettbewerb mit ihren Schwestern die höchste Monatslaufleistung zu erreichen.

169 002, die von allen E 69 am längsten im Ammertal eingesetzt war, hatte am 29. Mai 1981 kurz nach 12 Uhr zum letzten Mal den Bahnhof Oberammergau verlassen – sie sollte nie mehr im Rahmen einer fahrplanmäßigen Fahrt auf ihre alte Strecke zurückkehren dürfen.

Doch ganz war die Geschichte der kleinen Loks auf „ihrer" Bahn noch nicht beendet. Es war wieder einmal das Übergabe-Pärchen, das im Sommerfahrplan 1981 den Einsatz der Loks sicherte. Somit konnte, zumindest bei entsprechender Fracht, noch werktäglich von Montag bis Freitag am Vormittag eine 169 über die Strecke nach Oberammergau brummen. Hierzu war 169 005 vorgesehen, außerdem verblieb zunächst 169 002 als Reservelok in Murnau, kam hier aber nicht mehr zum Einsatz.

Dagegen hatte sich an ganz anderer Stelle eine Einsatzmöglichkeit für die Baureihe 169 ergeben. Der neue Fahrplan hatte es der Lokdispo in Garmisch beschert, dass der jahrelang praktizierte Lokübergang eines Güterzuges aus Mittenwald auf eine Übergabe nach Griesen an der Außerfernbahn Garmisch – Reutte – Kempten im Sommer 1981 nicht mehr klappte. Der Zug aus Mittenwald kam erst an, wenn die Griesener Fuhre bereits abgefahren sein musste. Somit wurde eine weitere Lok benötigt. Dem für Garmisch zuständigen Laufplanbearbeiter waren die E 69 gute alte Bekannte und so erkannte er schnell, dass die alten Murnauer Loks den hier geforderten Dienst ohne weiteres bewältigen konnten und damit eine lange Reihe vielfältiger Triebfahrzeuge vor diesem Zugpaar verlängern konnte. Bislang hatten schon 144, 141, 194 und zuletzt eine 218 die Züge gefahren. Die Griesener Übergabe lief in der Hinleistung offiziell als Nahverkehrszug 5426, gebildet aus einem Schnellzugwagen mit Gepäckabteil sowie den je nach Frachtaufkommen angehängten Güterwagen, oft ein mit Propangas gefüllter Kesselwagen, der in Griesen auf Lkw umgefüllt wurde. Die Rückleistung erfolgte dann als Üg 67677, doch lief auch hier der Personenwagen mit, in dem auch Fahrgäste mitfahren durften. Eigentlich war die Leistung also ein GmP (Güterzug mit Personenbeförderung), den es bei der DB zu diesem Zeitpunkt offiziell aber nicht mehr gab.

169 003 fuhr daher nach ihrer Sonderfahrt in München gleich zu ihrem neuen Einsatzstandort Garmisch durch, um am 2. Juni 1981 als erste E 69 planmäßig auf der Griesener Strecke zu fahren. In den kommenden Wochen kam eine Tagesleistung von Montag bis Samstag von jeweils 26 km als „Gnadenbrot" zusammen – und ein Dach über dem Stromabnehmer, schließlich konnte die Lok, ganz ungewohnt, nach getaner Arbeit im Lokschuppen übernachten. Nachdem die Auszubildenden im Bw Garmisch begannen, als Lehrlingsstück ein Modell der E 69 02 nachzubilden, wurde 169 003 Mitte Juni gegen 169 002 getauscht, um das „lebende Objekt" vor der Haustür der Lehrlingswerkstätte zu haben. Damit übernahm nun die „Zweier" für die restlichen Monate die Griesener Leistung.

△ **Bild 287** • Schöne Bescherung! Der hintere Fahrmotor ist ins Gleis gekippt, Federn und Schrauben liegen im Schotter. **169 005** hat sich ein wenig übernommen … AUFNAHME: PETER ZINK

169 003 dagegen kehrte auf die Freigleise vor dem Murnauer Lokschuppen zurück, um von dort aus die Einsätze der Baureihe 141 im Personenverkehr der Oberammergauer Bahn und die Fahrten ihrer dicken Schwester 169 005 vor den Übergaben zu beobachten. Aus dieser Warte musste sie dann bereits am 19. Juni 1981 miterleben, dass ihre Kollegin von der morgendlichen Übergabefahrt ins Ammertal nicht zurückkam. In Oberammergau hatte sich ein recht skurriler Zwischenfall mit 169 005 ereignet. Wegen Bauarbeiten an der Strecke war der Güterzug bereits seit einigen Tagen als Materialtransport für Schienen genutzt worden. So hatte auch an diesem Tag 169 005 viele Niederbordwagen nach Oberammergau gebracht. Im Endbahnhof wurden diese noch mit dort abgestellten Güterwagen gekuppelt, sodass ein schwerer und langer Zug zu rangieren war. Die Kraft der „Fünfer“ hatte dies nicht überfordert, wohl aber die Motoraufhängung des Motors 2. Bei der Anfahrt mit der schweren Last riss sich dieser aus den Verankerungen, die Lok machte noch einige Bocksprünge, versprühte Funken, Schrauben sowie Eisenfedern und blieb schließlich mit einem nach innen gekippten, nur von der Sicherheitskette über dem Gleis gehaltenen Motor auf Höhe der Ausfahrtsignale des Bahnhofs liegen.

Dort blieb die Lok nun einige Tage stehen, um dann aber auf dem alten Gütergleis 6 abgestellt zu werden, dort wo früher einmal der Lokomotivschuppen stand. Am Ende jenes Monats kam dann ein mobiles Kommando aus Garmisch angereist und reparierte den außergewöhnlichen Schaden vor Ort.

Es soll, so wussten Eisenbahner zu berichten, bei einem ähnlichen Vorfall in

△ **Bild 288** • Das letzte Frühlingserwachen für 169 005. Im Mai 1981 ist die Üg67663 wieder mal „eher kurz“, als die Lok durch Unterammergau fährt. Doch der Herrgott sollte es mit der Lok mehr als 20 Jahre später noch recht gut meinen. AUFNAHME: BERND MÜHLSTRASSER

△ **Bild 289** • Im letzten Einsatzsommer kam es, wie hier am 22. Juni 1981, noch zu einigen Stilblüten. So brachte **169 003** ihre Kollegin 141 008, mit ihrem silbernen Dach fast schon ein Einzelstück, von Ober- nach Unterammergau, um ab dort als Lz zurück nach Murnau zu fahren. AUFNAHME: BERND MÜHLSTRASSER

△ **Bild 290** • Am 30. Juni 1981 lässt sich **169 003** von der in Oberammergau reparierten **169 005** im Üg 67664 nach Murnau zurückbringen. Die „Kleine" hatte die Hinleistung noch selbst gefahren. AUFNAHME: BERND MÜHLSTRASSER

den siebziger Jahren schon einmal entlang der Strecke nach den verlorenen Teilen der Lok gesucht worden sein … So übernahm 169 003 bis 30. Juni 1981 die Vertretung der „Fünfer". An diesem Tag musste sie bloß die Hinleistung nach Oberammergau fahren, denn dort wartete schon die genesene 169 005 und übernahm bereits die Rückfahrt, samt der leer mitlaufenden 169 003. Von da ab rostete die 169 003 fast am Bw Murnau fest, nur noch zwei Einsatztage fielen im Juli an und der August brachte ihr nicht eine einzige Leistung. Dagegen waren 169 002 im Griese-

(weiter auf Seite 167)

△ **Bild 291** • Auf einer neuen Einsatzstrecke darf sich ab Juni 1981 zunächst **169 003** beweisen, findet im Abschnitt Garmisch – Griesen der Außerfernbahn eine überraschende „Alters-Teilzeit". Begegnungen mit ÖBB-1020 gehörten bislang nicht zum Alltag der E 69, die hier am Wendebahnhof Griesen auf die Rückleistung als Üg67667 wartet.

AUFNAHME: CLAUS-JÜRGEN SCHULZE

△ **Bild 292** • Nach dem Verlust der Reisezüge herrscht Anfang Juni 1981 am Lokschuppen in Murnau kaum mehr „Leben". **169 005** ist Planlok für den Güterzug, während **169 002** noch als Reserve dient, aber nie mehr auf die Heimatstrecke kommen wird.

AUFNAHME: ULRICH WEHMEYER

△ **Bild 293 • 169 002** hat die Lokalbahn-Atmosphäre mitgenommen, auch in Untergrainau an der Außerfernbahn wirkt alles ziemlich putzig. Das alte bayerische Flügelsignal zeigt ein steiles „Fahrt frei" für den Übergabezug 67667, der am 1. August 1981 recht viel menschliche „Fracht" mitzuführen scheint. AUFNAHME: ULRICH WEHMEYER

△ **Bild 294 •** Der „kleine Grenzverkehr" ist bald alleinige Aufgabe von **169 002**. Am 3. August 1981 bringt sie ihren Gmp 67667 von Griesen nach Garmisch, hier bei Obergrainau. AUFNAHME: ROLF KÖSTNER

△ **Bild 295** • Ganz zum Ende der KBS973-Leistung hat der Fotograf am 14. September 1981 besonderes Glück. Die im Sommer in Griesen ungünstig stehende Sonne war frühherbstlich deutlich fotofreundlicher. Außerdem gesellten sich zu dem oft alleine fahrenden Eilzugwagen mal richtig viele Güterwagen. Aufnahme: Dieter Kempf

▽ **Bild 296** • Noch rollten auch im Ammertal die Güterzüge mit **169 005**. Hier die Rückfahrt mit Üg 67664 zwischen Saulgrub und Bad Kohlgrub Kurhaus. Aufnahme: Wolfgang Mletzko

△ **Bild 297** • Achtung: FSK 18! Der Außerfern-Schnellzug, besser bekannt als Üg67667 und regelmäßig von Eisenbahnfreunden frequentiert, stört die Ruhe der Sonnenhungrigen an der Loisach bei Grainau nur kurz. AUFNAHME: FRANK LÜDECKE

ner Umlauf und 169 005 im Ammertal täglich im Einsatz.

Am 20. August 1981 wurde im Maschinenamt München 1 ein Ausmusterungsantrag für 169 005 mit der Begründung „Fahrzeug ist nicht mehr wirtschaftlich einsetzbar" eingereicht. Der Hintergrund: Inzwischen stand fest, ein weiterer Einsatz der Baureihe 169 über den Sommerfahrplan 1981 hinaus war nicht mehr geplant, nach dem 26. September 1981 würden die Loks nicht mehr benötigt. Darüber hinaus lief die Untersuchungsfrist der Lok am selben Tag ab und eine neue Hauptuntersuchung war natürlich nicht geplant. So hatte die Lok noch einige Wochen Gnadenfrist, doch am 11. September 1981 wurde mit der Rückleistung vor dem Üg 67664 aus Oberammergau der Laufkilometerwert zu Fristarbeiten erreicht. Doch die Perspektive von maximal zehn weiteren Einsätzen rechtfertigte auch die wenigen notwendigen Handgriffe nicht mehr, die Lok blieb ihre letzten Lebenstage am Bw Murnau abgestellt. Dafür kam 169 003 nun noch zu einigen Fahrten auf ihrer alten Strecke und zur Ehre, die wirk-

Bild 298 ▷ Letzte Planfahrt: Als wagenloser Üg67664 zuckelt **169 003** am 25. September 1981 letztmalig nach Murnau. Der Autor diese Buches nimmt am „Lieblings-Platzerl" bei Altenau Abschied von seiner „Jugendliebe". AUFNAHME: BERND MÜHLSTRASSER

△ **Bild 299** • Einen Tag später ist auch in Garmisch „Schluss". Am 26. September 1981 setzt sich **169 002** vor ihren N5426 nach Griesen. Nach 76 Jahren endet der planmäßige Einsatz einer Lok-Legende.

AUFNAHME: BERND MÜHLSTRASSER

lich letzte Lok dieser Baureihe zu sein, die auf planmäßige Fahrt durch das Ammertal ging.

Am 25. September 1981 stand letztmalig die Übergabe bereit, es war noch ein gedeckter Güterwagen nach Oberammergau zu bringen. Die Rückfahrt lief dann ohne Fracht, ein recht armseliger Abschied nach 75 Jahren!

Damit war eine einmalige Symbiose aus einer Lokomotivbaureihe und ihrer Einsatzstrecke endgültig Vergangenheit. Ein würdiger Abschied war den Loks nicht vergönnt; hätten nicht einige Eisenbahnfreunde zumindest ein Schild mit der Aufschrift „Letzte Fahrt" angebracht, er wäre gänzlich unbemerkt geblieben.

Einen Tag zuvor hatte 169 005 ihr „Leben" als Einsatzlok beendet. Mit Datum vom 24. September 1981 wurde die Lok nun ausgemustert, ohne vorherige z-Stellung – der Fall war klar! Somit musste sich die Lok schließlich am Morgen des 26. September 1981 von ihrer älteren Schwester 003 an den Haken nehmen lassen. Ein letzter Abschied aus Murnau, die Loks fuhren in das ihnen weitgehend fremde Heimat-Bw Garmisch. Murnau war nun nicht mehr das Murnau, das Eisenbahnfreunde seit Jahrzehnten kannten, nicht mehr die Heimat der E 69. Von nun an herrschten Tristesse und die Eisenbahn-Monotonie der achtziger Jahre über dem Staffelsee.

In Garmisch dagegen gab es noch einen letzten Schlusspunkt in der langen Einsatzgeschichte zu erleben. Der auch samstags verkehrende „GmP" nach Griesen fuhr an diesem 26. September 1981 noch einmal. Und sogar die Heimatzeitung nahm hiervon Kenntnis, zusammen mit einer größeren Zahl von Eisenbahnfreunden, die die letzte Fahrt einer Legende begleiteten. Bei tristem Wetter war 169 002 ein letztes Mal unterwegs, der Zug wurde auf zwei Wagen verstärkt und durfte bei der Rückleistung in Grainau einige Fotohalte machen. Dennoch, nach ungewohnter Einfahrt im Paradegleis 1 kuppelte die Lok um 14.36 Uhr ab und fuhr zum letzten Mal ins Bw, wo bereits die beiden Schwestern 003 und 005 warteten. Auf einem Freigleis wurden nun alle Maschinen in Reih' und Glied abgestellt, die Einsatzgeschichte der E 69 war beendet. So ziemlich, jedenfalls …

Am 8. Oktober 1981 brachte man 169 002 und 169 003 für eine Veranstaltung nach München, denn dort hatten sie am 10. und 11. Oktober die Aufgabe, Pendelzüge zwischen München Hbf und dem AW Neuaubing zu bespannen. Ein weiterer Zug war mit 104 018 bespannt, ebenfalls einer bereits todgeweihten Altbaulok. Während dieser Lok die Rückfahrt nach Osnabrück wegen eines erlittenen Motorschadens das Ende brachte, fuhren die beiden E 69 am 12. Oktober ohne Zwischenfall nach Garmisch zurück.

Dennoch erfolgte am nächsten Tag die z-Stellung beider Maschinen. Auf absehbare Zeit war kein Einsatz mehr geplant. Die Loks verbrachten den Winter im Freien. Am 22. November 1981 mussten sie von ihrer Kollegin 169 005 Abschied für immer nehmen, die „Fünfer" sollte ins

▽ **Bild 300** • Der Himmel hat sich verfinstert, als **169 002** kurz nach 15 Uhr ihre letzte Fahrt beendet und sich im Heimat-Bw in die Gesellschaft ihrer ebenfalls nicht mehr benötigten Schwestern begeben hat.

AUFNAHME: BERND MÜHLSTRASSER

△ **Bild 301** • Kein Aprilscherz! Am 1. April 1982 macht sich **169 003** im Garmisch-Partenkirchner Bahnhof als selbstfahrende Heizlok nützlich. Der ungewöhnliche Einsatz der z-Lok dauerte über drei Wochen an. Im Hintergrund das Zugspitzmassiv. AUFNAHME: BERND MÜHLSTRASSER

AW Neuaubing geschleppt und gesichert abgestellt werden, nachdem sich mehrere Kaufinteressenten gemeldet hatten.
Am 27. Februar 1982 schließlich entschloss sich der Bayerische Localbahn Verein zum Ankauf der Lok, die gut ein Jahr später in ihre scheinbar letzte Heimat, dem Localbahn-Museum in Bayerisch Eisenstein im Bayerischen Wald, überführt wurde.

1982: In den letzten Zügen

Eine große Überraschung gab es, als ab 11. März 1982 in Garmisch plötzlich altbekannte E 69-Geräusche zu vernehmen waren. Dort war die Vorheizanlage ausgefallen, abgestellte Wagen konnten nicht mehr geheizt werden. Daher wurde nun 169 003 ins Bahnhofsvorfeld geschickt, holte sich selbst die zu beheizenden Wagen und rangierte sie um. Dieser ungewöhnliche und wegen der niedrigen Heizleistung der Lok sicherlich keinesfalls sehr erwärmende Einsatz währte fast vier Wochen täglich, bis am 8. April 1982 die Heizanlage wieder einsatzfähig war und die Lok ins Bw zurückkehrte. Doch bereits am 19. Mai war es erneut die „Dreier“, die um 18.10 Uhr zum Leben erwachte und als Lz nach München fuhr. Dort stand am 20. und 22. Mai 1982 jeweils eine Sonderzugfahrt München-Pasing – Herrsching auf dem Plan, veranstaltet vom Eisenbahnclub München (ECM). Anschließend kehrte die Maschine wieder nach Garmisch zurück, das sie aber am 21. Juni 1982 mit ihrer Schwester 002 wieder in Richtung München verließ. Am 24. Juni zog die 003 einen Sonderzug für geladene Gäste vom Hauptbahnhof in die Versuchsanstalt Freimann, am 26./27. Juni waren dann beide E 69 vor Pendelzügen in die BZA Versuchsanstalt Freimann eingesetzt.

Am Vormittag des 28. Juni 1982 verließ dann wiederum 169 003 als Zuglok mit der 002 im Gepäck München und fuhr nach Garmisch zurück. Gegen 10.15 Uhr bügelte sie dann im Lokschuppen ab – und damit war die letzte Seite in der Geschichte dieser traditionsreichen Ellok-Baureihe aufgeschlagen. Ein weiterer Einsatz erfolgte nicht mehr, am 29. Juli 1982 wurden beide Loks ausgemustert, verblieben aber bis auf weiteres im Bw Garmisch.

Dass dies aber nur der Schlusspunkt unter der Geschichte als Betriebsloks, nicht aber im Lokleben der alten Maschinen war, lässt sich im anschließenden Kapitel „Verlängerung“ verfolgen.

Am Ende der bemerkenswerten Einsatzgeschichte der E 69-Familie ist es gerechtfertigt, ein Resümee zu ziehen. Der ungewöhnlich lange Einsatzzeitraum erübrigt alle Zweifel an der Tauglichkeit der Maschinen. Dass dennoch zeitweise gehäufte AW-Aufenthalte zu registrieren waren, verfälscht das Bild etwas. Die Ausbesserungsdauer der Loks war gegenüber Serienmaschinen deutlich höher, da in der Regel keine Bauteile getauscht wurden, sondern defekte Teile in Handarbeit aufgearbeitet werden mussten, außerdem zeigte das AW Freimann nicht unbedingt ein großes E 69-Engagement. Ein Blick auf die Häufigkeit, mit der die Maschinen in ihrer letzten Einsatzdekade zwischen 1970 und 1981 schadhaft ins AW Freimann einrücken mussten, belegt die Zuverlässigkeit der Loks: 169 002 und 169 003 durchschnittlich alle 28 Monate, 169 004 durchschnittlich alle 48 Monate, lediglich bei 169 005 alle 16 Monate. Damit bewiesen die Lokomotiven auch in ihren letzten Einsatzjahren eine bemerkenswerte Zuverlässigkeit. Im Bw Garmisch galten sie nicht als schadanfälliger als die ebenfalls dort beheimateten und als robust bekannten Maschinen der Baureihe 144.

Die Unterhaltungskosten der Loks waren im Durchschnitt minimal, so benötigte die Werkstätte in den letzten Murnauer Jahren im Monat lediglich etwa 300 DM pro Lok für die Unterhaltung der Maschinen. Hauptuntersuchungen schlugen in den fünfziger Jahren nur mit etwa 12.000 DM bis 19.000 DM zu Buche. Grundsätzlich hat sich daran auch in den letzten Betriebsjahrzehnten wenig geändert. Auch in Zeiten des Bw Garmisch ließen sich die Fahrzeuge wirtschaftlich und effizient betreiben.

△ **Bild 302** • Am 22. Mai 1982 ist **169 003** auf der Strecke der S5 nach Herrsching im Sonderzugdienst zu finden. Bei Seefeld zeigt das Vorsignal schon „Freie Fahrt".
Aufnahme: Bernd Mühlstrasser

◁ **Bild 303**
Die letzte Fahrt als Betriebslok der Deutschen Bundesbahn! Nach den Pendelfahrten in München ist **169 003** am 28. Juni 1982 mit ihrer Schwester **002** auf der Heimfahrt ins Heimat-Bw. Bei Hechendorf überqueren sie gerade die Loisach. Einen Monat später werden beide Loks ausgemustert!

Aufnahme: Bernd Mühlstrasser

Lokführer und Werkstättendienst standen den kleinen Maschinen über den größten Zeitraum ihres Einsatzes durchweg positiv gegenüber. Natürlich war vor allem zu Murnauer Zeiten die Verbundenheit mit ihnen groß. Es gab noch in den fünfziger Jahren Lokführer, die freiwillig mehr als eine Stunde vor Dienstbeginn antraten, um ihre Lok zu pflegen. Auch in ihren letzten Einsatzjahren zollten die Personale den alten Maschinen durchaus ihre Hochachtung, allerdings war der Kontrast zwischen dem gepolsterten 111-Arbeitsplatz und dem schlichten Führerstand der E 69 inzwischen doch recht groß geworden und nicht nach jedermanns Geschmack. Dennoch, negative Äußerungen waren eher die Seltenheit, das Personal hatte Respekt vor dieser gelungenen und in ihrer zeitlichen Einsatzeignung wohl unerreichten Lokfamilie.

Mit dem Ausscheiden der Loks ist das Ammertal um eine Attraktion ärmer, die Deutsche Eisenbahn um eine Facette grauer und die Technikgeschichte um ein lebendiges Beispiel deutscher Wertarbeit beraubt worden. Doch sind auch nach 120 Einsatzjahren schon lange wieder zwei Vertreterinnen dieser liebenswürdigen Lokfamilie als lebendige Exponate der Eisenbahngeschichte zu erleben. Ein Ende zeichnet sich nicht ab, auch zukünftige Generationen von Eisenbahnfans dürfen sich an den kleinen Lokzwergen erfreuen!

◁ **Bild 304**
Natürlich in der „Pole-Position": **169 003** und weitere Ausstellungsloks werden in Würzburg Richtung Bahnbetriebswerk rangiert. Juli 1984.

Aufnahme: Wolfgang Bleiweis

Die Berliner Stiefschwester

Während die Einsatzgeschichte der Baureihe E 69 Anfang der achtziger Jahre beendet war, durfte ausgerechnet die „Stiefschwester“ der LAG 4 auf der Berliner Siemens-Werkbahn noch bis Ende der achtziger Jahre weiter ihren Dienst verrichten. Die Lok hat bis heute überlebt, und als „Ableger“ der E 69 sei ihr zum Abschluss dieses Kapitels noch ein kleines Gastspiel gegönnt.

△ **Bild 305** • Wie ein Dinosaurier lässt Werklok 3 im Sommer 1979 die Vorstellung an die erste LAG 4 lebendig werden. Formgebung und das lange Dach verbinden die tatsächlich „getrennten“ Schwesterloks. Auch die Oberleitung der Siemensbahn in Spandau erinnert an die Ammergauer Bahn. AUFNAHME: WOLFGANG MLETZKO

△ **Bild 306** • Die Kreuzung an der Paulsternstraße wäre im heutigen Straßen-Dschungel sicherlich ein Poller- und Absperr-Desaster. In den achtziger Jahren reichte ein entspannt „sichernder“ Rangierer für die nötigen Vorsichtsmaßnahmen. AUFNAHME: STEFAN MOTZ

△ **Bild 307** • Vermutlich mit dem Ziel „Kabelwerke" verlässt Lok 3 den Güterbahnhof Ruhleben. Die Lok zeigt uns die Seite, an der die Versuchslok 1917 einfach durchtrennt wurde.
AUFNAHME: STEFAN MOTZ

△ **Bild 308** • In den siebziger Jahren war das Bügeleisen noch in einem edleren, dunkelgrünem Farbkleid unterwegs. Erst 1979 wurde die Maschine in ein „laubfroschgrün" umlackiert.
AUFNAHME: BRIAN RAMPP

Verlängerung – die wechselhafte Geschichte als Museumsloks

Die außergewöhnliche Bedeutung der Lokfamilie E 69 schlägt sich auch im Schicksal der Maschinen nach ihrer Außerdienststellung nieder. Während nicht wenige interessante Lokbaureihen in Deutschland nach ihrer Ausmusterung bis auf das letzte Exemplar verschrottet wurden, hatten die Ammertaler Loks ein durchweg erfreulicheres Schicksal. Alle fünf Loks sind bis heute erhalten geblieben, teilweise seit Jahrzehnten auch als fahrbereites Fahrzeug.

△ **Bild 309** • Ihren 100. Geburtstag feierte die **E 69 03** auf dem Sommerfest des DB-Museums Koblenz im Juni 2012 und ihre Schwestern **E 69 02** und **169 005** waren die Ehrengäste, welche so hintereinander aufgereiht allesamt eine gute Figur machen.

Aufnahme: Christian Reichardt

E 69 01

Bekanntlich schied E 69 01 als erste und älteste Lok bereits mit Ausmusterung am 25. November 1954 aus dem Bestand der Bundesbahn aus. Noch vor ihren Schwesterloks gelangte sie im Laufe des Herbstes 1954 ins Ausbesserungswerk München-Freimann. Dort wurde die Maschine zunächst auf den Gleisen hinter der Halle 14 abgestellt. Es war klar, dass eine Lok mit dieser geschichtlichen Bedeutung nicht dem Schneidbrenner zufallen durfte. Erste Planungen sahen eine Unterbringung im Deutschen Museum in München vor. Aus Platzgründen zerschlug sich dieses Vorhaben jedoch, sodass sich die Bundesbahn entschloss, die Maschine im Gelände des AW Freimann als Denkmal aufzustellen. Daher wurde die Lok museal neu lackiert und am 23. Juni 1958 vor der großen Ellokhalle (Halle 24) offiziell als Denmallok eingeweiht. Mittlerweile war auch eine Nachbildung des alten Lyra-Bügels angebracht worden, der aus 26 verschiedenen Bauteilen in 68 Arbeitsstunden durch das AW Freimann angefertigt wurde. Bald erhielt die Lok auch die alten LAG 1-Schilder und völlig unauthentische Siemens&Halske-Logos auf dem Vorbau. In den siebziger Jahren kam ein Bayerisches Flügelsignal dazu, eine Anstrichauffrischung erfolgte im Sommer 1977, wobei die S&H-Symbole verschwanden. Dafür gesellte sich eine dem Original nachempfundene Oberleitung zum Ensemble. Diese hatten Mitarbeiter der Fahrleitungsmeisterei Murnau angefertigt, wobei sowohl die noch auf der Oberammergauer Strecke montierten Ausleger, als auch nach historischem Vorbild neu angefertigte Gegenbögen und der Stabilisierungskreis in der Mitte verwendet wurden. Heute lagern diese Fahrleitungsteile im Depot des Deutschen Museums. Dieses ergriff im Winter 1983 auch die Initiative, den „Fehler“ von 1954 zu revidieren. Man ersuchte die Hauptverwaltung der DB um die Überlassung der Lok, für die vor 25 Jahren kein Platz vorhanden war. „… die Möglichkeit einer Überstellung an das Deutsche Museum zu erwägen. In unserer Eisenbahnhalle würde die LAG 1 die Reihe der normalspurigen elektrischen Lokomotiven anführen … und von einer Million Besuchern gesehen werden“ warb das Museum für sich. Schon im März 1983 wurde die Lok von ihrem Standplatz gehoben und in die Abnahmehalle (Halle 2) des AW Freimann geschoben, um sie nach 25 Jahren „Wind und Wetter“ einer grundlegenden

Bild 310 ▷ Erster „Auftritt“ für die neue Denkmallok im AW Freimann. Im Juni 1957 steht **E 69 01** schon auf ihrem Sockel und hat auch bereits den rekonstruierten Lyra-Bügel erhalten. Dagegen trägt sie noch den „Betriebslack“ und die Reichsbahn-Lokschilder. Wer nur kam auf die merkwürdige Idee, einen weißen Zierstreifen anzubringen?

Aufnahme: Dr. Günther Scheingraber/ EK-Verlag

△ **Bild 311** • Im Februar 1972 zeigt sie sich dann schon als „LAG 1" vor der großen Richthalle im AW Freimann.
AUFNAHME: DIETER KEMPF

Sanierung zu unterziehen. Viele Blecharbeiten waren notwendig, auch das Dach wies bereits handbreite Rostlöcher auf. Nachdem am 25. Mai 1983 vom Verkehrsmuseum der Übergabe der Lok ans Deutsche Museum zugestimmt wurde, zog dieses Horst Troche als begleitenden Fachmann zur Aufarbeitung der Lok hinzu. Währenddessen machte auf der Isarinsel „Puffing Billy" Platz für LAG 1, die schließlich im Frühjahr 1985 per Straßenroller dorthin überführt wurde. Waren die Blecharbeiten da bereits abgeschlossen, erfolgte die äußere Neugestaltung in der Eisenbahnhalle des Museums. Bei der Aufarbeitung wollten die Restaurateure authentischer als bislang vorgehen, um den Zustand als LAG-Lok darzustellen. Dadurch erhielt sie das äußere Erscheinungsbild von 1920, während die Beschriftung jedoch der bei Anlieferung entsprach, also die gemalte, umrandete Bezeichnung LAG 1. Diesen „Anlieferungszustand" stellte man auch dadurch her, dass viele „moderne" Anbauteile abmontiert wurden. Alle Druckluft-Bremseinrichtungen, die Trittstufen, die Sandkästen und entsprechende Bedienteile im Führerstand wurden abgebaut. Diese Teile lagern heute im Depot des Deutschen Museums. Wirkt die Lok nun auch „ursprünglicher", so stellt sie dennoch einen „Zeiten-Mix" dar, der nicht authentisch ist. Ab Mai 1985 war die ehrwürdige LAG 1 dann endlich in der erweiterten, neu eröffneten Eisenbahn-Abteilung des Deutschen Museums jedermann zugänglich, um witterungsgeschützt mit anderen Exponaten der Bahngeschichte Zeugnis ihrer Bedeutung abzulegen. Gesellschaft fand sie im Übrigen dort auch mit einer „Doppelgängerin", einem 1:10-Modell ihrer selbst, das die LAG bereits 1905 für das bald zu eröffnende Deutsche Museum spendete, ebenso wie ein Modell des MAN-Triebwagens LAG 674. Beide Modelle wurden kriegsbeschädigt und anschließend renoviert, sodass auch das Modell der LAG 1 heute einen anderen Zeitkorridor abbildet, als bei „Anlieferung".

Zwanzig Jahre später, zum 100. Geburtstag der Baureihe E 69, meldete sich ausgerechnet die Jubilarin E 69 01 zu Wort. Sie sollte ihren sicher geglaubten Standort verlieren. Im Deutschen Museum wurde umgeplant, die bisherige Eisenbahnsammlumg musste aufgelöst werden. Ersatzweise sollten Fahrzeuge in die Alte Messe an der Theresienwiese einziehen.

◁ **Bild 312**
Endlich witterungsgeschützt und der Öffentlichkeit zugänglich zog die erste Wechselstrom-Lok im Mai 1985 ins Deutsche Museum München ein. Doch auch dies sollte nicht die „Endstation" werden.

AUFNAHME: DEUTSCHES MUSEUM MÜNCHEN

△ **Bild 313** • DbZ 96949 lautete die Zugnummer für die erste Fahrt auf DB-Gleisen für **LAG 1** seit 52 Jahren! Zusammen mit weiteren Exponaten des Deutschen Museums ist die Kleine am 9. April 2006 bei Tittmoning-Wiesmühl auf der Reise ins neue Domizil Freilassing. AUFNAHME: RUDOLF VYZINA

Doch für einige Fahrzeuge, darunter LAG 1, war dort kein Platz vorgesehen. Dafür mietete sich das Münchner Museum in die Lokwelt Freilassing ein, um dort einige Fahrzeuge unterzubringen. Tatsächlich rollte daher E 69 01 am 9. April 2006 nochmals auf eigenen Rädern durch Oberbayern. Ein spektakulärer Lokzug aus u.a. V 140 001, E 16 07 und eben LAG 1 mit Höchstgeschwindigkeit 30 km/h, erreichte am Nachmittag via Mühldorf das traditionsreiche E-Lok-Bw, in dem ja sogar die Schwesterlok E 69 04 mal für einige Tage beheimatet war. In der alten E-Lokhalle steht die kleine Murnauerin nun dauerhaft und fotogen neben E 16 07 positioniert und freut sich über jeden interessierten Besucher! Auf ein kleines, unscheinbares Detail sei noch hingewiesen: An beiden Pufferbohlen wurden auch die hölzern isolierten Einsteckbuchsen für die Schuppenstange restauriert – auf keiner anderen E 69 findet man diese Einrichtung noch.

Bild 314 ▷ Endstation für **E 69 01.** Im Lokschuppen des ehemaligen Bw Freilassing zeugt die kleine Lok zusammen mit E 16 07 von erfolgreicher bayerischer E-Lok-Geschichte.

AUFNAHME: BERND MÜHLSTRASSER

◁ **Bild 315**
Die LAG 1 zeigt sich heute im musealen Zustand, der ihr 1985 vom Deutschen Museum zugedacht wurde. Weitgehend sollte der Anlieferungszustand dargestellt werden, was nur unzureichend gelungen ist. Immerhin wirkt der Führerstand mit der großen Wurfhebelbremse und dem schmucken Fahrpult sehr einladend.

Aufnahme: Bernd Mühlstrasser

◁ **Bild 316**
Fahrstufen-Regler und Richtungsschalter sind echte Schmuckstücke.

Aufnahme: Bernd Mühlstrasser

◁ **Bild 317**
Im hinteren Vorbau hat die erst spät eingebaute Lichtmaschine Gn142 ihren Platz vor dem Schützen-Regal behalten..

Aufnahme: Bernd Mühlstrasser

△ **Bild 318** • Natürlich durfte **E 69 02** auf der großen Parade „150 Jahre Deutsche Eisenbahnen" im September 1985 in Nürnberg-Langwasser nicht fehlen!

AUFNAHME: KARL-FRIEDRICH SEITZ

E 69 02/03

Schon 1978, als 169 002 noch fleißig im Ammertal unterwegs war, fand die Lok Aufnahme in eine Liste zu erhaltender Eisenbahnfahrzeuge. Die Bundesbahn hatte daraus gelernt, dass sie vor allem zahlreiche Dampflokbaureihen bis zum letzten Exemplar verschrottet und der Nachwelt vorenthalten hatte. So legte man eine Aufstellung von Fahrzeugen an, die nach ihrer Ausmusterung nicht verschrottet werden durften. Als im Laufe des Jahres 1982 die letzten beiden E 69 ausgemustert wurden, blieben sowohl die bereits „vorgemerkte" Museumslok 169 002, als auch 169 003, ihre unzertrennliche Schwesterlok, zunächst im Bahnbetriebswerk Garmisch abgestellt. Der Zeitpunkt war nicht ungünstig, schließlich war das große Jubiläum „150 Jahre Deutsche Eisenbahn" schon in Sichtweite und die Bundesbahn wollte sich zu diesem Anlass ungewohnt traditionsbewusst präsentieren. Daher blieben beide 169 zunächst unangetastet in Garmisch hinterstellt. Im Mai 1983 waren die Loks anlässlich einer Fahrzeugschau im dortigen Bahnbetriebswerk sogar einmal wieder in der Öffentlichkeit zu sehen.

Mittlerweile hatte die Bahn auch ihr Programm für die Jubiläumsfeierlichkeiten 1985 zusammengestellt. Darin wurde der Aufbau eines betriebsfähigen Museums-Fahrzeugparks beschlossen, dem zahlreiche historisch wertvolle Altbau-Loks angehörten, die teilweise aus schrottreifem Zustand wieder fahrfähig hergerichtet wurden. Auch die beiden Ammertal-Loks 169 002 und 003 waren in dieser „Ahnengalerie" enthalten, eine Wiederinbetriebsetzung angesichts des technisch betriebsbereiten Zustandes auch kein Problem.

So kam ab 1984 wieder Bewegung in die beiden alten LAG-Loks, wenn auch noch nicht mit eigener Kraft. Im Juni 1984 kam 169 003 bis nach Würzburg, wo sich die DB mit einer Fahrzeugparade von ihren letzten Altbau-Elloks der Baureihen 118 und 144 verabschiedete. Auch die Schwester 002 verließ ihr Garmischer Domizil und war auf Ausstellungen in Ansbach im Juli 1984 und Bamberg im September 1984 zu sehen. Im Oktober 1984 trafen sich die beiden Loks dann im AW Freimann wieder. Dort begann im Winter 1985 zunächst die Aufarbeitung der 169 003 zur DB-Museumslok. Dabei unterzog das Werk die Maschine einer regulären U2, samt Anstricherneuerung. Entsprechend der geforderten Ausstattung für betriebsfähige DB-Museumsloks erhielt sie auch Zugbahnfunk. Außerdem musste an der Stirnseite des Vorbaues eine UIC-Steckdose angebracht werden, für die geforderte Normhöhe unschön auf einen freistehenden Winkel am Vorbau montiert. Bei der Neulackierung im schönsten Rangierlok-Rot waren leider der Zierstreifen und die Beschriftung in Weiß ausgeführt worden, während diese bislang im wesentlich harmonischeren Gelb lackiert waren. Ansonsten präsentierte sich die Lok, als sie frisch untersucht das AW Freimann am 15. Mai 1985 verließ, in bestem Pflegezustand und repräsentierte das Erscheinungsbild der siebziger Jahre, also mit EDV-gerechter Nummer. Bereits am 18. und 19. Mai 1985 konnte sie in Wolfratshausen auf einer Ausstellung bewundert werden, anschließend kehrte sie in ihre Heimat Garmisch zurück.

Gleich im Anschluss nahm das AW Freimann 169 002 in Arbeit. Bei ihr erfolgten die gleichen Arbeiten wie zuvor bei ihrer Schwester, entsprechend dem fortgeführten Revisionszyklus im Rahmen einer U3. Die Lok erhielt dabei die Beschriftung als E 69 02, mit der sie dann am 6. August 1985 das AW verließ. Bei der Überführung ins Bw Garmisch erlitt sie jedoch zwischen Tutzing und Diemendorf einen Heißläufer und musste nochmals für ein paar Tage zur Nachbesserung zurück ins AW Freimann. Wie historisch, so hatte das AW Freimann schon 1941 seine erste zweifelhafte Duftmarke an den E 69 hinterlassen. Am 14. August traf sie dann im Zugspitzort ein.

△ **Bild 319 •** Gefühlt nach einer Ewigkeit – tatsächlich aber nur nach vier Jahren Abstinenz: Am 31. August 1985 kehrt die Baureihe E 69 wieder zurück auf die Ammergauer Bahn. Bei Altenau sind sowohl Museumslok, als auch der Bulldog bei der Arbeit „Rot". AUFNAHME: FRANK LÜDECKE

Dort waren die beiden Museumsloks nun stationiert, betreut von einer Freizeitgruppe des Bundesbahn-Sozialwerks. Für die kommenden Wochen stand ein dichtes Einsatzprogramm auf dem Plan:

- 17./18. August 1985: jeweils zwölf Pendelzüge Garmisch – Farchant mit E 69 02 und 169 003
- 26. August 1985: Umzeichnung der 169 003 in E 69 03
- 31. August/1. September 1985: jeweils sechs Zugpaare Murnau – Oberammergau mit beiden Loks
- 7./8./14./15./21./22. August 1985: Teilnahme an der großen Fahrzeugparade in Nürnberg von E 69 02
- 7./8. September 1985: Pendelfahrten Rosenheim – Heufeld mit E 69 03
- 29. September 1985: Pendelfahrten bei München-Großhesselohe mit E 69 03 und E 44 119

◁ **Bild 320**
Als wäre die Zeit stehengeblieben: **E 69 03** pirscht sich bei Jägerhaus durch dichtbewachsenes Grün und an einem der historischen Masten vorbei, fühlt sich sichtlich wohl auf ihrer alten Heimatstrecke.

AUFNAHME: BERND MÜHLSTRASSER

△ **Bild 321** • Ein Traum in Grün und Rot! **E 69 02** und **03** sind im Mai 1986 wieder auf ihrer Oberammergauer Strecke im Einsatz. Die blühende Löwenzahnwiese macht das frühlingshafte Farbenspiel komplett. AUFNAHME: BERND MÜHLSTRASSER

- Oktober 1985: E 69 02 auf der großen Fahrzeugausstellung in Bochum
- 19. Oktober 1985: Pendelfahrten München Hbf – München-Freimann mit E 69 02 und 03
- 20. Oktober 1985: Pendelfahrten München Hbf – München Freimann E 69 03 und E 91 99
- 26./27. Oktober 1985: Pendelfahrten Fürstenfeldbruck – Grafrath mit E 69 02 und E 18 08
- 7./8. Dezember 1985: E 69 02 auf Ausstellung in Fürth

Das erste Jahr als Museumslok startete mit hohen Laufleistungen und zahlreichen Einsatztagen. Leider erfüllten sich bei der DB die großen Erwartungen an die goldene Zukunft für betriebsbereite Traditionsloks nicht. Wie bei allen im Jahr 1985 mit so viel Glanz und Gloria wiederbelebten Museumsloks bereiteten in den Folgejahren die Rahmenbedingungen größte Probleme. Die in Rechnung gestellten Kosten und der bürokratische Aufwand bei Sonderzugfahrten stellten in vielen Fällen unüberwindbare Hürden dar. So fielen die Einsätze 1986 bereits deutlich ab. In den Folgejahren gestaltete es sich zunehmend schwieriger, die Loks einzusetzen. Außerdem bewies man seitens der verantwortlichen BSW-Gruppe in Garmisch auch wenig Phantasie bei der Fahrtenplanung. Vielmehr fuhren die Loks weitgehend nur auf Bestellung Dritter, eigene Fahrtenkonzepte entwickelte die Gruppe kaum. Somit standen die beiden Loks fast ständig im

△ **Bild 322** • Deutschlandreise für **E 69 02** und **03** – auf der Rückfahrt aus Koblenz überqueren die „Kleinen" am 30. Juni 1988 die Mainbrücke bei Kostheim. AUFNAHME: JOACHIM SEYFERTH

△ **Bild 323** • Bestes Sommerwetter für die vom Buchautor veranstaltete Sonderfahrt, ganz im Stile der siebziger Jahre. Darum hält **E 69 03** auch gleich in Seeleiten-Berggeist kurz an, geht es doch mit „Originalfahrplan" nach Oberammergau, August 1991. AUFNAHME: JÜRGEN EBEL

Garmischer Lokschuppen herum, die Einsätze gingen in den Keller und beschränkten sich in der Regel auf den Umkreis des Heimat-Bahnbetriebswerkes. Einige Male gelangten die Loks ins benachbarte Ausland, über die Außerfernbahn ins Tiroler Reutte (Österreich). Häufiger befahren wurde die Strecke nach Mittenwald, teils auch als Schublok für Sonderfahrten mit E 18 08. Nur selten fanden auch auf der Strecke nach Oberammergau nochmals E 69-Fahrten statt. Die weiteste Reise führ-

▽ **Bild 324** • Schneekontakt hatten die 69er als Museumsloks kaum. Bei einer Fahrt mit den wunderbaren Reichsbahn-Wagen aus dem Nürnberger Fuhrpark nach Reutte in Tirol ging es dann aber doch mal über die Schneefallgrenze. AUFNAHME: BERND MÜHLSTRASSER

te im Juli 1988 nach Koblenz. E 69 02 schleppte sich und ihre Schwester bis an den Rhein und wieder zurück, um dort für Führerstandsfahrten zur Verfügung zu stehen. Im August 1991 kehrte E 69 003 endlich mal mit zwei Silberlingen und nach Originalfahrplan auf die Ammergauer Bahn zurück – ein Sonderzug des Buchautors!

Bereits mit Ablauf der Acht-Jahres-Untersuchungsfristen 1993 rechneten die „gut unterrichteten Kreise“ mit einem Einsatzende der kleinen Loks. Die kurz zuvor auch für Museumsloks erlaubte, vereinfachte Untersuchung B1 konnte jedoch auch für die beiden E 69 angewandt werden. Dadurch verlängerten sich die Fristen der Maschinen nochmals um vier Jahre. Doch auch in dieser Schonfrist setzte sich der Trend der letzten Jahre fort – Einsätze erfolgten immer spartanischer.

Paradoxe Züge bekam die ganze Angelegenheit dann im Jahr 1997. Mittlerweile war klar, dass die DB AG nicht mehr bereit war, für ihre Traditionsfahrzeuge auch nur eine müde Mark zu investieren. So fuhren nun der Reihe nach wegen ablaufender Fristen DB-Museumsloks auch mit hohen Laufleistungen wie E 18 03 (bis zu 21.000 Laufkilometer pro Jahr), E 18 047 (bis zu 13.220 Laufkilometer pro Jahr), E 44 002 (max. 4.953 km Laufkilometer pro Jahr) und sogar der Triebwagen ET 430, der Jahr für Jahr um die 30.000 Laufkilometer einspielte, aufs Abstellgleis.

△ **Bild 325** • Auch fast Hunderjährige legen sich dynamisch in die Kurve – so wie **E 69 02** mit überschaubarer Last am 2. Juli 1994. Vor der imposanten Kulisse des Wettersteingebirges mit Alp- und Zugspitze lässt Lr 36665 Farchant hinter sich. AUFNAHME: RUDOLF VYZINA

Rahmenbedingungen, unter denen an eine neue HU für die E 69 nicht zu denken war. Am 12. Januar 1997 konnten nochmals beide Loks aus dem Lokschuppen ausrücken. Der Veranstalter Brenzbahn-Verkehrsgesellschaft schickte einen langen Sonderzug aus Stuttgart bis Mittenwald.

Da der Zug die Grenzlast für den Abschnitt Garmisch – Mittenwald überschritt, musste der Zuglok E 18 08 durch beide E 69 über den Berg geholfen werden. Bei herrlichstem Winterwetter setzte sich E 69 02 vor die Münchner E 18, während die E 69 03 hinten kräftig nachschob. Bei der Rückleistung, der offensichtlich allerletzten von E 69 gefahrenen Zugfahrt, führte E 69 03, während die E 69 02 am Zugschluss mitlief. Gegen 17:30 Uhr verschwanden die beiden E 69 dann im Garmischer Lokschuppen, den sie voraussichtlich nie mehr mit eigener Kraft verlassen dürfen …

▽ **Bild 326** • Bei der Sonderfahrt am 23. April 1995 ist einiges besonders: Vorspannleistung zweier E 69, „Auslandseinsatz“ und ein Reichsbahn-Speisewagen – das begleitete einen Sonderzug von Garmisch nach Reutte in Tirol. Bei der Rückfahrt haben **E 69 03** und **02** den steilen Anstieg aus Reutte bereits absolviert AUFNAHME: BERND MÜHLSTRASSER

△ **Bild 327** • Der letzte Einsatztag unter DB-Regie: Am 12. Januar 1997 müssen beide Museums-E 69 der E 18 08 wegen Lastüberschreitung auf dem Weg von Garmisch nach Mittenwald unter die Puffer greifen. Bei Klais führt **E 69 02** den Zug, während ganz am Ende **E 69 03** fleißig schiebt. AUFNAHME: BRIAN RAMPP

Zwar bemühten sich Eisenbahnfreunde um einen würdigen Abschied für die beiden Loks, doch die DB war sich nicht mal in der Bewertung der Untersuchungsfristen im Klaren. Tatsächlich endete die amtlich zulässige Betriebserlaubnis der Loks am 14. Mai 1997 für E 69 03 (zwölf Jahre nach der letzten Untersuchung) und am 5. August für E 69 02. Andere Stellen meinten jedoch, die Zwölf-Jahres-Frist endet vier Jahre nach der B1, also am 22. Dezember 1997. Unter diesem Wirrwarr kam nun keine Fahrt mehr zustande. Besonders enttäuschend: Auch die betreuende BSW-Gruppe hatte es nicht verstanden, den Loks noch einen vernünftigen Abschied zu gestalten. Abwartend wie immer hatte man dort agiert – und dabei auch noch den endgültigen Fristablauf verpasst.

Es schien also im Januar 1997 der Schlusspunkt unter die Einsatzgeschichte der Baureihe E 69 gesetzt. Die DB-Museumsloks E 69 02 und 03 ohne Fristen in Garmisch, 01 und 04 sowieso „Standloks", tief im Bayerischen Wald versteckt die 169 005 im schummrigen Lokschuppen am Eisernen Vorhang. Schlusspunkt? Leute – wir sprechen über die E 69. Nichts, aber auch gar nichts von diesem Status Quo Anfang 1997 sollte Bestand haben!

△ **Bild 328** • „Ge, da schaugst" – Todgeglaubte leben länger, vor allem wenn es sich um eine Lok der Baureihe E 69 handelt. Am 30. April 2000 erreicht **E 69 03**, 19 Jahre nach ihrem Planabschied, mit einem Regelzug wieder den Endpunkt Oberammergau. AUFNAHME: CHRISTOPH GRIMM

Die technisch einsatzbereiten E 69 02 und 03 verblieben zunächst im Garmischer Lokschuppen, der mittlerweile als Außenstelle des Verkehrsmuseums Nürnberg auch weitere, nicht fahrbereite Traditionsloks (E 16 09, E 63 05, E 91 99 u.a.) beherbergte. Ab Ende der neunziger Jahre veranstalteten die betreuenden Gruppen vorübergehend mehrmals jährlich Tage der offenen Tür, an denen die Fahrzeuge besichtigt werden konnten.

Es erschien unverständlich, die weitgehend kostenneutral zu unterhaltenden letzten E 69 nicht irgendwie betriebsfähig halten zu können. Die Geschichte der kleinen Lokomotiven am Ende zu sehen, schien zwar realistisch, unterschätzte aber die „Stehaufmännchen"-Mentalität der Maschinen: Nicht ganz unbeteiligt dabei die Erstauflage dieses Buches 1998, durch das die alten Loks wieder ins Bewusstsein rückten. Im Frühjahr 1999 trafen sich mehrere kompetente Persönlichkeiten der Bahnszene mit der BSW-Gruppe E 69 zu einem Gespräch. Dabei musste die BSW-Gruppe überzeugt werden, dass eine betriebsbereite Lok – wo immer auch stationiert – sinnvoller sei, als die beiden Museumsmaschinen leblos nebeneinander im Garmischer Haus stehen zu haben, wie von dort favorisiert. Die Perspektiven zu „100 Jahre Murnau – Oberammergau“ im folgenden Jahr machten Mut, durch das Bayerische Eisenbahnmuseum Nördlingen und seiner Betriebsgesellschaft einen Antrag auf Anmietung und zum Betrieb einer Lok zu stellen. Das Verkehrsmuseum befand sich gerade in einer Planungs- und Umbruchphase. Im Zuge dessen wurden erstmals Loks aus dessen Sammlung an Dritte abgegeben. Dies gelang dem BEM nun auch bei der E 69. Andreas Braun, Betriebsleiter und schon seit jeher ein besonderer Freund der E 69 03, erhielt im Winter 2000 den Zuschlag zur Anmietung und zum Betrieb der Lok – nur wenige Wochen vor dem geplanten Jubiläumsakt auf der Strecke. Das unrealistisch erscheinende, anvisierte Ziel, mit einer E 69 über die Strecke zu fahren, kam nun in Reichweite! Anfang April 2000 bügelte die schon Totgeglaubte Lok im Bw Garmisch erstmals wieder auf um sie einer ersten Sichtung zu unterziehen, was zur Wiederinbetriebnahme führte. Diese beruhte auf einer Verlängerung der Zeitfrist um die „kalt-Tage“, sodass der Lok auch 15 Jahre nach der letzten HU eine gültige Frist „errechnet“ wurde –Beweis dafür, was man bei Kenntnis der EBO und findigem Ausnutzen aller Vorschriften erreichen konnte.

Und so konnte am 30. April 2000, mehr als drei Jahre nach der letzten Fahrt der Baureihe, E 69 03 im nebligen Morgengrauen den altbekannten Weg vom ehemaligen Heimat-Bw zur angestammten Einsatzstrecke in Murnau antreten. Große Vorbereitungen an der Lok waren nicht nötig – eine E 69 ist „allzeit bereit“!

Die Veranstaltungen zum 100. Jubiläum der Oberammergauer Bahn sahen einen Einsatz der historischen Lok im Plandienst vor. Hierzu wurden auch nochmals klassische Silberlinge bereitgestellt – und ausgerechnet der „Erzfeind“, in Form von 141 370. Denn die zuständigen Stellen trauten der alten Lady keineswegs, eine Angstlok musste im Zug mitfahren und sich dabei leistungsmäßig durchaus in den Vordergrund spielen. Wie recht die Herren der DB AG dabei hatten, zeigte sich schon mittags! Eine Ersatzlok wurde gebraucht – allerdings nicht so, wie man das bei der DB vorhergesagt hatte. Vielmehr machte die planmäßige 141 der anderen Zuggarnitur in Bad Kohlgrub schlapp. In der Not, den Betrieb aufrecht zu erhalten, übernahm die Angstlok-141 nun also die Garnitur mitsamt der defekten Schwester,

△ **Bild 329** • Triumph für **E 69 03**! Ein Defekt an 141 036 zwingt die „Angstlok“ zum Wechsel auf den Planzug, während 169 003 davon befreit nun alleine zeigen kann, wer hier „allzeit bereit“ ist! Zahlreiche Schaulustige wohnen in Bad Kohlgrub diesem denkwürdigen Szenario am 30. April 2000 bei. AUFNAHME: WOLFGANG PISCHEK

während E 69 03, von allem befreit, allein weiter nach Oberammergau zuckelte! Welch grandioser Sieg der alten Lady.

Noch einmal war die Lok am folgenden Tag mit einigen Regelzügen – hier allerdings wieder von einer 141 begleitet – im Ammertal im Einsatz, um dann via München in die neue Heimat Nördlingen zu fahren. Hier wartete nun mit der Bespannung der Pendelzüge Nördlingen – Harburg (Schwaben) ein gelegentliches Aufgabengebiet auf die Lok. Hin und wieder nutzte das Bayerische Eisenbahnmuseum (BEM) die Maschine auch für „Dienstfahrten“, wie im November 2001 nach Regensburg, um dort historisches Wagenmaterial zur Überführung nach Nördlingen abzuholen.

Auch die großzügigste Regelauslegung der Untersuchungsfristen endete zum Jahreswechsel 2001/02. Daher erhielt die Lok per 19. Juli 2002 in der museumseigenen Werkstätte eine neue Hauptuntersuchung.

Die vorangehende Schadaufnahme dokumentierte ihr einen insgesamt hervorragenden Zustand. Im Einzelnen mussten, neben dem gesetzlich zu leistenden Arbeitsaufwand, folgende Arbeiten ausgeführt werden:

- Bremskolbenhub regulieren
- Bremsklötze Achse 2 li/re und Achse 2 links laufen über (Angaben laut Schadaufnahmezettel BEM)
- Tachometer, Indusiantriebswelle, Fettnäpfchen Sifa, Richtungswender ölen
- Stromabnehmer abschmieren

△ **Bild 330** • Ihr Brot für das Bayerische Eisenbahnmuseum verdient sich **E 69 03** mit Pendelzügen Nördlingen – Harburg. Bei Möttingen ist sie am 24. Mai 2003 mit einer hübschen Garnitur unterwegs. AUFNAHME: MARKUS KARELL

◁ **Bild 313**
Ein Abschied mit Würde! An ihrem letzten Einsatztag für das Bayerische Eisenbahnmuseum macht sich **E 69 03** vor einer regulären Güterzugleistung der BayernBahn nützlich. Am 22. März 2008 bringt die kleine Rote den DG 91042 mit den BfB-Kesselwagen von Donauwörth nach Nördlingen und lässt sich dabei mit den seltenen Sonnenstrahlen des Tages bei Maggenhof ablichten.

AUFNAHME: MARCUS BENZ

- Ölwechsel des Luftverdichters mit Kurbelgehäusereinigung;
- Luftfilter reinigen;
- Zahnradschutzkästen reinigen und abdichten (starker Ölverlust);
- Lüftungsgitter Fahrmotor reinigen;
- Entwässerungshahn Hauptluftbehälter richtig herum einbauen;
- Sicherheitsventil instandsetzen (öffnet korrekt, schließt aber nicht mehr);
- Roststellen am Dach und über Fahrmotor 2 ausbessern;
- Bürstenhalter Fahrmotor 2 gehören mittelfristig aufgearbeitet/gangbar gemacht.

Unabhängig von der neuen Hauptuntersuchung hatte das Werkstattteam um Seidl und Fabig, neben Andreas Braun übrigens das Lokführergespann, bereits einige sinnvolle „Basteleien“ in die Maschine eingebaut. Zum Beispiel einen Stromzähler, der den Energieverbrauch dokumentieren konnte. Nun weiß man, das die E 69 03 als Lz von 0 auf 25 km/h genau 1 kW/h benötigt …

Eingebaut wurden auch eine Batterie aus 194 192 sowie dafür ein Ladegerät aus einem 798, da die Lok ja in der Regel stromlos hinterstellt ist. So präpariert konnte E 69 03 am 26. Juli 2002 zu einem besonderen Highlight aufbrechen. Als Lz nach München-Laim unterwegs, traf sie dort auf die verlorengeglaubte Schwester 169 005 (siehe hierzu weiter unten)! Gemeinsam kehrten die ungleichen roten E 69 in ihre Heimat Murnau zurück, wo auch schon beide grünen Schwestern warteten. E 69 02 kam mit anderen Museumsloks als Ausstellungsobjekt zur Fahrzeugschau. E 69 03 und 169 005 allerdings fuhren am Folgetag als historische Garnitur Planfahrten zwischen Murnau und Oberammergau. Mit 250 Laufkilometern im eng getakteten Fahrplan pendelten sie damit zehn Mal im alten Revier! Anschließend ging es für die 03 zurück ins Ries.

E 69 02 dagegen verlor im August 2005 ihren Platz im Bahnbetriebswerk Garmisch, wo sie als letzte E 69 die Stellung hielt. Stellung halten war aber für das DB Museum nicht mehr angesagt, vielmehr wurde der wichtige Standort in den dortigen Hallen aufgegeben, viele alte Loks

◁ **Bild 332**
Wer hätte je eine E 69 zur Fristuntersuchung im Bw Frankfurt 1 erwartet? Im Frühjahr 2012 beschäftigt die „Hundertjährige“ das dortige Werkstattpersonal.

AUFNAHME: PETER BÄUCHLE

„heimatlos" und ein örtlicher Immobilien-Mogul glücklich. Per Lokzug aus 116 009, E 18 08, 163 005, 163 008 und 191 099 gelangte E 69 02 am 19. August 2005 in den Bahnpark Augsburg. Doch auch dies sollte ein Intermezzo bleiben, im Februar 2007 rollte sie über die bekannte „Haus- und Hof-Gleisverbindung" ins Nürnberger Stammhaus des DB Museums, dort steht sie seither unscheinbar neben dem Adler und einem ICE-Modul gut geschützt, ist aber leicht zu übersehen.

Stabil dagegen das „Leben" der E 69 03 in Nördlingen. Regelmäßig pendelte sie bei Veranstaltungen des Museums zwischen Nördlingen und Harburg (Schwaben), bis ihr ein neues Regelwerk ein Stoppsignal zeigte. Ab 2006 war die Verwendung des digitalen Zugbahnfunks GSM-R vorgeschrieben und verhinderte weitere Einsätze. Beim BEM wollte man erst in die Umrüstung investieren, wenn das DB Museum den Mietvertrag verlängern würde. So stand die Lok im Jahr 2007 nur herum, auch als im Herbst 2007 der Bescheid aus Nürnberg eintrudelte: Keine Mietverlängerung, die Lok ist dem DB Museum zurückzugeben. Ein Schock für das Nördlinger Personal, das gerne viele weitere Jahre der Lok eine bayerische Heimat ermöglicht hätte. Anders, als beim stillschweigenden Abschied vor Jahren in Garmisch, wollte man der Maschine aber noch einen würdigen Abgang bereiten. Mit einem mobilem Zugfunkgerät an Bord machte sich die Lok am Morgen des 22. März 2008 mit einem gedeckten Güterwagen auf nach Donauwörth. Hier wartete tatsächlich eine Ladung Kesselwagen darauf, als Transportauftrag der Bayern-Bahn nach Nördlingen gebracht zu werden. Ganz hochoffiziell als Dgz 91042 schnurrte E 69 03 nochmals als braves Dienstmädchen ihres Arbeitgebers nach Nördlingen und bügelte gegen Mittag ein letztes Mal ab. Mit 211 365 wurde sie dann am 8. April 2008 ins Freigelände des DB Museums, zu dessen Bestand sie nun wieder gehörte, überführt. Ende Mai 2008 brachte sie 140 128, ihre zukünftige Betriebslok-Kollegin, in die neue Heimat Koblenz-Lützel. Dort zeigte sie sich bereits am 31. Mai 2008 auf der traditionellen Lokparade, selbstfahrend mit einem Güterzug. Hermine war nun wieder bei der DB gelandet – offizielle Betriebslok des DB Museums. Um wieder in freier Wildbahn fahren zu können, gelangte sie im Herbst 2008 ins Bw Frankfurt um den digitalen Rangierfunk und PZB80 zu erhalten. Die „Hundertjährige" war damit wieder zugelassen auf allen Schienenwegen der DB, auch wenn sich die Abnahme der neuen Einrichtungen bis zum Mai 2009 hinzog.

Unbestrittener Höhepunkt der Koblenzer Zeit war 2012 der 100. Geburtstag von E 69 03. Den wollte man so richtig feiern. Und wen lädt man ein, wenn man einen so runden Geburtstag zelebriert? Natürlich die Verwandschaft. Daher gelangte die „unzertrennliche" Schwester E 69 02

△ **Bild 333** • Daheim im DB Museum Koblenz. In der Regel erhält **E 69 03** dort Unterschlupf in der offenen Fahrzeughalle. Oft in wechselnder „Gesellschaft" zeigt sie sich hier mit 118 003. Aufnahme: Bernd Mühlstrasser

Bild 334 ▷ Zu selten sind die Ausflüge der **E 69 03** rund um Koblenz. Dabei ist die kleine Rote doch auch in der neuen Umgebung ein hervorragender Blickfang. Auf der Fahrt nach Kobern-Gondorf ist sie am 30. September 2012 bei Winningen auf der herrlichen Moselstrecke unterwegs.

Aufnahme: Joachim Bügel, Sammlung: Eisenbahnstiftung

zusammen mit einem Lokzug aus Nürnberg nach Koblenz. Aus Landshut reiste 169 005 mit dem wohl weitesten und mit rund 16 Stunden auch zeitlich längstem Sonderzug über Nürnberg – Würzburg – Mainz und die linke Rheinstrecke an. Die seit 15 Jahren abgestellte 169 002 wurde kurz gecheckt und dann – einfach mal aufgebügelt. Natürlich schnurrte sie störungsfrei los, als ob nichts gewesen wäre, und damit konnten auf der traditionellen Parade drei E 69 mit eigener Kraft der Öffentlichkeit mal wieder zeigen, was „Stehaufmännchen" auf Gleisen sind.

Diesem Höhepunkt schlossen sich in den Folgejahren gelegentliche Rundfahrten zum Sommerfest, über Ehrenbreitstein oder nach Kobern an die Mosel an, meist war die Lok nur im Museumsgelände zu besichtigen. Auch die regelmäßigen Führerstandsmitfahrten fanden kaum mehr statt. Vielleicht, weil eine Betriebsanordnung nur noch wenige Personen auf der Lok zu den Mitfahrten zuließ. Der Autor selbst hatte anfangs noch – je nach Größe und „Umfang" – bis zu zwölf Leute auf der Lok „geschichtet". So fuhren mit E 69 03 in der „Langen Nacht der Museen" am 7. September 2013 immerhin 99 Personen durch den nächtlichen Güterbahnhof Koblenz-85Lützel. Das war dann irgendwann in dieser Form nicht mehr möglich.

Einen bedeutenden Ausflug gab es dann aber nochmal im Jahr 2018. Per Lz fuhr E 69 03 bis Offenburg, um dann im DB-Museumslokzug über die Schwarzwaldbahn nach Triberg zu gelangen. Bei den dortigen Eisenbahntagen stand sie erneut für Führerstandsmitfahrten bereit. Mit einer E 69 durch den Seelenwald-Tunnel I, wer hätte das je vermutet? Allerdings war bei diesem Ausflug tatsächlich ein kleines Malheur passiert. Ein Relais des Luftpressers war defekt und schaltete nicht mehr ab. Bevor ein Schaden an dem Teil entstehen würde, verzichtete man lieber auf den zweiten Einsatztag.

Generell ist die 03 in Koblenz in besten Händen, „Hermine" wird geliebt und verhätschelt. Das änderte allerdings viele Jahre nichts an einer optischen Missbildung…. Bekanntlich hatte ja die Garmischer BSW-Gruppe den Plan des „85er-Konzepts" schnell durchkreuzt, mit 169 003-1 eine Lok im Siebziger-Jahre-Outfit zu präsentieren. Bereits im August 1985 überpinselten die Garmischer die Computer-Nummer und beschrifteten die Lok fortan als E 69 03. Dieser Farbfleck mutierte nun im Laufe der Jahre zu einem lila schimmernden Quadrat. Immer mehr wirkte der Nummernblock störend und entstellend. Endlich, Anfang der 2020er Jahre wurde die Lok neu lackiert, der Schandfleck verschwand. Auf Intervention des Autors: Gleichzeitig wurde nun auch der Zierstreifen endlich wieder in Gelb lackiert. Schon viele Jahre zuvor spendierte ich der Lok gusseiserne Bw-/BD-Schilder und beidseitig die Nachbildungen des Fabrikschilds vom BBC-Umbau, die bereits in der letzten Betriebsphase in den siebziger Jahren gestohlen worden waren.

Die Zukunft der E 69 03 in Koblenz scheint ungefährdet. Eine im Jahr 2026 fällige Hauptuntersuchung ist bereits eingeplant, sodass die Lok in dem Fall bis 2034 weiterhin im Einsatz stehen könnte. Mit dann 122 Betriebsjahren!

E 69 04

Zwanzig Jahre nach der ersten Aufstellung von E 69 01 gab es dann ein zweites Freiluftdenkmal dieser legendären Ammertaler Lokfamilie. Bekanntermaßen war 169 004 als zweite Lok ihrer Baureihe im April 1977 als Ersatzteilspender abgestellt und am 29. September 1977 ausgemustert worden.

Genau ein Jahr nach ihrem Abschied aus Murnau gelangte die Lok dann aber wieder ans Licht der Öffentlichkeit. Auf einem Straßenroller zuckelte sie durch München, um vor dem Verwaltungsgebäude des Bundesbahn-Zentralamtes in der Arnulfstraße als Denkmal aufgestellt zu werden. Hier erhielt die Lok angesichts ihrer bemerkenswerten Geschichte, die ja bis ins Jahr 1901 zurückreicht, einen Ehrenplatz. Dieser wurde offiziell am 8. Juni 1978 eingeweiht. Insgesamt fehlte es der Lok, die in etwas „wirrem" Zustand restauriert wurde (Indusi-Magnet, V- und H-Beschriftung, nie getragene Lokschilder und Loklaternen, Beschriftung wie in den siebziger Jahren), in ihrer Münchner Zeit nicht an guter Pflege, so erhielt die Lok be-

◁ **Bild 335**
Die lauschige Grünanlage in der Münchner Arnulfstraße schien die „Endstation" für **E 69 04** zu werden. Doch ein seelenloser Büroblock verdrängte bald sowohl die Verwaltung des BZA München, als auch die kleine Lok.

AUFNAHME: MARTIN WELZEL

reits 1980 eine Anstrichsauffrischung. Im Winter 1986/87 ging sie dann sogar wieder auf eine Reise – ein Culemeyer-Straßenroller brachte sie ins AW Freimann zurück, wo eine grundlegende Renovierung stattfand, bis sie bald wieder auf ihrem Denkmalsockel in der Arnulfstraße stand.

Verschiedene Bauprojekte im Umkreis des Münchner Hauptbahnhofes ließen seit Mitte der neunziger Jahre das weitere Schicksal der Lok ungewiss werden. Bald war absehbar, dass die Lok über kurz oder lang ihren Platz würde räumen müssen. Die DB hatte inzwischen ihr neues Hobby entdeckt: Der Verkauf von Flächen an die Immobilienbranche. So stand auch die Bürofläche des BZA München in der Arnulfstraße vor der Abgabe, samt allem, was auf der Fläche stand. Was sollte ein Immobilieninvestor mit einer Denkmallok anfangen? Ein weiterer musealer Erhalt war nicht mehr gesichert. Im August 1997 signalisierte der neue Besitzer: das Gelände wird geräumt, die Lok ist ein Fall für den Schrotthändler. Kurzentschlossen holten daher engagierte Eisenbahnfreunde aus dem Murnauer Raum die Lok in der Nacht vom 1. auf den 2. September 1997 mit einem Tieflader ab und transportierten „Johanna“ in ihre alte Heimat. Nahezu unbemerkt hatten die Enthusiasten oberhalb des Murnauer Bahnhofs, genau auf Höhe des alten Lokalbahnhofes, in einer Grünfläche ein Schotterbett angelegt. Zumindest hierzu hatte die Gemeinde Murnau kurzentschlossen zugestimmt, nachdem zuvor langwierige Verhandlungen zur Aufstellung der Lok zu keinem Ergebnis geführt hatten. Bereits im Morgengrauen des 2. September 1997 schwebte die Lok dann auf ihren neuen Standplatz. Sie war wieder heimgekehrt, Murnau hatte wieder eine E 69. Bald gründete sich ein engagiertes Betreuer-Team, das sich zunächst um die Pflege des strapazierten Freiluftdenkmals kümmerte. Im Laufe der Jahre erhielt die Lok erst eine Lackauffrischung, später wurden der verfaulte Fußboden und die nicht rettbaren Türen beiderseits ersetzt. Nachdem sich der Farbzustand in den 2020er Jahren langsam Richtung blass-lila veränderte, erhielt die Lok endlich 2022 eine komplette Neulackierung. Um die Lok als „offenes Denkmal“ ins Bewusstsein zu bringen, etablierten die betreuenden Personen inzwischen regelmäßige Führerstandsführungen, auf denen die verschlungene Geschichte der Lok bis heute fachkundig weitergegeben wird.

Dennoch: Im Jahr 2023 schienen dunkle Wolken aufzuziehen. Das Nachbargrundstück sollte neu bebaut werden, deutlich ausladender als zuvor. Wieder bedrohte ein Immobilien-Deal die Lok. Zunächst sollte die Lok für zwei Jahre eingerüstet und damit geschützt werden, plötzlich stand sie jedoch „im Weg“ und es wurde kommuniziert, man könne den neuen Nachbarn so ein Ding vor der Nase nicht zumuten. Der Markt Murnau – der nicht allzu viel Herzblut in sein Lokdenkmal investierte – plante schnell, die Lok einfach in den Bauhof zu stellen und dann würde man schon weiter sehen. Die Leute vom Kuratorium E 69 04 befürchteten, dass man die Lok durch die Hintertür „verschwinden“ lassen wollte. In Eigeninitiative sondierte man Alternativstandorte. Der Vorschlag, sie in den alten Lokalbahnhof und damit genau dorthin zu stellen, wo sie viele Jahrzehnte täglich am Prellbock stand, wurde zunächst vom Markt Murnau und DB-Immo brüsk zurückgewiesen … das, obwohl sie den alten Lokalbahnhof völlig verlottern ließen, sich aber plötzlich ebenfalls um ihre Mie-

△ **Bild 336** • Sie steht auf dem Abnahmegleis des AW Freimann, als würde es zum nächsten Einsatz gehen. In Wirklichkeit wartet **E 69 04** am 19. April 1978 – 362 Tage nachdem sie mit eigener Kraft dort ankam – nur noch auf den Culemeyer-Transport in die Münchner Arnulfstraße. Aufnahme: Ernst Schörner, Sammlung Stephan Beständig

Bild 337 ▷
Ein wirklich schönes Plätzchen hatte die Denkmallok **E 69 04** von 1997 bis 2024 am Murnauer Bahnhof. Ein moderner Neubau anstatt des alten Eisenbahner-Wohnhauses im Hintergrund machte dann aber einen Umzug nötig.

Aufnahme: Bernd Mühlstrasser

◁ **Bild 338**
Standortwechsel am 24. August 2024. Statt VOR dem Lokalbahnhof in Murnau zu stehen, schwebt **E 69 04** nun auf ihren neuen Platz IN ihrem alten Startbahnhof ein. Dort, wo sie jahrzehntelang ihre Reisen ins Ammertal begann, zeugt sie nun von ihrer bewegten Geschichte.

Aufnahme:
Bernd Mühlstrasser

◁ **Bild 339**
Was für eine Lokgeschichte: Vom Berliner Süden 1901 bis zum Weihnachts-Blickfang im Murnauer Lokalbahnhof 2024. Zauberhaft!

Aufnahme:
Bernd Mühlstrasser

◁ **Bild 340**
Nicht nur die Lichtinstallation an **E 69 04**, auch der Vollmond wirkt im Januar 2022 am Murnauer Denkmal reichlich mystisch.

Aufnahme:
Bernd Mühlstrasser

ter „sorgte“. Die Initiative war jedoch beharrlich und lästig genug, um den Weg zu ebnen. Am 24. August 2023 schwebte die Lok daher vom bisherigen Standort am Kreisel VOR dem Lokalbahnhof, mit einem Zwischenschritt auf der Straße, letztlich IN den Lokalbahnhof. Nicht mehr ganz so megapräsent, dafür historisch allerdings am besten Platz überhaupt, bildet sie nun ein ganzes Ensemble aus denkmalgeschütztem Lokalbahnhof, einem Oberleitungsmasten, dem alten Flügelsignal aus Münchner Zeiten und nun sogar einer Betonschwellen-Gedenkstätte, mit Bezug auf die goldene Schwelle von Seeleiten.

Regelmäßige Führungen, Klassenbesuche, Glühweintage und eine atemberaubende Weihnachtsbeleuchtung rücken die Lok nun an eine Stelle, in der sie im Betrieb eigentlich nie so richtig war: In den Mittelpunkt!

169 005

Mit dem Planende der Baureihe 169 im Herbst 1981 schied nun auch 169 005 am 24. September 1981 aus dem Betriebsbestand der Bundesbahn aus. Das weitere Schicksal dieser Lok schien eigentlich ziemlich unweigerlich mit der Verschrottung zu enden. Schließlich war die Lok, Baujahr 1930, keineswegs mehr eine Pioniertat der Lok-Konstrukteure und hatte schon zu Lebzeiten den Ruf eines wenig charmanten Arbeitstieres. Eine unmittelbare Veranlassung, die Lok zu erhalten, schien nicht zu bestehen. Dennoch interessierten sich bereits kurz nach der Ausmusterung der Eisenbahnclub München (heute: Bayerisches Eisenbahnmuseum, Nördlingen) sowie der Bayerische Localbahn Verein (BLV) Tegernsee für die Maschine. Als sich dies konkretisierte, gelangte die Lok ins AW Neuaubing, wo die Bahn bereits mehrere „auf Eis liegende“ potentielle Museumsfahrzeuge gesichert abgestellt hatte. Am 27. Februar 1982 entschieden sich die Mitglieder des Bayerischen Localbahn Vereins (BLV) zum Ankauf der Lok. Ihren ersten Auftritt konnte die Maschine dann bei der Bahnhofs-Kirta im Herbst 1982 in Tegernsee feiern. Im Jahr 1983 fand dann eine Überführungsfahrt von mehreren Exponaten des BLV aus Tegernsee und München statt, welche genutzt wurde, die Lok in ihre neue Heimat Bayerisch Eisenstein, direkt am Eisernen Vorhang zur Tschechoslowakei gelegen, zu bringen. Im dortigen Lokschuppen entstand in den nächsten Jahren ein Localbahnmuseum, in dem zahlreiche Fahrzeuge der bayerischen Eisenbahngeschichte gezeigt werden. Zunächst musste 169 005 noch einige Jahre hinter Stacheldraht und Zäunen im Freien verbringen. Als jedoch Ende der achtziger Jahre die Restaurierung des Lokschuppens abgeschlossen war, konnte die Lok in dessen Halle einziehen. Seither war sie dort, immer noch im unveränderten Zustand ihrer letzten Betriebstage, fernab der Heimat zu besichtigen.

Aus Bayerisch Eisenstein hätten auch größte E 69-Optimisten eigentlich nichts Neues mehr erwartet. Doch fand sich dort 2001 eine Gruppe junger BLV-Mitglieder zusammen, um die dort seit 20 Jahren „verschleppte“ 169 005 unter die Lupe zu nehmen. Nach einer ersten Sichtung wurde klar, dass die Lok sich in gutem Zustand befand. Schnell reifte daraus der die Szene völlig überraschende Entschluss, die Lok wieder in Betrieb zu nehmen. Schon bald erfolgte die Überführung ins Bw Landshut, wo der Bayerische Localbahn Verein Schuppenplätze angemietet hatte und damit auch wieder „am Draht“ Anschluss fand. Mit viel Elan und ohne große Schwierigkeiten gingen die Arbeiten an der Lok, die nun erstmals auch Zugbahnfunk erhielt, voran. Über allem schwebte plötzlich auch ein Fertigstellungstermin, der wegen seiner Faszination unbedingt zu erreichen war. Für den 27. Juli 2002 plante DB Regio München ein großes Eisenbahnfest im Werdenfelser Land, um die Umstellung der Zugleistungen auf die neuen Triebwagen der Baureihen 425 und 426 zu feiern. Auf der Strecke

△ **Bild 341** • „Endstation“ schien für 169 005 das Localbahn Museum in Bayerisch Eisenstein, zunächst noch direkt am „Eisernen Vorhang“ im Bayerischen Wald, zu werden. Im Mai 1999 durfte sie für den Fotografen immerhin mal an die frische Luft. Aufnahme: Bernd Mühlstrasser

◁ **Bild 342**
„Dornröschen" wird wachgeküsst: Nach 21 Jahren Abstellzeit wird der **169 005** wieder unter die Haube geschaut, erste Arbeiten zur Wiederinbetriebnahme starten im Winter 2002 in Landshut.

Aufnahme: Eugen Froschmeyer

nach Oberammergau sollten dabei historische Züge verkehren, wozu sich E 69 03 schon angemeldet hatte. Zusammen mit der älteren Schwester wieder auf die alte Heimstrecke zurückzukehren, das wäre für die Mannen um 169 005 eine glänzende Premiere geworden. Doch schien die Zeit davon zu laufen, galt es doch auch noch alle rechtlichen Hürden zu nehmen. Das ganze Unternehmen wurde zu einem fantastischen Zieleinlauf: Am 23. Juli 2002, fast 21 Jahre nach der letzten Fahrt der Lok, ging die Maschine von Landshut aus zur bayerischen Abnahmefahrt nach Wörth an der Donau und zurück. Dabei erhielt sie eine vorläufige Betriebszulassung. Drei Tage später wurde die Lokomotive nach Murnau überführt, ab Laim gab es dabei ein Wiedersehen mit E 69 03. Am Zielort traf man auf den Lokzug aus der Museumsaußenstelle Garmisch, welcher neben E 63 08 und E 16 09 auch E 69 02 mitbrachte. Trotz einsetzender Dämmerung wurde eine Gruppenaufnahme mit E 69 02, 03 und 05 arrangiert – und vergisst man auch die vor dem Bahnhof stehende E 69 04 nicht, waren erstmals seit Januar 1978, also seit fast einem Vierteljahrhundert, vier der alten Loks in ihrer alten Heimat Murnau vereint. Welch ein Traum für jeden Fan der alten Maschinen, welch ein Sieg auch der Wertbeständigkeit dieser Loks.

▽ **Bild 343** • Famoses Wiedersehen im Abendgrauen des 26. Juli 2002: **E 69 02** als Ausstellungslok, **169 005** auf ihrer Premierenfahrt und **E 69 03** extra aus Nördlingen herbeigeeilt: Die beiden roten Maschinen werden am nächsten Tag mit Planzügen nach Oberammergau unterwegs sein. Aufnahme: Bernd Mühlstrasser

Bild 344 ▷ Was haben sich wohl die „normalen" DB-Reisenden gedacht, die in die historische Garnitur „geraten" sind. Die Fuhre war als regulärer Planzug unterwegs. Am 11. Juli 2004 machen sich **169 005** und schiebend 70 083 mit einem Zug für DB Regio kurz hinter dem herrlichen Panorama von Oberammergau auf den Weg nach Murnau.

AUFNAHME: BERND MÜHLSTRASSER

Am Folgetag war die historische Garnitur mit den beiden roten E 69 nun ganztägig im Plandienst auf der alten Stammstrecke im Dienst, was beiden Loks mit 250 Laufkilometern sogar eine für alte Planzeiten überdurchschnittliche Laufleistung bescherte!

Am 3. September 2002 erhielt E 69 05 im Bw München Hbf schließlich die endgültige Abnahme vom Eisenbahn-Bundesamt (EBA). Damit war jene E 69 wieder „da", die doch so oft stiefmütterlich und lieblos behandelt worden war. Als in besten Händen aufgehobene Museumslok sollte sie in der Folgezeit beweisen, dass sie absolut zuverlässig ihren Dienst verrichtet und zur betrieblichen Stütze sowie zum Arbeitstier des Bayerischen Localbahn Vereins werden würde.

Im Winter 2003/04 rüstete man die Lok mit der neuen Indusi-Ausrüstung PZB 90 aus, damit war sie die erste historische Ellok mit dieser modernen Technik und nun zugelassen auf allen Strecken der DB. Und wieder machte die Lok in der Fahrtensaison 2004 zuverlässig den bayerischen Süden unsicher. Regensburg, Aying, Landau, Holzkirchen, Freilassing, Ruhpolding und Straubing hießen die Ziele, aber auch der zweite Ausflug an die Heimatstrecke durfte nicht fehlen. Im Anschluss an ein Bahnfest mit Sonderfahrten zwischen Weilheim und Murnau übernahm E 69 05 zusammen mit ihrer Vereinskollegin TAG 7 zwei Planzug-Paare nach Oberammergau. Auch 2005 kehrte die Lok zwei Mal ins Ammertal zurück – letztmals mit Jubiläumszügen am 21. August 2005. Diese ambitionierte Veranstaltung endete

(weiter auf Seite 194)

Bild 345 ▷ Mit Güterzügen, dem eigentlichen Habitat der **169 005**, konnte man die Lok in ihrer Museumskarriere kaum mal erwischen. Eine Fotofahrt auf ihrer alten Strecke stellt im Mai 2004 diese Betriebssituation bei Altenau aber klassisch nach.

AUFNAHME: BERND MÜHLSTRASSER

△ **Bild 346** • Zum Münchner Stadtbild gehört nun schon seit vielen Jahren auch **169 005**. Mit den Rundfahrten des BLV ist sie jährlich rund um die Landeshauptstadt zu sehen. Bei Giesing geht die Fahrt gerade los, Juni 2019. Aufnahme: Jens Bolduan

▽ **Bild 347** • LAG trifft LAG. Mit den Münchner Brückenfahrten unterfährt die LAG-Lok **169 005** die denkmalgeschützte Überführungsbrücke der LAG-Hauptstrecke „Isartalbahn" München – Bichl bei Großhesselohe. April 2019. Aufnahme: Rudolf Vyzina

△ **Bild 348** • Wer hat wohl mehr Spaß? Die Fahrgäste mit Panoramablick auf der Großhesseloher Brücke, oder die feuchtfröhlichen Floßfahrer? Egal – am 29. Mai 2023 herrscht allseits gute Laune auf und über der Isar. AUFNAHME: JENS BOLDUAN

▽ **Bild 349** • Eigentlich lange Revier von E69 03, lässt sich **169 005** am 1. Juni 2025 in und unter der Harburg zauberhaft in Szene setzen. AUFNAHME JENS BOLDUAN

△ **Bild 350** • Mit 96 Jahren packt **169 005** nochmal das Reisefieber: Als „Loreley-Express" ist die Fünfer am 29. Mai 2026 auf dem Weg zum „Verwandtenbesuch" nach Koblenz und passiert mit ihren drei Wagen die Marksburg auf der rechten Rheinstrecke. Aufnahme: Jens Bolduan

jedoch mit dem Beginn eines Jahrhunderthochwassers und langer Streckensperrung. Man ahnte noch nicht, dass es seither keine Rückkehr einer E 69 ins Ammertal mehr geben würde. Bedauerlich, aber der späten Karriere der 169 005 tat dies keinen Abbruch.

Im Laufe der 2000er Jahre entwickelte sich das ehemalige „hässliche Entlein" der Baureihe unter Regie des BLV zur unersetzlichen Stütze der Sonderfahrten der Landshuter. Während die gute alte TAG 7 schon lange abgestellt war, verabschiedete sich auch die zweite BLV-Dampflok 70 083 bald für viele Jahre mit Kesselproblemen. Was blieb, war immer die E 69. Mit dieser, oft nur als Überführungs- und Ergänzungslok geplanten Maschine, konnte nun das jährliche Fahrtenprogramm aufrecht erhalten werden. Ins Chiemgau, nach Augsburg oder Passau, regelmäßig „Rund um München" mit den Brückenfahrten – eine fuhr immer: 169 005. Die Corona-Pandemie brachte die Maschine mal für zwei Jahre „aus dem Takt", ansonsten wurde auch in ihrem 95. Lebensjahr und nach 22 Museumsjahren schadlos (wie seit Jahren) eine Vielzahl an Einsatztagen absolviert. Einziger Schaden in all dieser Zeit – der Ausfall des Lüftermotors, der dann neu gewickelt werden musste.

Auch der Bayerische Localbahn Verein sieht kein Ende für seine Lok am Horizont. Die 2026 auslaufende Untersuchungsfrist macht jedoch zum ersten Mal seit der Wiederinbetriebnahme umfassende Erhaltungsmaßnahmen nötig. Die Radsätze, immer noch im Original, sind nach zwei Jahrzehnten Museumsbetrieb nun grundlegend „fällig" und müssen neu bereift werden. Auch elektrische Leitungen müssen ausgewechselt werden. Der Verein rechnet mit Kosten von mindestens 150.000 Euro. Gleichzeitig erfordert der ausgeblichene originale Betriebslok-Lack aus dem Jahr 1980 eine Neulackierung der Lok.

Dies bedeutet, Adolfine sagt vermutlich im Herbst 2026 für einige Jahre „Servus", um dann spätestens zu ihrem 100. Geburtstag im Jahr 2030 wieder ihr sonores Brummen und sirenenartiges Heulen zu präsentieren.

△ **Bild 351** • Charakterköpfe sind auch im Dunkel erkennbar: **169 005** ist am Abend des 21. April 2003 bei Langenbach unterwegs. Anders als an diesem „Dienst-Tag" ist für die Lok noch kein Dienstende absehbar. Es geht weiter, immer weiter … AUFNAHME: MARKUS KARELL

▽ **Bild 352** • Von wegen „Die im Dunklen sieht man nicht" – auch am Abend des 26. November 2021 strahlt **169 005** im Landshuter Heimatbahnhof. AUFNAHME: JENS BOLDUAN

△ **Bild 353** • Ein turbulentes Kapitel elektrischer Eisenbahngeschichte findet sein Finale im ehrwürdigen Lokschuppen des Bw Berlin Anhalter Bahnhof! Der überlebende Teil der ehemaligen Drehstrom-Versuchslok ist als Siemens-Werklok 3 Exponat im Technikmuseum Berlin. Aufnahme: Brian Rampp

Siemenslok #3

Als Stiefschwester der Baureihe E 69 wollen wir den Berliner Spross nicht ganz unterschlagen. Nachdem der Betrieb auf der Siemenswerkbahn in Spandau im Herbst 1988 auf die Rhenus AG übertragen wurde, endete der elektrische Betrieb und somit auch der Einsatz der Lok 3.

Schon bald kehrte die „gute Hälfte“ der ehemaligen Versuchslok nach Kreuzberg zurück, wo sie 1901 am Gleisdreieck noch eine vorübergehende Werkstatt gefunden hatte. Jenseits der U-Bahn-Trasse zog sie nun in die „heiligen Hallen“ des Bw Berlin Anhalter Bahnhof ein, als Sammlungsstück des heute als Deutsches Technikmuseum bezeichneten Ausstellungsgeländes. Im unveränderten Zustand der letzten Betriebsjahre (nach der letzten Hauptuntersuchung von 1979) steht sie seither im alten Lokschuppen und hat dabei bislang auch alle Neusortierungen der Sammlungen überstanden.

△ **Bild 354** • „Wiedervereinigung“ nach über 100 Jahren … Zumindest als Modelllok trifft die alte **LAG 4** noch einmal auf ihre „bessere Hälfte“. Aufnahme: Bernd Mühlstrasser

Bild 355 ▷ „Die ganze Geschichte liegt in diesem Bild". Der Autor sitzt sechzehnjährig in diesem Schülerzug 6615, einfahrend in Oberammergau. Aus der Frontscheibe der **169 005** heraus sieht man genau jenen Gleisbereich, den Bernd Mühlstraßer vom Fenster ganz links (neben dem Balkon mit der lüftenden Bettwäsche) jahrelang tagein tagaus, beobachtete und damit vom „Neunasechsga-Virus" infiziert wurde.

AUFNAHME: MICHAEL MAISS

Localbahn-G'schichten

Auf dem Schienenstrang ins Ammertal hat sich über Jahrzehnte hinweg die Gemütlichkeit und Behäbigkeit einer bayerischen Nebenbahn in die moderne Welt gerettet. Bis in die siebziger Jahre hinein wehte hier der Wind der Vergangenheit. Erst die sich in immer kürzeren Intervallen über alle Bahnanlagen Deutschlands ergießenden „Corporate Identities" der „modernen" Bahn radierten mehr und mehr Relikte dieser Zeit aus. Und irgendwie ist spätestens mit dem Abzug der alten Loks die Anonymität und Sterilität eines zwar moderneren, gleichzeitig aber irgendwie langweiligeren Regelbetriebs eingezogen.

Meine innige Beziehung zu dieser Linie entstand 1972, als wir ein Reihenhaus, genau auf Höhe der Oberammergauer Ausfahrtsignale, bezogen. Mein Zimmer ermöglichte mir besten Streckenblick, und da gab es interessante Dinge zu beobachten. Das Wechselspiel dieser niedlichen Mini-Loks war besonders spannend. Mal kam eine kleine Rote, mal eine ähnliche in Grün, und hin und wieder eine finster dreinschauende, große rote Lok daher. Wo wollten denn eigentlich diese „Modellbahnloks" mit den großen Wagen hin? Eine „Expeditionsreise" nach Murnau sollte das aufklären: Tatsächlich blieben die Loks bis dort am Zug! Und – es gab noch eine vierte, in Schwarz! Natürlich handelte es sich bei dieser, am Murnauer Lokschuppen erspähten „schwarzen" E 69 um die sehr dunkelgrün lackierte 169 004. Nun ja, man fängt eben klein an.

Langsam entwickelte ich zu diesem Treiben ein intensives Verhältnis. Zunächst wurden die Vorgänge vor meinem Fenster in einem Terminkalender (ausgerechnet von einer Fluggesellschaft!) festgehalten. Die inoffiziellen Namen der E 69 wurden säuberlich notiert, wenn sie im Einsatz waren: Pauline, Hermine (mein absoluter Liebling), die unbeliebte Johanna und das mir durchaus sympathische „hässliche Entlein", gering geschätzt von Personal und Lok-Ästheten, die große Adolfine. Bald schon sollten diese einfachen Notizen einem differenziert geführten „Bahnhofsbuch" weichen.

Hier wurden nun alle Lokeinsätze, Wagenzusammenstellungen, effektive An- und Abfahrtszeiten über Jahrzehnte hinweg notiert. Deutscher Bürokratie würdig stempelte ich auch noch (einsatz-)täglich die Karteikarten der Loks ab!

Erkennbar wurde aus dem interessierten Beobachten eines Neunjährigen im Laufe der Zeit ein Teil meines Lebens im Rhythmus der Zugfahrten. Schwer betroffen war ich, als meine Lieblingslok 169 003 nach Motorschaden abgestellt werden musste. Als meine entsprechende Anfrage beim Bw Garmisch mit der Aussage „ … und wird wahrscheinlich nicht mehr ausgebessert werden" beantwortet wurde, liefen mir kindliche Tränen herunter. Das Leben sollte mir mit dem Unfalltod meines Vaters ein Jahr später noch lehren, dass es schlimmeres geben sollte. Aber damals war ich schwer erschüttert, und um so erfreuter, als nur einige Tage später „mein" Lokführer erzählte, dass nun doch die Dreier reaktiviert würde, und dafür die Vierer geopfert wurde. Die hatte ich ein paar Tage zuvor noch mit der aufgehenden Sonne nach München abfahren sehen, ihre letzte Fahrt. DIE konnte mich nicht zu Tränen rühren …

Eines Tages stand ich mit zittrigen Knien und ähnlich klingender Stimme vor 169 002 und stotterte zum Lokführer „Derf i amoi mitfahrn?" Das „Ja, freili" ließ dann einen Kindheitstraum in Erfüllung gehen und lag wohl daran, dass der Gute ein Bekannter meiner Mutter war und ihr beim Umsetzen via Lokpfeife hin und wieder zupfiff, wenn sie im Garten war. Ich bestieg nun also die Lok und blickte mich neugierig im Führerstand um. War eigentlich gar nicht so viel drin. In der Mitte das Fahrpult mit dem großen, senkrecht angebrachten Steuerungsrad, einigen Lämplein der erst vor einigen Wochen eingebauten Indusi, ganze zwei Spannungs- und Fahrstromanzeiger. Eingezwängt zwischen linkem Vorder- und rechtem Seitenfenster lagen Tacho, Luftdruckanzeige, Lokpfeife und die beiden Bremsen. Viel mehr war's nicht. Aber einen tollen Ausblick hat man von da oben, die E 69 besteht ja rundherum fast nur aus Scheiben. Abenteuerlich, welche Geräusche die Lok so zu bieten hat. Im Stand säuselt sie noch leise vor sich hin, aber beim Anfahren verwandeln die Tatzlagermotoren die Lok in ein schnarrendes und vibrierendes Ungetüm. Mit steigender Geschwindigkeit und abnehmender Zugkraft überwiegt dann das fleißige Heulen der beiden Motoren.

War das Mitfahren allein schon faszinierend, fand ich mich bald an der Lokpfeife. Aber damit nicht genug – plötzlich war ich der Lokführer. Spannend das Aufschalten der Maschine, drohte doch bei zu raschem Hochschalten das „Überstrom-Relais".

△ **Bild 356** • Das Personal prägte, neben den Loks, in starkem Maße die Atmosphäre der Oberammergauer Bahn. Treue Begleiter in den Siebzigern: Lokführer Hanns Alzinger und Zugführer Franz Wagmann mit einer **169 005**, die sich noch nicht so recht für die alte oder neue Betriebsnummer entscheiden kann.

Aufnahme: Sammlung Mühlstrasser

Aber ich wollte keinesfalls aus dem Bahnhof schleichen. Ehrensache – kräftig aufzuschalten! Kompliziert die Bremserei; ein paar Mal war´s eher eine Schnellbremsung – macht nix, spart Zeit. Trotzdem hatte der Zug in Oberammergau drei Minuten Verspätung. Aber mir war das wurscht – es erfüllte sich ein Traum, an den ich heute noch wehmütig zurückdenke. Bald danach bin ich dann auch noch mit 169 004 und „meiner" Dreier mitgefahren. Nur mit der Fünfer hat's tatsächlich bis zu meinem 50. Geburtstag gedauert – kleine Wartezeit von gut 35 Jahren!

Geprägt war das besondere Lokalbahn-Flair natürlich und vor allem auch vom Personal, das eine eingeschworene „Ammergau-Bande" bildete und sich ungerne „von außen" reinreden lies. Aber auch gegenüber den Reisenden bestand Verbundenheit. Hier kannte man sich einfach noch. Wenn der Zug sicher in Oberammergau angekommen war, lehnte sich der Lokführer meist aus seinem geöffneten Seitenfenster und schaute sich „seine" Fahrgäste an. Die vielen bekannten Gesichter wurden mit einer freundlichen Bemerkung oder einem kurzen „Griaß di nachad" bedacht. Aber so manche Personale wollten auch schon in der „guten alten Zeit" nicht unbedingt gesehen werden. Zum Beispiel jene Zeitgenossen, die statt der planmäßigen Nachtruhe in Oberammergau, auf eine „Gungl" (bayerisch für „Party") in Unterammergau gehen wollten. Aber, mit dem Auto, das war so ein Problem, wegen der Promille und so. Also kuppelten sie die E 69 vom Zug und fuhren halt mit der Lok allein und ohne Licht durch die Nacht nach Unterammergau, parkten dort die Lok im Bahnhof, und ab ging's auf die Fete. Die Rückfahrt war dann trotz aller Maß Bier kein Problem, schließlich fährt eine Lok keine Schlangenlinien. Und die Indusi, die diesen Abstecher hätte aufzeichnen können, war noch nicht montiert …

Aber auch während des normalen Dienstes kam es hin und wieder zu besonderen Anekdoten. So zum Beispiel ein überraschender Halt im seit Jahren aufgelassenen Haltepunkt Scherenau. Eine Blaskapelle spielte den verdutzten Fahrgästen auf, und keiner wusste so recht, was das sollte. Fast keiner – außer einiger Oberammergauer Stammtischbrüder. Dort wurde am Vorabend vom Murnauer Bürgermeister damit getönt, soviel „Einfluss" zu haben, um eben in Scherenau einen Zug halten lassen zu können. Schnell wurde um ein Faßl Bier gewettet und – gewonnen!

Wie aus den Geschichten von Ludwig Thoma die nachfolgende Begebenheit: Vier „Bahner", darunter ein Fahrdienstleiter, ein Lokführer und ein „Zugrevisor", hielten sich in einem Stall neben dem Oberammergauer Schlüsselstellwerk Hühner zwecks Frühstückseier-Produktion. Bald aber kamen sie sich in die Haare, denn nicht der Fuchs, sondern einer von ihnen sollte Eier „gestohlen" haben. Nachdem sich die Situation nicht beruhigte, platzte dem Lokführer offensichtlich der Kragen: Er wird es den Kollegen schon zeigen … Nach dem Abfahrtspfiff in Oberammergau beschleunigte er seinen Zug nur wenig, blieb dann am Stellwerk stehen. Schnell sprang er zwischen Stall und Lok hin und her und entführte eine Henne nach der anderen, setzte sie in seine Lok und fuhr mit dem Federvieh auf dem Führerstand und einigen Minuten Verspätung weiter, um die Viecher in den heimischen Stall zu entführen. Der Fahrdienstleiter sah fassungslos aus seinem Bahnhofsgebäude zu, die anderen Eierfreunde erfuhren erst am Abend von dieser „Fracht" auf der 169 004. Aber da wurden die Eier schon in Murnau gelegt …

Besonders engen Kontakt mit der Oberammergauer Strecke hatte ich während meiner Realschulzeit, als ich vier Jahre lang täglich 100 km Schulweg absolvieren musste. Mit dem Frühzug um 6.05 Uhr ab Oberammergau ging's los. Natürlich wurden die Hausaufgaben in den Zug verlagert, bestenfalls von jemand abgeschrieben.

Dies konnte aber recht peinlich werden, waren doch die Auswirkungen aufs

Bild 357 ▷
„Murnau, hier Murnau, bitte alles aussteigen". Ankunft auf Gleis 1a, beim anschließendem Umsetzen durften die Fahrgäste für die Rückleistung übrigens gleich mitfahren!

Aufnahme: Sammlung Bernd Mühlstrasser

Schriftbild nicht so positiv. Als mein Mathe-Lehrer dann auf Idee kam, ausgerechnet meine Aufgaben genauer zu betrachten, rächte sich meine Faulheit. Dass alles falsch war, konnte ja nicht groß überraschen, aber dann ging er auf das äußere Erscheinungsbild ein. „Ich kann mir Eure Bahn lebhaft vorstellen. Ich kenn' durch Eure Schrift schon jede Kurve von dem Bockerl, ohne dass ich einmal mitgefahren wäre!" Noch mehr Pech hatte ein Spezl von mir. Auch er machte gerade Hausaufgaben, als ein Kohlgruber Autofahrer den Zug übersah und am Bahnübergang von 169 005 erfasst wurde. Die daraufhin eingeleitete Schnellbremsung wirkte sich auf die Hausaufgaben insofern aus, dass quer übers Blatt ein dicker Kugelschreiberstrich ging. Wie er das wohl dem Mathe-Lehrer erklärt hat?

Eine willkommenere Abwechslung im Frühzug war es für uns Schüler, wenn wieder einmal ein Fahrdienstleiter verschlafen hatte oder krank wurde. Nicht, dass dies besonders häufig vorkam, aber so drei- oder viermal im Jahr an einem der Bahnhöfe war das schon der Fall. Jedenfalls hatte dies recht interessante Auswirkungen auf den Betrieb, vor allem wenn's vielleicht ein Montag und der Kohlgruber Beamte war. Denn montags kreuzten sich dort der Frühzug aus Oberammergau und der Leerzug aus Murnau. Und Kreuzen ohne Bahnhofsvorstand ging ja nun mal nicht. So standen wir dann schon mal 20 bis 30 min im dunklen Bahnhof, der Leerzug vorm Signal, bis man den Diensthabenden aus dem Bett geholt hatte. Zeit genug, um die erste Schulstunde spürbar abzukürzen.

Deutlich abgekürzt war die Schulzeit auch an jenem Februartag 1978, als binnen weniger Stunden die bis dato grünen Wiesen von mehr als einem Meter Schnee bedeckt waren. Abends war zwar noch 144 060 mit dem Klimaschneepflug über die Strecke gefahren, dennoch hatten Schneefall und Wind die Strecke bis zum Morgen wieder „eingeebnet". Der Lokführer des Frühzuges hatte mit seiner von der „Zweier" geführten Garnitur vor der Abfahrt einige Meter Gleis freigeräumt. Als es pünktlich um 6.03 Uhr losging, konnte der Zug daher zunächst ganz normal beschleunigen. Doch schon schnell schwabbten die vor der Lok hergeschobenen Schneemassen über den Vorbau und brachten den Zug zum Stehen. Also, zurück in den Bahnhof, volle Beschleunigung und so schwungvoll staubte der Zug schließlich auf die freie Strecke. Altenau wurde mit „Plus 3" erreicht. Um 6.16 Uhr Abfahrt in den steilen „Altenauer Berg". Wir kamen immerhin 25 m weit. So setzte der Lokführer bis weit hinter den Bahnhof zurück. Wir passierten den Bahnhof Altenau um 6.21 Uhr ein zweites Mal, mit nun 7 min Verspätung und mit mehr als 50 km/h! Langsam aber sicher fiel die Tachonadel der tapfer kämpfenden Lok. Nur noch im Schritttempo näherte sich der Zug dem Bahnübergang. Doch der dort hereingeräumte Schnee war zuviel für uns – aus. Somit erreichten wir im Rückwärtsgang endlich mal wieder die Weltstadt Altenau, passierten diese mit Schwung und 13 min Verspätung das dritte Mal. Nun erklomm der Zug alle Hürden, doch mit mittlerweile 17 min Rückstand wollten wir uns offensichtlich den Halt in Jägerhaus nicht leisten, dort ging's ohne Stop durch. Steigt ja eh nie jemand ein. Nach einer Stunde und einer Minute Fahrzeit erreichten wir – im Unterschied zu einigen Pkw – sicher den Murnauer Bahnhof, wo allerdings für's erste keine Anschlusszüge zu erwarten waren – nicht jede Lok hat sich so wacker durch die weiße Pracht gekämpft wie unsere „Zweier"!

Wenn man jahrelang mit den Ammergauer Loks zu tun hatte, lernte man schnell, die einzelnen Loks schon am Geräusch auseinander zu halten. So war es schon in den fünfziger Jahren in der Murnauer Werkstätte üblich, neuen Lehrlingen am Pfeifen des nahenden Zuges die Identifizierung der nun einfahrenden Lok abzuverlangen. Und es war kein großes Problem, die Maschinen zu unterscheiden. Bei 169 002 fielen ein besonders starkes Rasseln bei der Anfahrt und ihr abgehacktes, unterbrochenes Motorgeräusch bei voller Fahrt auf. Besonders „musikalisch" war die Fünfer. Einfach zu identifizieren schon am „Blasen", dem Geräusch des fremdbelüfteten Trafos. Hörenswert aber ihre Motoren, die sich aus einem tiefen kraftvollem Dröhnen mit zunehmender Geschwindigkeit zu einem sirenenartigen Heulen steigerten – sehr ähnlich den alten Triebwagen der Berliner S-Bahn.

Für mich fast unvorstellbar, ging die Zeit der E 69 im Nahverkehr auf der Oberammergauer Bahn im Mai 1981 zu Ende.

△ **Bild 358** • Wegen des Seidl´schen Walmdachgebäudes hatte der Bahnhof Saulgrub eine andere Anmutung, als der Rest der Lokalbahn. **169 004** rollt am 9. März 1975 mit dem N6615 in den Bahnhof ein. Im Stellwerksanbau sind noch Weichen- und Signalhebel zu finden. Liesl Andre als „Bahnhofsvorständin" kurbelt auf ihre unnachahmliche Weise die Schranken herunter, während ihr Mann vielleicht gerade mit dem Zug einfährt. Der war nämlich Rangierer in Murnau, beide prägten das „Menschenbild" der Lokalbahn in den Siebzigern. Über allem thront die Saulgruber Ortskirche.

Aufnahme: Claus-Jürgen Schulze

Natürlich bin ich in den letzten Tagen noch oft im Zug mitgefahren, denn trotz meiner etwa 1.000 Mitfahrten – genug war es nie. Hierbei sei übrigens erwähnt, dass bei all diesen Fahrten die 169 ihr Ziel stets mit eigener Kraft erreichten.

Am 29. Mai 1981 konnte ich also letztmalig die Faszination einer E 69-Planfahrt auf meiner Stammstrecke erleben. Zuglok der Fahrten mit dem Nahverkehrszugpaar 6620 und 6623 war 169 005. Die Hinfahrt nach Murnau verlief weitgehend normal, nur in Grafenaschau und Seeleiten-Berggeist lagen wir jeweils eine Minute „hinten". Aber die Rückfahrt hatte es in sich! Es sollte noch mal ein richtiges Erlebnis werden. Vor allem deswegen, weil unser „bester" Lokführer den Zug übernahm, der gerade mit dem „Dienstschluss"-Zug immer wieder einen flotten Fahrstil an den Tag legte und all' jene „Versager" Lügen strafte, die behaupteten, mit den E 69 ließen sich die Fahrzeiten nicht halten.

Abfahrt Murnau mit zwei Minuten Verspätung – der Anschluss-IC kommt zu spät. In Murnau Ort sind wir dann sogar drei Minuten hinten, weil unerwartet viele Leute zusteigen. Seeleiten-Berggeist auch drei, Grafenaschau noch zwei Minuten. Nun geht's ins Steilstück nach Jägerhaus. Normal sind da sieben Minuten Fahrzeit, dieser Zug hat planmäßig nur sechs – wir schaffen's in fünf. Also nur noch eine Minute Rückstand. Ebenso in Bad Kohlgrub. Und im steilen Abschnitt zwischen Bahnhof und Kurhaus holt der Lokführer alles aus der Fünfer raus, die Motoren heulen wie Sirenen durch die Nacht, statt drei brauchen wir nur zwei Minuten – wir sind „Plan". Ebenso in Saulgrub. Von dort nach Altenau sind fünf Minuten vorgesehen – wir packen's in drei! Bis Unterammergau bleibt der Zug im Plan, dann zieht die 169 005 zum Finale an und erreicht Oberammergau sogar zwei Minuten zu früh. Effektive Fahrzeit nur 35 min.

Zwei Tage später müssen die alten Ammergauer Lokomotiven weichen, weil die planmäßige Fahrzeit auf 38 min gekürzt wird. Für die E 69 und den „richtigen" Lokführer wär's kein Problem gewesen. Zumindest aber war diese Fahrt ein denkwürdiger Abschied für mich von meinen „Neinasechzga"!

◁ **Bild 359**
Auch das „oide Muaddal" wurde beim Ausstieg in Grafenaschau von Lokführer Werner Furtner mit einem „Scheena Doog no" bedacht.

Aufnahme: Dieter Kempf

Strecken-Steckbrief Murnau – Oberammergau

Das Problem der Beschreibung einer über hundert Jahre alten Eisenbahnstrecke ist der ständige Wandel. Nachfolgende Charakteristik gibt daher einen Überblick über den Streckenzustand während der LAG-Zeit, die Änderungen bis hin zum heutigen Zustand ergeben sich aus dem Text im Kapitel Streckengeschichte.

Ausgangsort der Bahnlinie war das auf 691 m. ü.NN gelegene Murnau, an der Bahnverbindung München – Weilheim – Garmisch-Partenkirchen. Gegenüber dem Staatsbahnhof befanden sich die Anlagen der Oberammergauer Bahn. Der Lokalbahnhof besaß ein dreistöckiges Empfangsgebäude an der Kopfseite der Gleise, parallel zu den drei Bahnhofsgleisen (davon ein Gütergleis) standen zwei längere Flachbauten (u.a. mit Warteräumen) auf der linken und eine Güterhalle auf der rechten Seite. Kurz nach dem Bahnhofsbereich verzweigten die Gleisanlagen in Güter- und Wagenabstellgleise, eine Übergabegruppe zur Staatsbahn, das Streckengleis und die Zufahrt zum Bahnbetriebswerk. Auf dessen Höhe, nach nur 400 m, befand sich der Haltepunkt Murnau Ort, nahe am Ortszentrum gelegen. Unmittelbar im Anschluss daran wurden die Eisenbahnstrecke nach Garmisch und die Autostraße nach Kohlgrub auf einer Eisenträgerbrücke überquert. Leicht ansteigend führte die Bahn in einer Rechtskurve in den Villenortsteil Ramsachleiten, in dem sich auch das bekannte Gabriele-Münter-Haus befand, mit seinem Haltepunkt bei Kilometer 1,5.

Steil abfallend ging es kurvig durch offene Wiesen auf den Haltepunkt Seeleiten-Berggeist am Streckenkilometer 3,1 zu. Kurz danach erreichte die Bahn den tiefsten Punkt der Strecke und gleichzeitig eröffnete sich links ein fantastischer Ausblick auf das Naturschutzgebiet Murnauer Moos, das Estergebirge und Teile des Wettersteinmassivs. Nach 5,4 km Fahrt wurde mit Grafenaschau der erste Bahnhof erreicht. Hier waren neben einem Kreuzungsgleis links und rechts der Strecke lange Ladegleise für den früher starken Güterumschlag, vorwiegend Holz, aber auch Bergwerksabbau, vorhanden. Der Bahnhof lag als einziger der Bahn weitab von seinem namensgebenden Ort, knapp 2 km sind es zur Ortschaft. Allerdings siedelten sich in Bahnhofnähe im Laufe der Zeit zunehmend Häuser an.

Direkt aus dem Bahnhof heraus begann die lange Steigungsstrecke mit 30 ‰ hinauf nach Jägerhaus, einem Haltepunkt, und weiter bis zum Bahnhof Bad Kohlgrub (Ort) bei Streckenkilomter 11,7. Der Bahnhof lag genau in der Mitte der Bahnlinie, ausgestattet war er mit einem Kreuzungs- und einem Gütergleis. Mittlerweile hatte die Bahn bereits über 800 m. ü.NN erreicht.

Unmittelbar an der Bahnhofsausfahrt begann ein steiler und kurviger, hoch aufgeschütteter Bahndamm durch den Kurort, von dem aus sich links ein weiter Blick bis zum Starnberger- und Ammersee er-

△ **Bild 360** • Gesamtüberblick über die Anlagen des Murnauer Lokalbahnhofs, aufgenommen 1935 aus dem Verwaltungsgebäude am Kopf der Anlage. Auf Gleis 2 ist eben **LAG 5** mit einem reichlich gefüllten Zug angekommen. Mit der „Ettaler"-Werbung links die Güterhalle, dahinter die Kiesgrube. Rechts parallel zum Bahnsteig Wartehallen, Fahrkartenausgabe und Toilettengebäude sowie das mehrstöckige Wohnhaus. In der Verlängerung von Gleis 1 sind die Dampfloks LAG 27 und 28 am Stellwerk zu sehen. Hinter dem Wohnhaus für LAG-Beschäftigte links ist der Lokschuppen gerade noch zu erkennen. Dieser und die Güterhalle stehen heute nicht mehr, die anderen Gebäude sind noch vorhanden!

Aufnahme: Sammlung Bernd Mühlstrasser

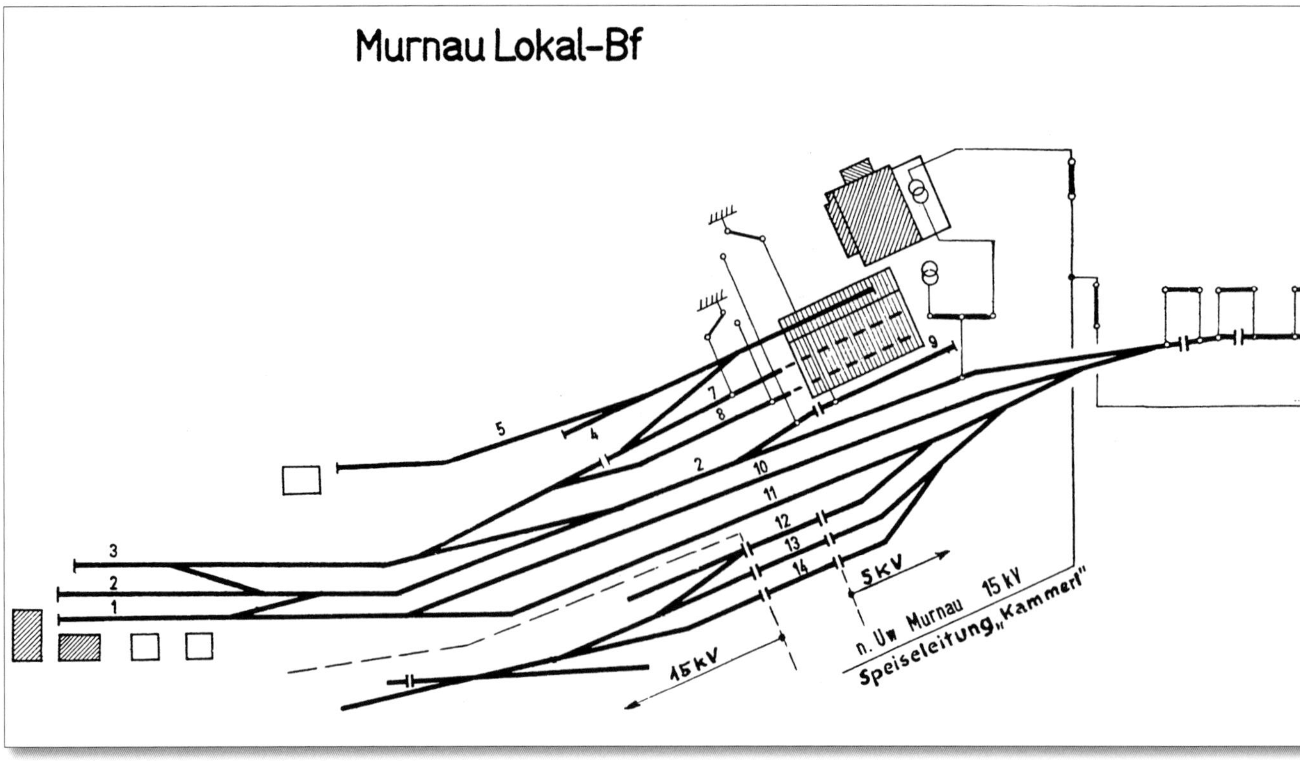

△ **Bild 361** • Gleisplan Murnau Lokalbahnhof, Zustand 1953. Abbildung: Sammlung Bernd Mühlstrasser

öffnen konnte. Plötzlich führte die Bahn aber durch einen engen Einschnitt und erreichte nach 1.500 m am Ortsende den Haltepunkt Bad Kohlgrub Bad, später Kurhaus. Mit einer weiten S-Kurve durch grüne Wiesen am Fuße des Hörnle wurde nun das Obere Ammertal erreicht. Bei Streckenkilometer 14,2 hielt der Zug in Saulgrub mit dem längsten Kreuzungsgleis der Bahn sowie einem Gütergleis. Bemerkenswert war das Empfangsgebäude mit seinem geschwungenen Dachaufbau, das in ähnlicher Weise auch an der Isarthalbahn in Hohenschäftlarn gebaut wurde. Diese Bauform entstand in den zwanziger Jahren, zunächst war ein bahntypischer Querbau vorhanden.

Nach dem Bahnhof stieg die Bahn ein letztes Mal in der seit Murnau eingeschlagenen westlichen Richtung an, ehe sie dann nach Süden abschwenkte, den höchsten Punkt mit 875 m. ü.NN erreichte und sich kurvenreich ins Ammertal herabwand.

Altenau, bei Streckenkilometer 16,4 km, besaß jeweils ein Kreuzungs- und ein Gütergleis, zeitweise sogar eine Wagendrehscheibe zu einem Firmenanschluss und lag mit 838 m. ü.NN nun auf gleicher Höhe wie der weitere Streckenverlauf. Unterhalb des umrundeten Hörnlemassivs strebte die Bahn nun durch eine moorige Wiese führend auf Scherenau zu, am Fuße

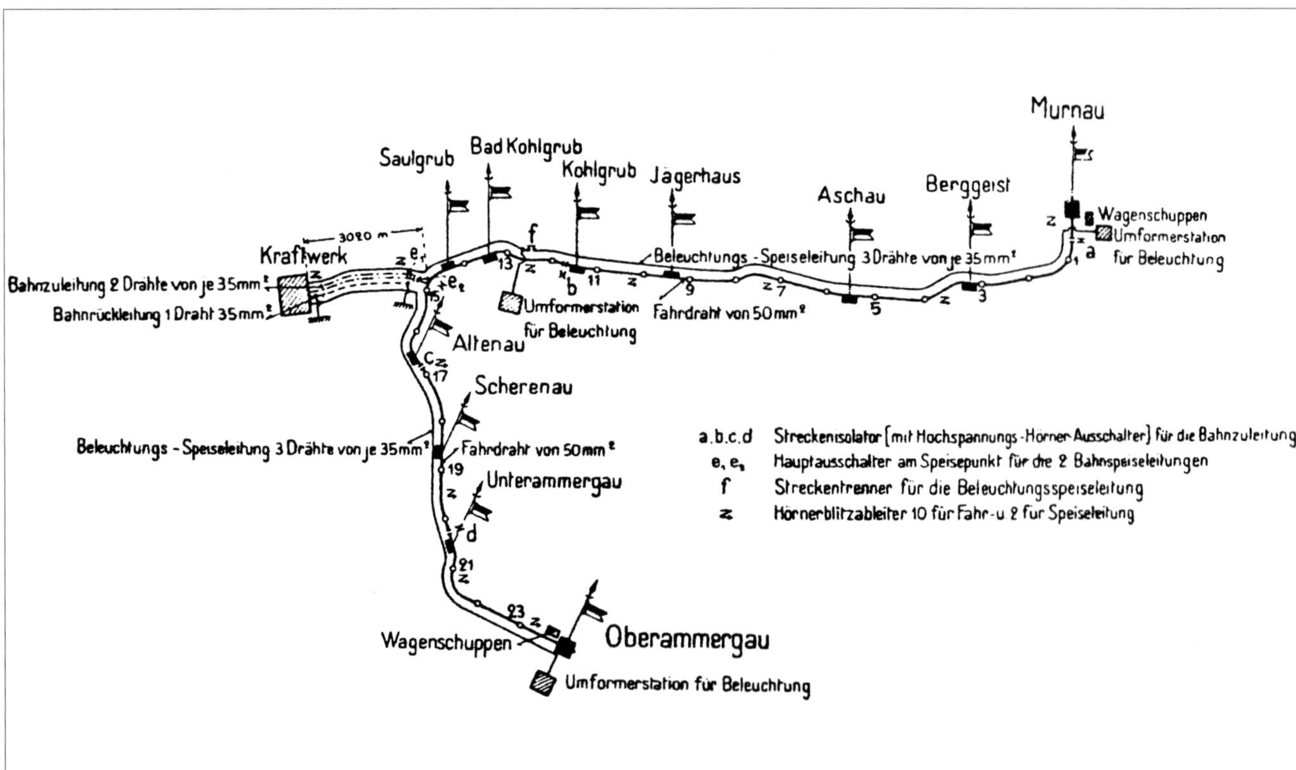

△ **Bild 362** • Streckenführung und elektrische Einrichtungen. Abbildung: Sammlung Bernd Mühlstrasser

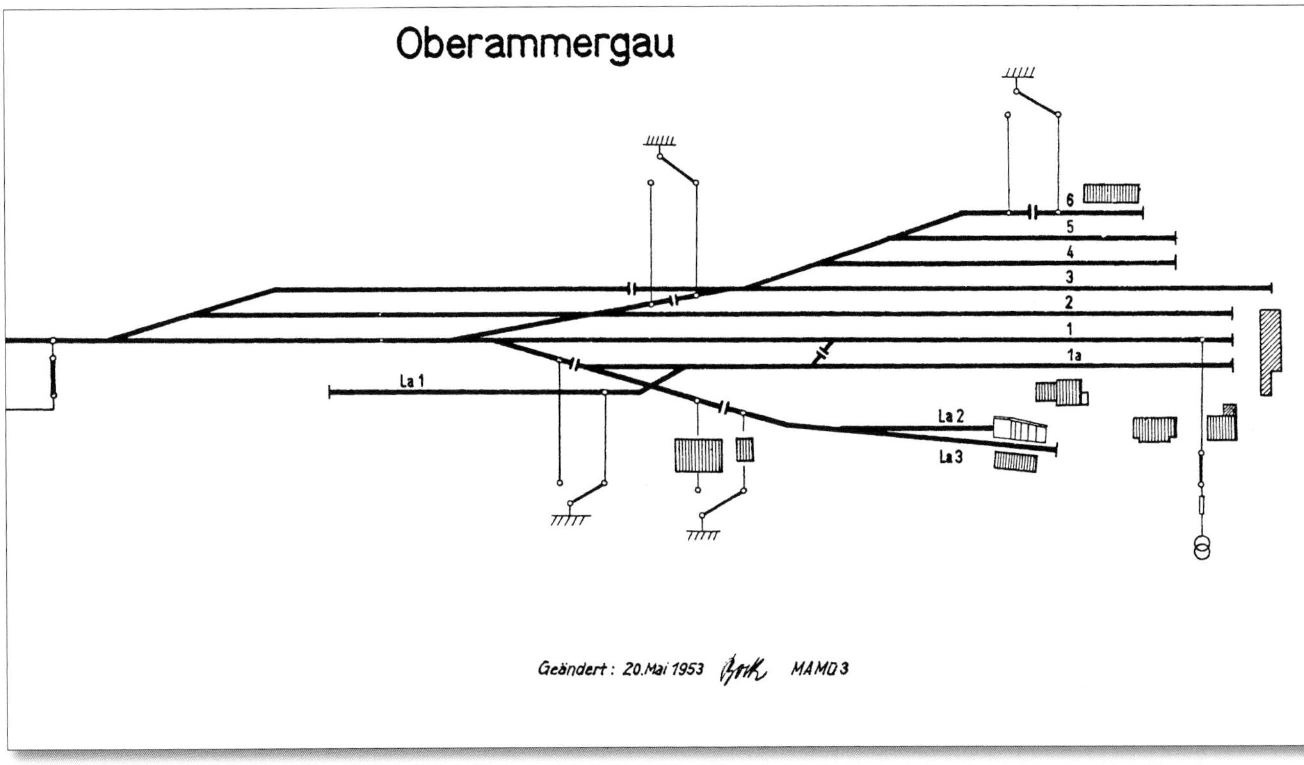

△ **Bild 363** • Gleisplan Oberammergau, Zustand 1953. ABBILDUNG: SAMMLUNG BERND MÜHLSTRASSER

der Kappl, der ältesten Kirche im Umkreis (11. Jahrhundert). Schnurgerade verlief die Strecke die nächsten 1.500 m bis Unterammergau, ausgestattet mit drei Gleisen und einem bis in die heutige Zeit original erhaltenen und daher denkmalgeschützten Empfangsgebäude.

Nun schwenkte die Bahnstrecke zunächst nach Südwesten, überquerte die Ammer und gab den Blick frei auf die beeindruckende Kulisse von Oberammergau, eingerahmt vom Labermassiv und dem markanten Kofel, einer ortsbeherrschenden Felsnadel. Mit scharfer Drehung nach links führte die Bahn auf den Endpunkt zu. Kurz vor dem Einfahrtsignal stieg die Strecke nochmals an und fiel dann in den auf voller Länge in einer schiefen Ebene liegenden Bahnhof Oberammergau ab.

Dieser hatte sehr umfangreiche Gleisanlagen: drei Bahnsteiggleise, ein langes und mehrere kürzere Gütergleise, zwei weitgespannte Umfahrungsgleise und drei Abstellgleise sowie bis Ende der vierziger Jahre einen Lokschuppen auf der linken Bahnhofsseite. Quer zu den Gleisanlagen

△ **Bild 364** • Selten sind Aufnahmen vom Betriebsgebäude in Bad Kohlgrub Kurhaus. Im März 1959 steht das Gründerzeit-Büdchen noch, später wurde es durch ein einfaches Holzhäuschen ersetzt. AUFNAHME: GERD WOLFF

Bild 365
Der Endbahnhof Oberammergau in der Passion 1934. Die Gleisanlagen blieben bis in die 2000er Jahre weitgehend erhalten. Heute gibt es nur noch das Gleis 3, auf dem der rechte Zug abfahrbereit steht. Ebenfalls rechts ragt noch der kaum genutzte Lokschuppen ins Bild.

Aufnahme: Sammlung Bernd Mühlstrasser

Bild 366
72 Jahre später verschwinden die großzügigen Anlagen: Die „Randerscheinung Zug" zeigt auf, was vom Bahnhof Oberammergau bleiben wird. Dieses eine Gleis! Bis zum Bauzaun auf dem Bahnsteig wird das gesamte Gelände bald danach von Supermarkthallen belegt sein. August 2006.

Aufnahme: Bernd Mühlstrasser

erhob sich das bekannte Empfangsgebäude mit einem vierstöckigen Rechteckblock und einer langgestrecken Wartehalle.

Der Endpunkt der Bahn lag auf 834 m. ü.NN, welcher sich bei Streckenkilometer 23,7 befand.

Der Oberbau der Bahn lag auf einem einfachen Gleisbett, wurde mit Vignolschienen von 22 kg/m ausgeführt und auf Föhrenholz-Schwellen gelagert. Die Fahrtgeschwindigkeit betrug zunächst 40 km/h. Der Höhenunterschied zwischen Anfangs- und Endpunkt lag bei 142 m, effektiv wurde aber ein Höhenunterschied von 184 m überwunden.

Streckenprofil Murnau – Oberammergau

km	Haltestelle	Höhe	Funktion	Veränderung
0,0	Murnau Lbf	691 m	Bahnhof	Stilllegung 1960
0,4	Murnau Ort	687 m	Haltepunkt	
1,5	Ramsachleiten	702 m	Haltepunkt	Stilllegung 1954
3,1	Seeleiten-Berggeist	671 m	Haltepunkt	heute Bedarfshalt
5,4	Grafenaschau	672 m	Bahnhof	Rückbau zum Haltepunkt
9,4	Jägerhaus	753 m	Haltepunkt	Stilllegung 2016
11,7	Bad Kohlgrub (Ort)	823 m	Bahnhof	
13,2	Bad Kohlgrub Kurhaus	851 m	Haltepunkt	heute Bedarfshalt
14,2	Saulgrub	853 m	Bahnhof	Rückbau zum Haltepunkt
16,4	Altenau	838 m	Bahnhof	Rückbau zum Haltepunkt
19,0	Scherenau	834 m	Haltepunkt	Stilllegung 1954
20,4	Unterammergau	830 m	Bahnhof	Rückbau zum Haltepunkt
23,7	Oberammergau	834 m	Bahnhof	Rückbau zum End-Haltepunkt

△ **Bild 367** • Die alte Lokalbahn-Romantik hielt ab 1962 im Ammertal wieder Einzug, als die E 69 wieder den gesamten Verkehr übernahmen. Bei Jägerhaus wetteifern ein altes Wasserfass und **E 69 05** um den Blickfang. Aufnahme: Jürgen Hagemann

▽ **Bild 368** • Eisenbahn-Romantik pur im Ammertal. Durch das frischverschneite Wintermärchen staubt **169 005** mit ihrer kurzen Übergabe. Aufnahme: Dieter Kempf

Chronik LAG 1 / E 69 01			
Ende 1905			Anlieferung an LAG Murnau (Anschaffungspreis 46.154 M)
19.02.1906			Abnahme nach Inbetriebsetzung durch Werkstätte Murnau
bis 1914			Umrüstung von Motor WBM 285 auf WBM 280, Einbau Westinghouse-Bremse, Tausch Schaltwerk
ab 02.06.1921		Murnau oder Thalkirchen	Reparatur der schweren Unfallschäden
1935 – 1940		Murnau	Einbau Sifa, Umrüstung auf Motoren WBM 281 aus LAG 3
01.08.1938			Übernahme durch Deutsche Reichsbahn, neue Nummer E 98 01
01.01.1939			Änderung der Baureihenbezeichnung auf E 69
30.06.1941	E3	Freimann	Abschluss Hauptuntersuchung im AW Freimann, Transformatortausch, Neulack mit angebrachtem Hoheitszeichen
02.07.1941 – 31.08.1941	E0	Freimann	fehlerhaft im AW aufgearbeitetes Gleitlager ausgeschmolzen (Heißläufer. b. Überf. n. Murnau), neue Lager gegossen
20.04.1944 – 09.05.1944	E2	Murnau	Radreifen abgedreht, Kollektor abgeschliffen, Lamellen ausgesägt, Motor gereinigt
17.09.1944	E0	Murnau	Zwischenbremsuntersuchung ausgeführt
08.10.1944 – 18.10.1944	E0	Murnau	
02.12.1946	E0	Murnau	Zwischenbremsuntersuchung ausgeführt
13.11.1946 – 28.06.1947	E3	Murnau	gesamter mechanischer Teil einschl. Bremse und elektrische Einrichtung untersucht und nach Befund aufgearbeitet; Fahrmotoren und Umspanner überholt, Kommulator v. Fahrmotoren und Luftpumpe abgedreht/ausgefräst Radsätze neu bereift, Achslager neu ausgegossen, Anstrich erneuert
28.01.1948	E1	Murnau	Zwischenbremsuntersuchung durchgeführt
28.06.1948	E0	Murnau	Einbau Tauschtrafo WBT1a
28.01.1949	E1	Murnau	Frist und Zwischenbremsuntersuchung durchgeführt
16.01.1950 – 07.02.1950	E2	Murnau	sämtliche Radsätze gewechselt, neue Großzahnräder eingebaut, Zwischenbremsuntersuchung, Fahrmotoren gereinigt und Wicklung lackiert, beide Motoren erhielten neues Kleinzahnrad, Stromabnehmer getauscht, elektrische Revision, Anstrich ausgebessert
09.05.1950 – 18.05.1950	E0	Murnau	Fristuntersuchung, Lichttransformator Gn42 gemäß Auftrag EZA München eingebaut
16.05.1951 – 18.08.1951	E4	Murnau	gesamter mechanischer Teil einschl. Bremse untersucht und nach Befund aufgearbeitet, luftbetätigte Sandstreueinrichtung eingebaut, Luftbehälter geprüft, gesamter elektrischer Teil untersucht und nach Befund aufgearbeitet, Fahr- und Hilfsmotoren sowie Umspanner überholt, Anstrich erneuert
10.09.1952	E1		Fristuntersuchung und Zwischenbremsuntersuchung ausgeführt
01.01.1954			Umbeheimatung zum Bw Garmisch, Außenstelle Murnau
21.06.1954			letzter Einsatztag
01.07.1954			z-Stellung
08.08.1954			Ablauf Untersuchungsfrist, Verlängerung bis 17.07.1955 erteilt
25.11.1954			Ausmusterung
23.06.1958			Denkmal im AW Freimann
März 1983			vom Denkmalssockel in die Abnahmehalle AW Freimann gebracht
Mai 1985			Einzug in Fahrzeughalle Deutsches Museum, München
09.04.2006			Überführung Deutsches Museum München im Lokzug nach Freilassing

◁ **Bild 369**

Bis heute trägt **E 69 01** am Rahmen ihr Fabrikschild als wegbereitendes Fahrzeug No. 29 der Katharinahütte. AUFNAHME: SAMMLUNG BRIAN RAMPP

△ **Bild 370** • Am 1. Dezember 1954, sechs Tage nach ihrer Ausmusterung, steht **E 69 01** schon recht einsam im AW Freimann AUFNAHME: WERKFOTO AW FREIMANN

▽ **Bild 371** • Zum Ende ihrer Freiluft-Denkmal-Karriere wurde **LAG 1** in der neuen Abnahmehalle des AW Freimann abgestellt. Im Anschluss wurden Rostschäden beseitigt. Juli 1983. AUFNAHME: BERND MÜHLSTRASSER

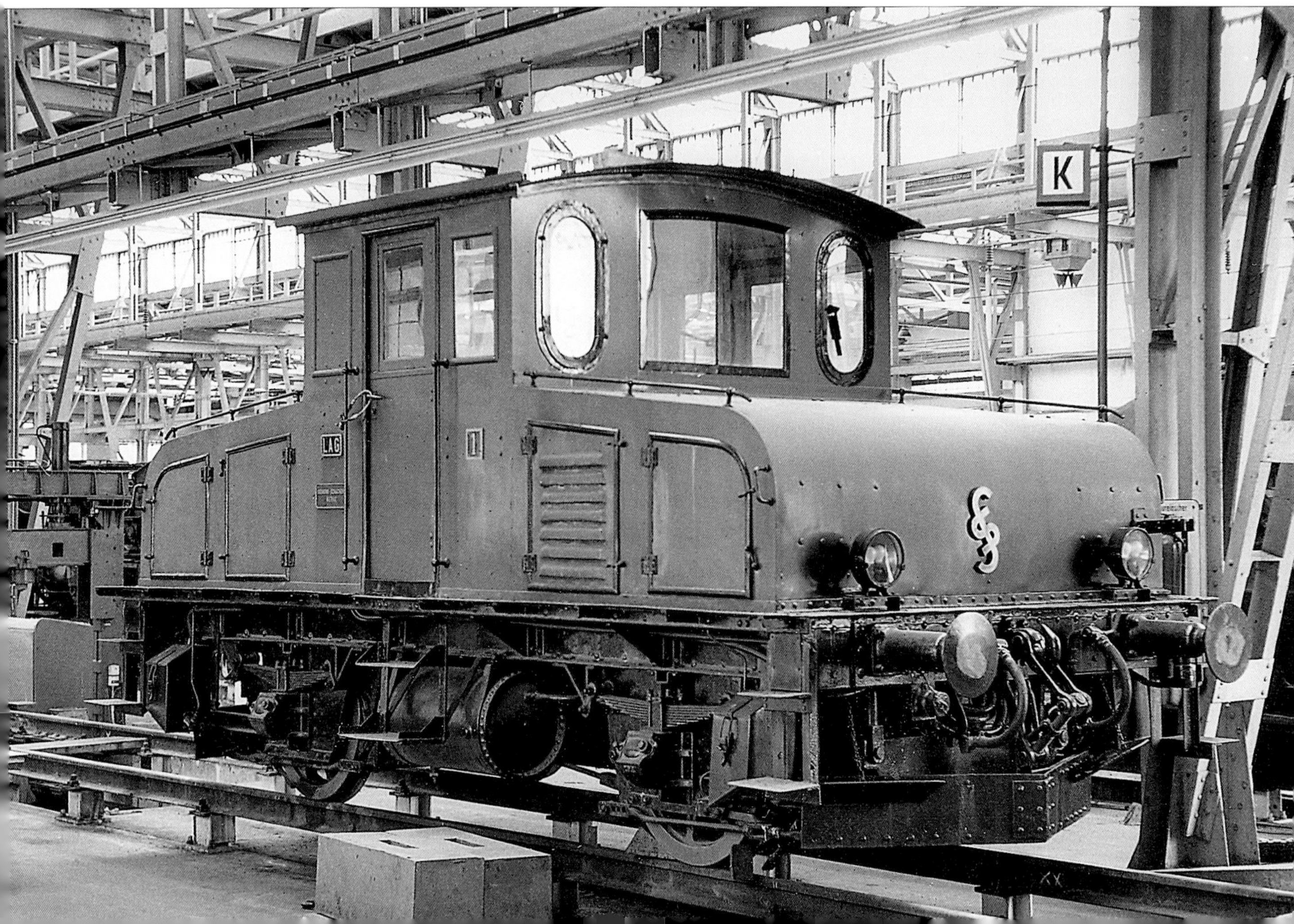

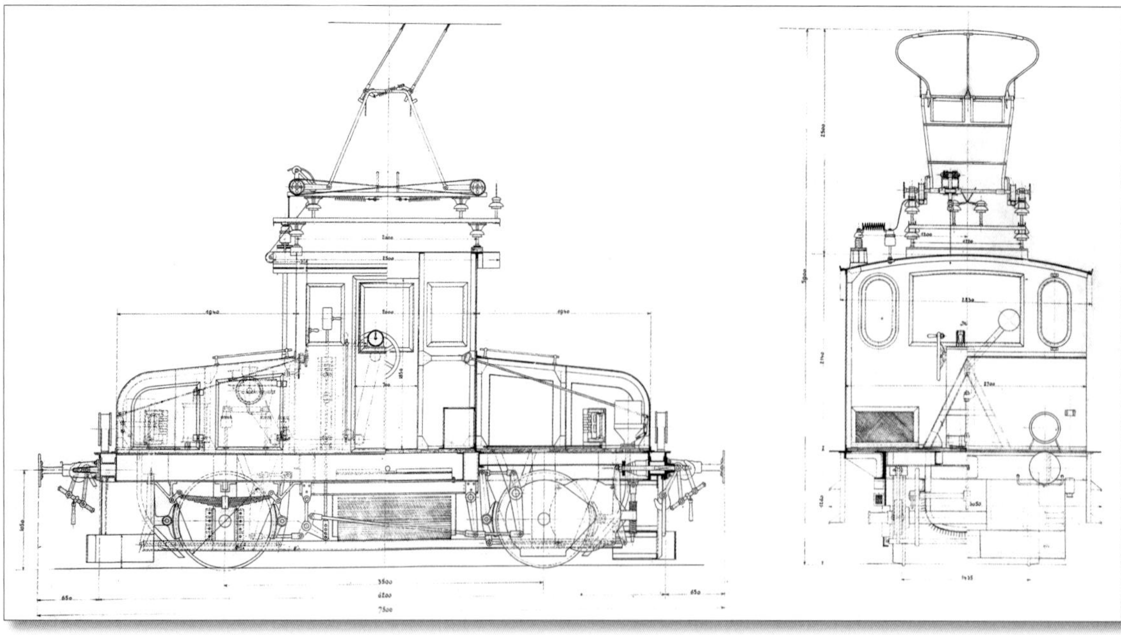

◁ **Bild 372** Konstruktionszeichnung der LAG 1.

Abbildung: Sammlung Wolfgang-D. Richter

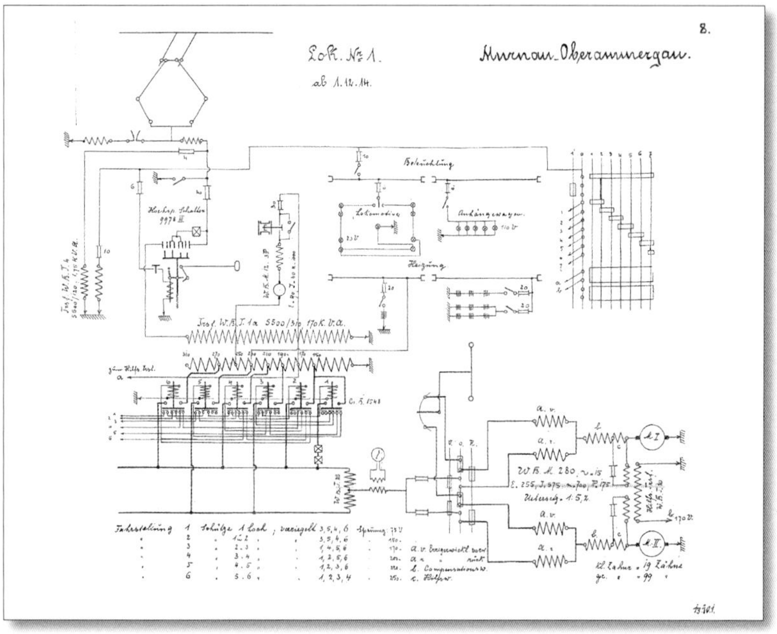

◁ **Bild 373** Schaltplan der **LAG 1** nach Umrüstung auf Schützensteuerung

Abbildung: Sammlung Wolfgang-D. Richter

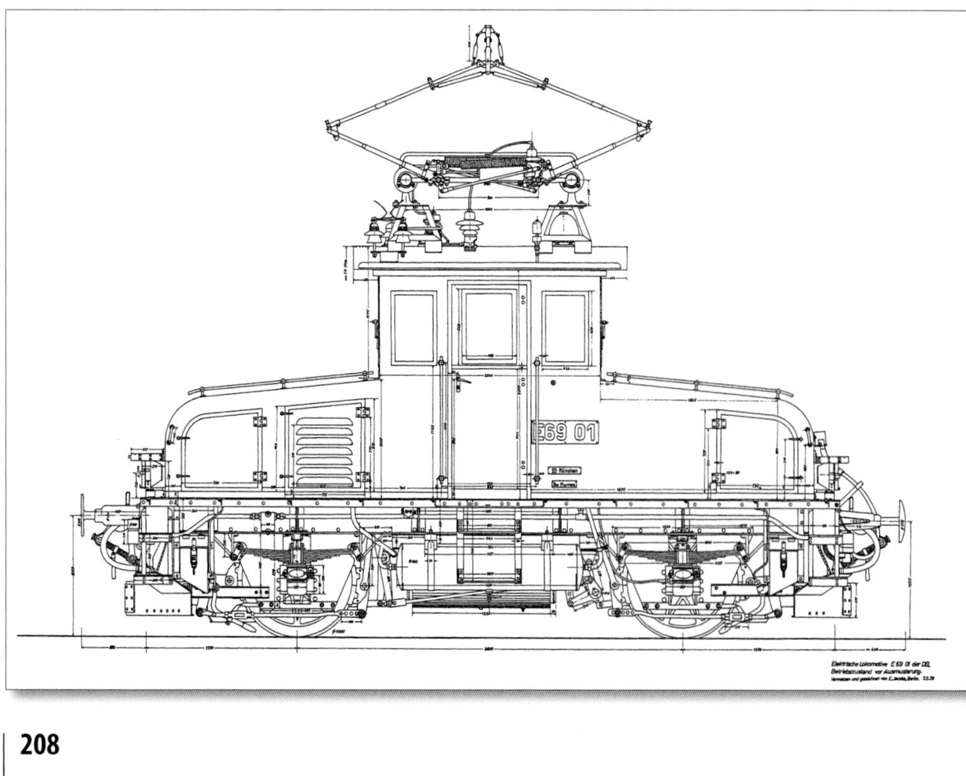

◁ **Bild 374** **E 69 01**, Betriebszustand 1952

Abbildung: Eckehard Jacobs

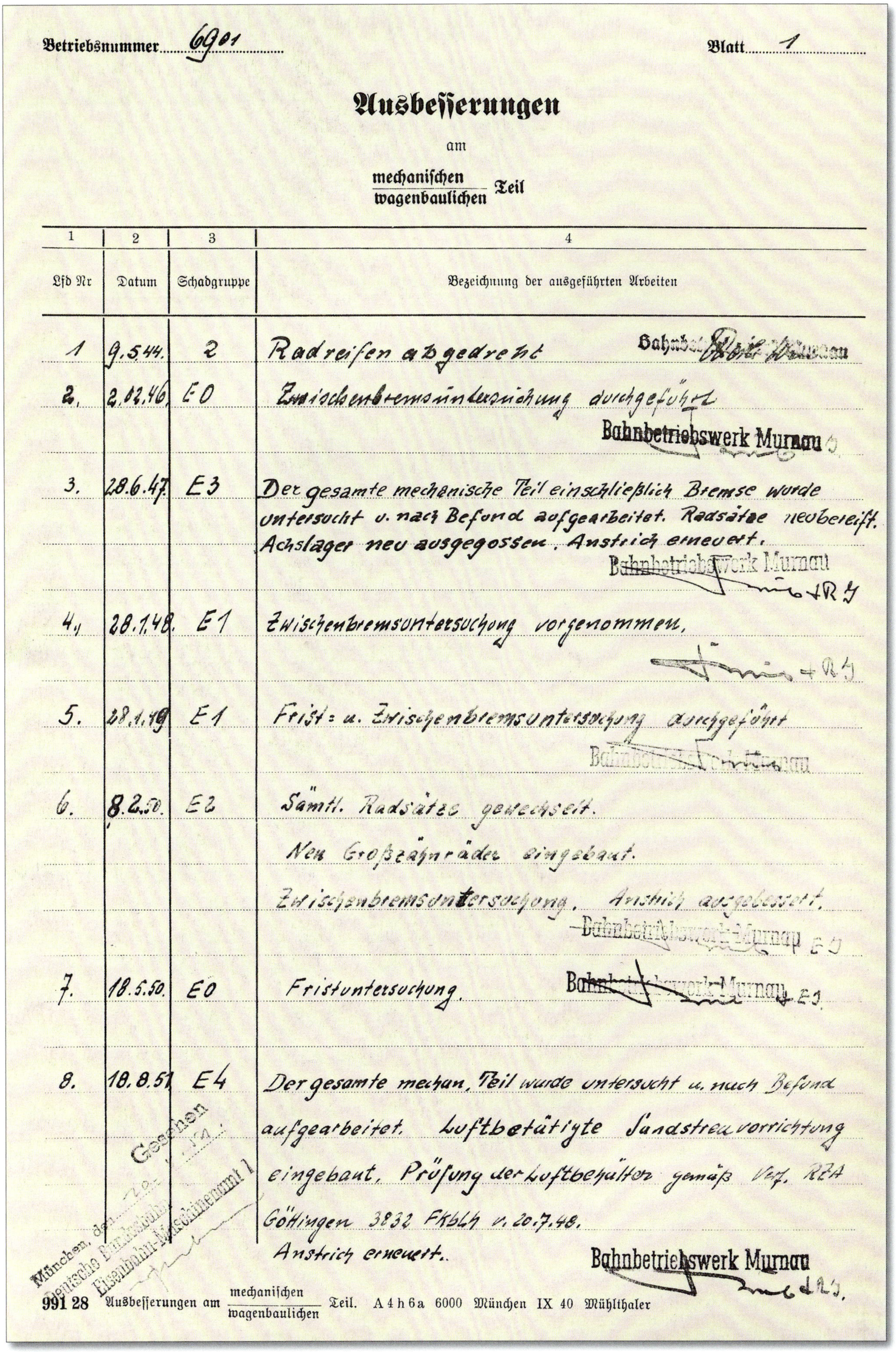

Betriebsnummer 69 01 Blatt 1

Ausbesserungen

am

mechanischen / wagenbaulichen Teil

1 Lfd Nr	2 Datum	3 Schadgruppe	4 Bezeichnung der ausgeführten Arbeiten
1	9.5.44.	2	Radreifen abgedreht Bahnbetriebswerk Murnau
2.	2.12.46.	E0	Zwischenbremsuntersuchung durchgeführt Bahnbetriebswerk Murnau
3.	28.6.47.	E3	Der gesamte mechanische Teil einschließlich Bremse wurde untersucht u. nach Befund aufgearbeitet. Radsätze neubereift. Achslager neu ausgegossen. Anstrich erneuert. Bahnbetriebswerk Murnau
4.	28.1.48.	E1	Zwischenbremsuntersuchung vorgenommen.
5.	28.1.49.	E1	Frist- u. Zwischenbremsuntersuchung durchgeführt Bahnbetriebswerk Murnau
6.	8.2.50.	E2	Sämtl. Radsätze gewechselt. Neu Großzahnräder eingebaut. Zwischenbremsuntersuchung. Anstrich ausgebessert. Bahnbetriebswerk Murnau
7.	18.5.50.	E0	Fristuntersuchung. Bahnbetriebswerk Murnau
8.	18.8.51.	E4	Der gesamte mechan. Teil wurde untersucht u. nach Befund aufgearbeitet. Luftbetätigte Sandstreuvorrichtung eingebaut. Prüfung der Luftbehälter gemäß Vfg. RZA Göttingen 3832 Fkblh v. 20.7.48. Anstrich erneuert. Bahnbetriebswerk Murnau

Gesehen München, den 20. ... Deutsche Bundesbahn Eisenbahn-Maschinenamt 1

991 28 Ausbesserungen am mechanischen / wagenbaulichen Teil. A 4 h 6 a 6000 München IX 40 Mühlthaler

△ **Bild 375** • Ein 70 Jahre verschollenes Dokument aus dem Betriebsbuch der E 69 01.

ABBILDUNG: SAMMLUNG BERND MÜHLSTRASSER

Chronik LAG 2 / E 69 02 / 169 002			(Beginn)
19.05.1909			Anlieferung an LAG Murnau
10.1909			Abnahme
02.06.1921			schwerer Unfallschaden, Lok zur Reparatur Thalkirchen (?) / Murnau
Anf. 1936 – 01.03.1937	E4	Thalkirchen/Murnau	umfassender Umbau der Lok durch BBC (neuer Profilrahmen, andere Motoren, Nockenschaltwerk u.a.)
01.08.1938			Übernahme durch Deutsche Reichsbahn (DR)
20.04.1940 – 31.05.1940	E3	Freimann	Hauptuntersuchung
22.11.1944 – 17.02.1945	E4	Murnau	Hauptuntersuchung, neue Kohlenbürsten, Achslager ausgegossen, Neulack
06.11.1946 – 13.12.1946	E2	Murnau	Kommutator FM 1 geschliffen, alle Radreifen abgedreht
14.10.1947 – 23.10.1947	E0	Murnau	elektrische Revision, alle Radreifen abgedreht, Ölprobe (gut)
27.10.1948 – 09.11.1948	E2	Murnau	Kommutator beider FM geschliffen, Luftkompressor und Stromabnehmer getauscht, Nockenschaltwerk aufgearbeitet, Achslager vorne rechts erneuert
03.02.1949	E0	Murnau	Motor #38625 auf der Antriebsseite Tatzlager erneuert
12.02.1949	E0	Murnau	Motor #38625 mit Laufwellenbruch ausgebaut (Motor später an E 69 03)
19.10.1949 – 14.01.1950	E3	Murnau	Hauptuntersuchung. neue Radsätze eingebaut, alle Lager mit WM80 ausgegossen, Fahrmotoren EDTM 4 gegen EDTM 494/V getauscht, neue Großzahnräder eingebaut, Neulack
26.04.1950	E 0	Murnau	Generator für Zugbeleuchtung eingebaut (gemäß EZA-Auftrag)
23.10.1950	E 0	Murnau	Vorschaltgerät geändert
29.08.1951 – 01.10.1951	E2	Murnau	Revision elektrischer und mechanischer Teil, sämtliche Radsätze neu bereift, Achslager neu ausgegossen, Federlaschen, Buchsen und Bolzen teilw. erneuert, Neueinbau der DeLimon-Spurkranzschmierung
08.07.1952 – 25.07.1952	E0	Murnau	Unfallausbesserung. Vorbau vorne, Motoraufhängung, Bahnräumer, Fußtritte und alle vier Streckenlaternen erneuert, Heiz-und Lichkabel vorne erneuert, Stirnbalken und Bremsgestänge ausger.
08.03.1953 – 09.05.1953	E4	Murnau	Hauptuntersuchung. Kompressor im AW Freimann aufgearbeitet, Trafo geprüft (Untersuchung nur soweit, wie für ein Jahr Betriebstauglichkeit notwendig)
07.04.1954 – 13.04.1954	E0a	Freimann	Radreifen abgedreht
14.04.1954			Umbeheimatung zum Bw Garmisch
01.07.1954			Lok auf „Z"
25.11.1954 – 18.03.1955	E0a	Freimann	Umrüstung auf 15 kV, Trafo umgewickelt, Stromabnehmer getauscht, elektrische Revison, Heizkupplungen abgeändert, Blitzschilder mont., Zug- und Stoßeinr. m. Muttern u. Federn versehen
04.07.1955			Umbeheimatung zum Bw Heidelberg
12.07.1955		Bw München Ost	Einbau Rangierfunk
05.08.1955 – 28.08.1955	E1	Heidelberg	Anpassungsarbeiten. Batteriekasten eingebaut, 6 V-Sifa gegen 24 V-Sifa getauscht, zweiten Schnellabschaltknopf eingebaut, Sifa-Störschalter und Lichttrafo mit Selengleichrichter eingebaut, Bosch-Scheibenwischer neu eingebaut, Windschutzscheiben auf Führerseite angebracht

△ **Bild 376** • Probefahrt mit der umfassend umgebauten **LAG 2** am 1. März 1937 in Oberammergau. AUFNAHME: SAMMLUNG BERND MÜHLSTRASSER

Bild 377 ▷

Harte Marlboro-Männer reiten **169 002**! Eine wertige Gusseisen-Scheibe prägt den ansonsten überschaubar ausgestatteten Fahrtisch mit den erst im Jahr 1976 angebrachten Indusi-Elementen. Das dazugehörige Tachometer mit Fahrtenschreiber erkennt man im Hintergrund am dafür verblechten Seitenfenster.

AUFNAHME: DIETER KEMPF

Chronik LAG 2 / E 69 02 / 169 002 **(Ende)**

02.02.1957 – 22.02.1957	E0	Esslingen	Hauptumspanner geprüft, Stromabnehmer gegen neuen SBS 39 getauscht, hierfür Dachaufbauten angepasst, Motoraufhängefedern getauscht
06.05.1957 – 05.06.1957	E3	Freimann	Hauptuntersuchung. Stromabnehmer getauscht, Fahrmotor 1 Schluss aufgearbeitet, Sifa aufgearbeitet, Fahrmotor 2 revidiert, obere Signallaterne angebracht
13.05.1959 – 16.05.1959	E0	Freimann	Radreifen abgedreht
17.08.1960 – 22.09.1960	E2	Freimann	Untersuchung. Bremsanlage von Westinghouse nach Knorr umgebaut
26.04.1961 – 04.05.1961	E0	Freimann	Hochspannungskabel getauscht, Trafo geprüft
11.04.1962 – 02.05.1962	E0	Freimann	Hochspannungskabel getauscht, Trafo geprüft, Fahrmotoraufhängung aufgearbeitet, Br2
05.10.1962 – 25.10.1962	E0	Esslingen	Unfallausbesserung; Radreifen abgedreht, Achsschenkel bearbeitet, Treibachswellen ultraschallvermessen und aufgearbeitet, Motoraufhängung geschweißt und aufgearbeitet
17.12.1962 – 07.02.1963	E0	Esslingen	Unfallausbesserung. Sämtliche Unfallschäden behoben, Radreifen abgedreht, Radsätze auf Rundlauf geprüft, Achs- und Tatzlager ausgegossen, Achslager instandgesetzt, Achswellen mit Ultraschall geprüft, Trafo und Fahrmotoren geprüft, Stromabnehmer getauscht
01.06.1964			Umbeheimatung zum Bw Garmisch
21.05.1964 – 28.10.1964	E2	Freimann	Hauptuntersuchung. Luftbehälter geprüft, Räder, Fahrmotoren, Stromabnehmer, Richtungswender, Schaltwerk und Kompressor aufgearbeitet, Sifa-Zeitschaltrelais eingebaut
14.04.1966 – 31.10.1967	U0	Freimann	Motorschaden Fahrmotor 2 #39134 „Unterbrechung“, Motor und Radsatz 2 aufgearbeitet, Ritzel erneuert, Zahnkränze waren schadhaft
24.08.1970 – 11.12.1970	U2	Freimann	Hauptuntersuchung. Radsätze, Fahrmotoren, Richtungswender, Batterie und Schaltwerk aufgearbeitet, Behälter für Knallkapseln eingebaut
14.12.1970 – 21.01.1971	U0	Freimann	Fahrmotor aufgearbeitet, Batterie getauscht
29.03.1971 – 07.04.1971	U0	Freimann	Radsatz 1 Tatzlager aufgearbeitet
22.09.1971	U0	München Hbf	Radreifen abgedreht
Anf. Oktober 1973			Tatzlagerschaden
xx.11.1973			Tatzlagerschaden
07.12.1974 – 23.04.1975			Achsschaden
01.05.1975 – 11.06.1975	U0	Freimann	Tatzlagerschaden
09.02.1976 – 26.05.1976	U2	Freimann	Hauptuntersuchung. Luftbehälter geprüft, Radsätze bereift und Ultraschall, Fahrmotoren untersucht, Schaltwerk und elektrische Ausrüstung revidiert, Tausch: Sifa, Stromabnehmer, Luftpresser, Batterie
07.06.1978 - 04.08.1978	U0	Garmisch	Motorschaden, neuer Motor aus 432 202 eingebaut
28.06.1979 - 08.08.1979	U0	Freimann	Fahrmotor 1 #39134 neuer Läufer eingebaut
23.03.1980 - 01.04.1980		Freimann	Neulackierung
26.09.1981			letzter Planeinsatz für die Baureihe 169 mit 5427/Üg67677 Garmisch – Griesen – Garmisch
13.10.1981			Lok auf „z“
10.05.1982			Fristverlängerung bis 25.05.1983 durch MA München 1 genehmigt
28.06.1982			letzter Einsatz als Betriebslok
29.07.1982			Ausmusterung
23.05.1985 – 06.08.1985	U3	Freimann	Lok museumsgerecht und fahrfähig instandgesetzt, Neulackierung
08.08.1985 – 14.08.1985	U0	Freimann	Heißläufer ausgebessert
17.01.1994 – 17.03.1994		Werk München	Neuer Hauptluftbehälter eingebaut, neue Anschlüsse zu den Hauptluftbehälterleitungen
21.12.1997	E1	Werk München	
18.03.1994	U0	Freimann	Trafoölwechsel
05.08.1997			Fristablauf, Ausscheiden aus betriebsfähigem Museumsbestand

Betriebsnummer 6902 Blatt 3

Standorte und Leistungen

1			2			3	4
Bahnbetriebswerk			Bundesbahnausbesserungswerk oder Privatwerk			Leistung in km*) seit der letzten bahnamtlichen Untersuchung des Fahrgestells	seit der Anlieferung
Bw [illegible]	von 26.10.62	bis 16.12.62	AW Eßlingen Schadgr. E 0	von 17.12.62	bis 7.2.63	124000	
Bw Heidelberg (8.2.–31.5.64) Bw. Garmisch (1.6.64)	von 8.2.63	bis 20.5.64	A.W. Freimann Schadgr. E2	von 21.5.64	bis 28.10.64	222 122	1.394 347
Bw Garmisch-Part.	von 29.10.64	bis 13.04.66	AW Mü-Freimann Schadgr. U1	von 14.4.66	bis 31.10.67	76000	1.470 347
Garmisch-Part.	von 1.11.67	bis 23.08.70	AW München Freimann U2	von 24.8.70	bis 11.12.70	217 511	1.611.898
Garmisch-Part.	von 11.12.70	bis 13.12.70	AW München Freimann U0	von 14.12.70	bis 21.1.71		
Garmisch-Part.	von 21.1.71	bis 28.3.71	AW München Freimann U0	von 29.3.71	bis 7.4.71	10 000	1621898
Garmisch-Part.	von 7.4.71	bis 22.09.71	[illegible]	von 22.9.71	bis 22.9.71	36 000	1647898
Garmisch-Part.	von 23.09.71	bis 8.2.76	AW München Freimann U2	von 9.2.76	bis 26.5.76	208 000	1.820.000
[illegible]-Part.	von 27.5.76	bis 4.78	AW Mü. Frm	von 4.78	bis 18.7.78	102000	
Bw Garmisch-P.	von 19.7.78	bis 27.6.79	[illegible] U0	von 28.6.79	bis 8.8.79	130 000	

*) Die Leistung in Spalte 5 und 6 ist bei jeder Zuführung zum Bundesbahnausbesserungswerk einzutragen. Bei Abgabe des Fahrzeuges an ein anderes Bahnbetriebswerk ist die Leistung seit dem letzten Ausgang mit Bleistift zu vermerken.

991 27 Standorte und Leistungen A4h 4a 80 München V 58 2000 HBr

△ **Bild 378** • Ein Ruhmesblatt für E 69 02, im Schadblatt genügt eine Seite für 17 Jahre.

ABBILDUNG: SAMMLUNG BERND MÜHLSTRASSER

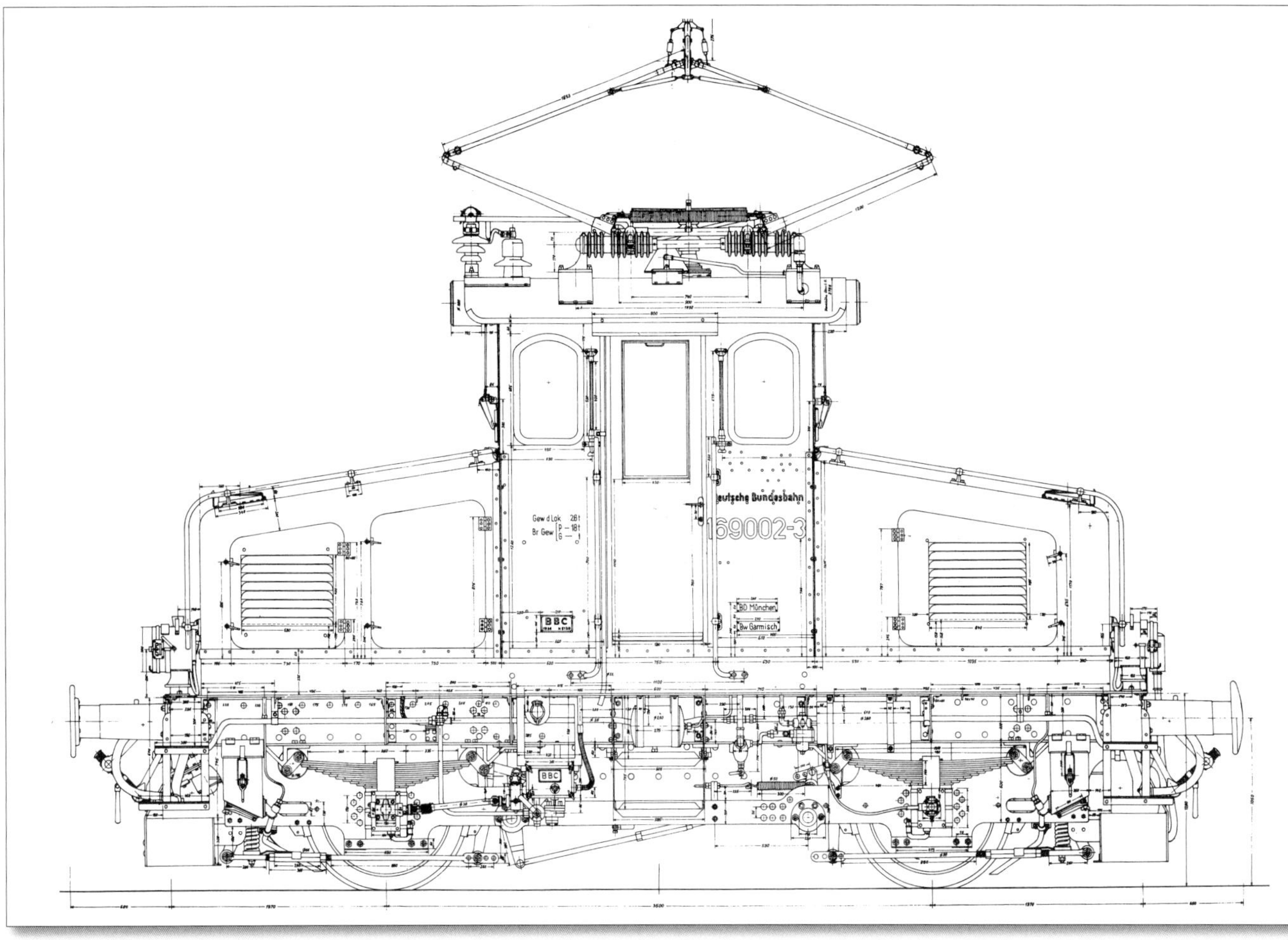

△ **Bild 379** • Betriebszustand 1975. ABBILDUNG: DEUTSCHE BUNDESBAHN

▽ **Bild 380** • Von der anderen Seite die Ansicht der **169 002**. Noch sind alle Seitenfenster vorhanden. Auffällig: Der vordere Vorbau musste nach einem Unfallschaden mit einem neuen Seitenblech versehen werden. Dieses wird durch die Nietenreihen entlang der Oberkante am Vorbau gehalten, außerdem wurde nur ein kleineres Wartungs-Türchen eingebaut. Auch die beiden Haltegriffe am Türaufstieg unterscheiden sich. AUFNAHME: STEFFEN LÜDECKE

Chronik LAG 3 / E 69 03 / 169 003			
17.12.1912			Abnahme durch LAG Murnau
1933	E3	Murnau	
01.08.1938			Übernahme durch Deutsche Reichsbahn, erste DR-Betriebsnummer E 98 03
21.10.1939 – 15.11.1940	E4	Thalkirchen/Murnau	Umbau der Lok (neuer Profilrahmen, andere Motoren, Nockenschaltwerk)
12.07.1945 – 15.09.1945	E3	Murnau	Hauptuntersuchung mit Neulack
27.09.1948 – 13.10.1948	E0	Murnau	Fahrmotorschaden, zusätzliche Heizleitung, neuer Führerstandsfußboden
14.04.1949 – 30.06.1949	E4	Murnau	Motor aus E 69 02 eingebaut, Neulack
28.04.1950 – 11.05.1950	E2	Murnau	Lichtumformer Gn42 eingebaut, F1 (Fristuntersuchung)
26.02.1951 – 04.03.1951	E2	Murnau	Einbau DeLimon-Spurkranzschmierung, Revision
08.03.1952 – 20.03.1952	E0	Murnau	lose Radreifen – neu bereift, Fahrmotor 1 Tatzlager neu ausgegossen
03.08.1952 – 04.10.1952	E3	Murnau	Hauptuntersuchung. Trafo in AW Freimann untersucht, Motoraufhängung erneuert,
			Tatzlager auf Antriebsseite ausgegossen, Neuanstrich
01.07.1954			Lok auf „z“
25.11.1954 – 28.04.1955	E0b	Freimann	Umrüstung auf 15 kV, Trafo am 10.02.1955 umgewickelt, neuer Stromabnehmer,
			Sifa auf 24 V umgestellt,
			elektrische Revision, Heizkupplung abgeändert,
			Zug- und Stoßvorrichtungen mit Schrauben und Muttern versehen
29.04.1955			Umbeheimatung zum Bw Garmisch
18.05.1955 – 23.05.1955	E0a	Freimann	Zug- und Stoßvorrichtungen abgeändert, Zughaken um 90 mm verlängert
24.05.1955			Umbeheimatung zum Bw Rosenheim
05.07.1955			Umbeheimatung zum Bw Heidelberg
12.07.1955		München Ost	Einbau Rangierfunk
24.11.1955		Heidelberg	Lichttrafo, Gleichrichter und Schalttafel eingebaut, elektrische Anpassungsarbeit
12.06.1957 – 11.07.1957	E2	Freimann	Hauptuntersuchung. drittes Spitzenlicht eingebaut, Luftpresser getauscht
14.10.1959 – 08.12.1959	E3	Freimann	Hauptuntersuchung, neuer Motor eingebaut, Neulack in Rot
09.05.1961 – 08.06.1961	E0	Freimann	Kabelbrand, Trafo geprüft, Schaltwerk aufgearbeitet, Fußboden teilweise erneuert
15.11.1961 – 28.02.1962	E2	Freimann	Hauptuntersuchung. Behebung von Flankenfahrtschäden,
			Stromabnehmer getauscht, Richtungswender,
			Fahrmotoren, Kompressor und Schaltwerk wegen Unfallschäden aufgearbeitet
29.08.1963 – 10.10.1963	E0	Esslingen	Unfallschäden behoben, Achswellen mit Ultraschall geprüft, Rahmen vermessen,
			Fahrmotoren aufgearbeitet
01.06.1964			Umbeheimatung zum Bw Garmisch
18.01.1965 – 19.02.1965	E0	Freimann	Radsatz 1 und Fahrmotor 2 mit Ritzel aufgearbeitet (Motor blockiert)
17.05.1965 – 01.07.1965	U2	Freimann	Hauptuntersuchung
18.01.1966 – 07.06.1966	U0	Freimann	beide Fahrmotoren getauscht
12.04.1967 – 23.05.1967	U0	Freimann	Fahrmotor 1 aufgearbeitet
13.12.1968 – 16.12.1968	U0	Freilassing	Radreifen unterflur abgedreht
10.01.1969 – 10.01.1972	U2	Freimann	Hauptuntersuchung. Fahrmotor, Richtungswender u. Schaltwerk getauscht, Ritzel aufgearbeitet,
			neue Betriebsnummer 169 003 angebracht
20.03.1973 – 02.04.1973	U0	Garmisch	Luftpresser getauscht
02.06.1975 – 26.06.1975	U0	Freimann	Fahrmotor 1 instandgesetzt
28.09.1976 – 29.12.1976	U2	Freimann	Hauptuntersuchung. Einbau Indusi
21.02.1977			Lok auf „z“
22.04.1977			vom z- zum Einsatzbestand
22.04.1977 – 03.05.1977	U0	Freimann	Fahrmotor #38625 ausgebaut, Einbau von Motor aus 169 004
22.02.1978 – 12.04.1978	U0	Freimann	Fahrmotor von 169 004 ausgebaut, Wiedereinbau Fahrmotor #38625
28.03.1980 – 03.04.1980		Freimann	Neulack
19.01.1981 – 19.02.1981	U0	Freimann	Fahrmotor 1 repariert
25.09.1981			letzter Planeinsatz mit Üg 67667 Oberammergau – Murnau (als Lz)
13.10.1981			Lok auf „z“
11.03.1982 – 08.04.1982			Einsatz als Heizlok im Bf Garmisch
19.05.1982 – 23.05.1982			Überführungsfahrten/Einsatz Sonderzug nach Herrsching
28.06.1982			letzter Einsatz als Betriebslok (Überführung München – Garmisch)
29.07.1982			Ausmusterung
15.05.1985	U2	Freimann	Lok museumsgerecht und fahrfähig instandgesetzt, Neulack
21.12.1993	E1	Werk München Hbf	Fristverlängerung
17.01.1994 – 17.03.1994		Werk München Hbf	Hauptluftbehälter geprüft
14.05.1997			Fristablauf, Ausscheiden aus dem betriebsfähigen Museumsbestand
xx.04.2000			Wiederinbetriebnahme durch BayernBahn GmbH
19.07.2002	E2	Nördlingen	Hauptuntersuchung (siehe Kapitel „Verlängerung“)
22.03.2008			letzte Fahrt für das Bayerische Eisenbahnmuseum Nördlingen
08.04.2008		Nürnberg	Rückgabe an DB Museum
11.05.2009		Bw Frankfurt	Abnahmefahrt nach HU für DB Museum Koblenz
14.06.2018		Koblenz-Lützel	Abschluss Hauptuntersuchung mit Aufarbeitung aller elektrischen und mechanischen Baugruppen

△ **Bild 381** • Auge in Auge mit **169 003**: Bis Mitte der siebziger Jahre trug sie noch die Reminiszenz an ihre Heidelberger Zeit – die Rangierfunkantenne auf Seite 2.

Aufnahme: Dieter Kempf

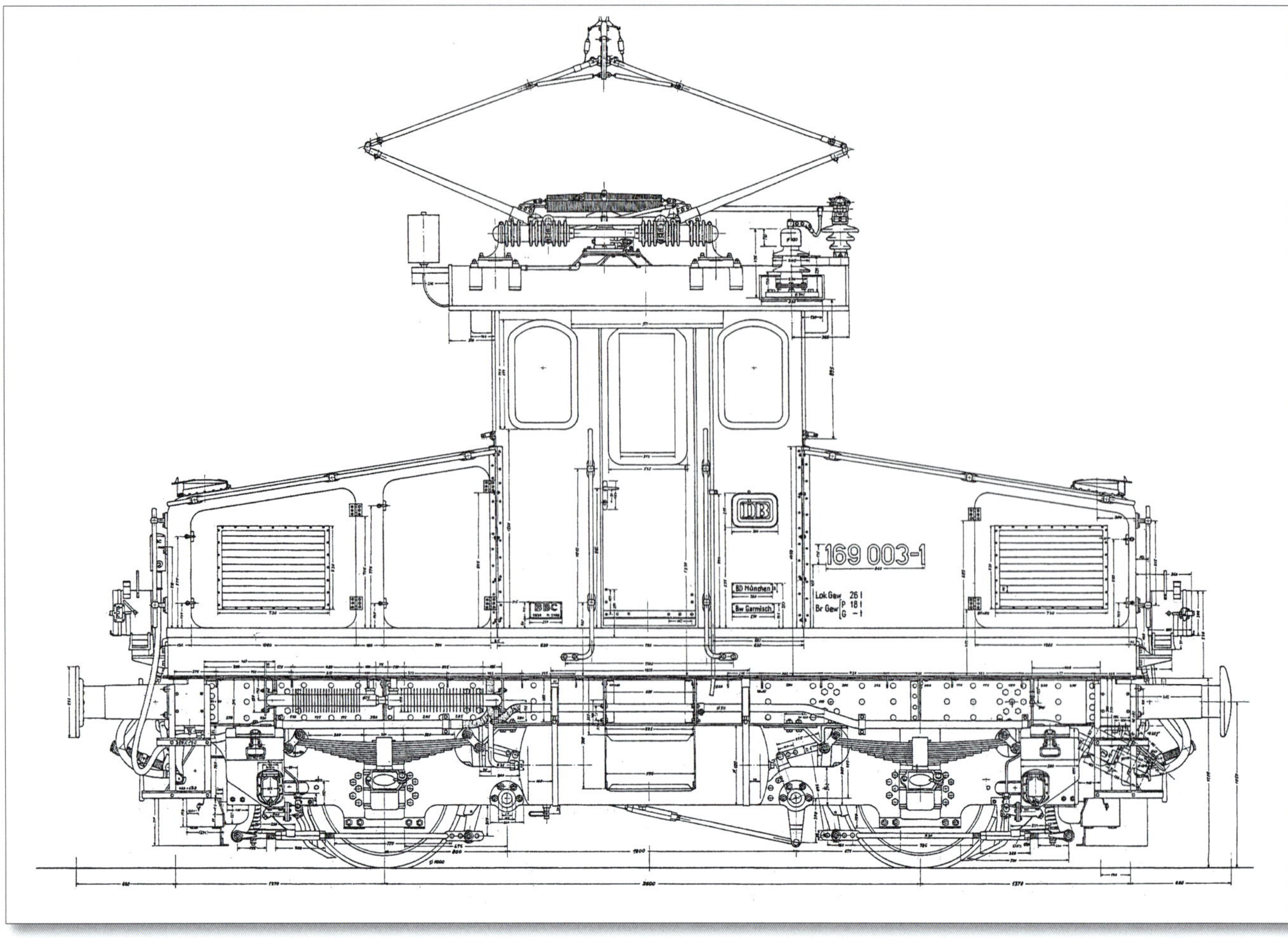

△ **Bild 382 • 169 003**, Betriebszustand 1975. ABBILDUNG: ECKEHARD JACOBS

▽ **Bild 383 •** Die schöne Seite der **169 003**, noch kein Seitenfenster auf der Lokführerseite verblecht. AUFNAHME: MARTIN WELZEL

Bild 384 ▷
Der Autor spendierte der Koblenzer Museumslok ein Repro des schon in den siebziger Jahren gestohlenen Umbau-Fabrikschildes. Obwohl es schon immer zu Fehlinterpretationen verleitete: „Schau mal, wie alt die Lok schon ist, die ist von 1938 …"

AUFNAHME: BERND MÜHLSTRASSER

Bild 385 ▷
Überschaubar, klein und wartungsfreundlich. Nach der Umrüstung von Schützen- auf Nockensteuerung können die Fahrstufen-Schütze im Fahrtisch untergebracht werden.

AUFNAHME: BERND MÜHLSTRASSER

Bild 386 ▷
Spartanisch ist der Fahrtisch der **169 003**. Nur der Motorschalter (Motor 1 / Motor 2 / Motor 1+2), die kriegsbedingt (Heimstoffe!) ärmliche Fahrstufen-Anzeigescheibe, Schnellabschaltknopf und Sifa, sowie im Hintergrund Volt- und Motorstrom-Anzeiger sind „klassisch". Dagegen sind GSM-R und Indusi-Einrichtungen nachgerüstet.

AUFNAHME: BERND MÜHLSTRASSER

Chronik LAG 4 / E 69 04 / 169 004			(Beginn)
1901			Bau des Fahrzeugteils für die Siemens-Halske Versuchslok
1917			Versuchsfahrzeug mittig getrennt und daraus zwei weitgehend identische Fahrzeugteile geschaffen
1922			Anlieferung nach Murnau als LAG 4
1929	E0	Murnau	Starkstromüberschlag und Trafobrand, nur provisorische Ausbesserung
28.03.1930	E2	Murnau	kleine Hauptuntersuchung
Sommer 1930			Lok wird außer Betrieb gesetzt und in LAG-HW München-Thalkirchen überführt
xx.04./05.1934		Thalkirchen	neuer Lokkasten aufgeachst, div. Teile der alten Lok eingebaut
15.05.1934		Murnau	in den neu gelieferten Lokkasten wird die elektrische Ausrüstung eingebaut
22.05.1934		Murnau	Indienststellung der neuen LAG 4
01.08.1938			Übernahme durch Deutsche Reichsbahn als E 98 04
01.01.1939			Umzeichnung in E 69 04
21.08.1940	E3	Murnau	Hauptuntersuchung
09.11.1943	E2	Murnau	neue Radsätze eingebaut, Groß- und Kleinzahnräder erneuert,
			Stromabnehmer mit Kohleschleifstück eingebaut, Motor I neue Lager
01.09.1945 – 15.11.1945	E3	Murnau	Hauptuntersuchung, Achslager und Motortatzlager ausgegossen,
			Fensterwischer mit Luftbetätigung eingebaut, Motor II erhielt neues Ritzel,
			Einbau der Einrichtung für 1 kV Zugheizung, Neulack
28.02.1948 – 12.03.1948	E0	Murnau	Motor 528755 Kommutator abgedreht/geschlitzt, Läuferlager ausgegossen
04.10.1948	E1	Murnau	Zugbeleuchtung von 130 V auf 90 V umgeklemmt
17.07.1949 – 15.10.1949	E4	Murnau	Hauptuntersuchung, gemäß EZA München Einbau der Fahrmotoren EDTM 4/494/III für die
			ausgemusterten WBM 282, Motoraufhängung abgeändert, Einbau von Radsätzen mit aufgezogenen
			Zahnrädern nach Zeichnung EZA aus E 69 02, Stromabnehmer getauscht,
			Anbau von Hülsenpuffern an Stelle von Stangenpuffern,
			Tausch Luftkompressor WBMV 14 gegen EKSt 100 aus E 69 05, Neuguß der Tatzlager mit WM 80,
			Einbau Lüfterklappen Vorbauten, Neulack
30.03.1950 – 13.04.1950	E0	Murnau	Lichtumformer Gn42 eingebaut
18.06.1950 – 05.07.1950	E2	Murnau	Fristuntersuchung, Einbau der 8. Fahrstufe
03.08.1950 – 04.08.1950	E0	Murnau	Läufer Fahrmotor I getauscht
31.03.1951 – 02.04.1951	E0	Murnau	Läuferwechsel
12.12.1951 – 21.12.1951	E0	Murnau	Einbau DeLimon-Spurkranzschmierung, Achslager neu ausgegossen,
			Federlaschen ausgebürstet und Bolzen erneuert, Lichtmaschine getauscht
21.08.1952	E1	Murnau	infolge Zusammenstoß mit Kfz in Grafenaschau linker vorderer Sandkasten und Heizkabel erneuert
11.10.1952 – 23.12.1952	E3	Murnau	Hauptuntersuchung. Radreifen neu, neue Großzahnräder, Achs- und Tatzenlager neu ausgegossen,
			Umspanner im AW Freimann untersucht, Neulack
01.01.1954			Umbeheimatung ins Bw Garmisch (formell)
01.07.1954			Lok auf „z"
25.11.1955 – 13.05.1955	E0b	Freimann	Umbau auf 15 kV, Trafo getauscht (aus ET 56 002a), dafür Aufhängung geändert,
			Hörnersicherung durch Röhrensicherung ersetzt, Stromabnehmer SBS 9, Schuppenschalter neu eingebaut,
			zwei GO-Batterien mit Kästen, Kabel für Notbeleuchtung und 24 V-Sifa neu eingebaut,
			ein Stufenschütz für neunte Fahrstufe im Fahrschalter neu eingebaut, beide Fahrmotoren aufgearbeitet,
			zwei Puffer neu, Heizkupplung abgeändert
24.05.1955			Umbeheimatung ins Bw Freilassing
20.06.1955			Umbeheimatung ins Bw Rosenheim
05.07.1955			Umbeheimatung ins Bw Garmisch
10.12.1956 – 13.12.1956	E0	Freimann	Federspannschrauben für Motoraufhängung instandgesetzt, zweites Motorrelais instandgesetzt,
			drittes Spitzenlicht montiert
26.10.1957 – 12.12.1957	E3	Freimann	Hauptuntersuchung. Luftpresser und Stromabnehmer getauscht, Fahrmotor aufgearbeitet,
			Schützisolatoren für Dachsicherung und Dachsicherung erneuert
1959			Seitenbezeichnungen 1 / 2 getauscht
06.10.1959 – 29.10.1959	E0	Freimann	Fahrmotor 2 getauscht (Einbau #39363 aus E 69 03)
23.05.1962 – 24.05.1962	E0	Freimann	Radreifen abgedreht, Lüfteraggregat getauscht
15.10.1962 – 05.11.1962	E0	Freimann	Luftpumpe untersucht, Mechanische Bremse und Motoraufhängung aufgearbeitet
13.11.1962	E1	Garmisch	DeLimon-Spurkranzschmierung angebaut
07.06.1963 – 15.07.1963	E2	Freimann	Hauptuntersuchung, Fahrmotoren aufgearbeitet, Sifa-Zeitrelais eingebaut
13.11.1963 – 28.11.1963	E0	Freimann	Kompressor getauscht, VV221Z eingebaut, größere Kühlschlange angebracht
03.03.1964	E1	Garmisch	400 l Luftbehälter FaNg eingebaut
17.12.1966 – 28.01.1966	U0	Freimann	Fahrmotor 2 mit Bandagenriss ausgebaut
04.04.1966 –12.05.1966	U2	Freimann	Hauptuntersuchung,
19.01.1968 – 20.08.1968	U0	Freimann	beide Fahrmotoren und Radsatz 2 aufgearbeitet
21.07.1969 – 14.08.1969	U0	Freimann	Fahrmotor 2 aufgearbeitet, Tatzlager-Befestigungsschrauben bei FM 1+2 erneuert,
			Bremshängeeisen berichtigt, Anschlussausführungen a. Stromteiler gedichtet, 400 l Luftbehälter gepr.
25.11.1969 – 03.12.1969	U0	Freimann	Fahrmotor 2 getauscht, Radsätze auf Unterflurbank
08.12.1970	U2	Freimann	Hauptuntersuchung, Luftpresser mit Motor und Sifa mit Getriebe getauscht
10.02.1971			betriebssichere Unterbringung der Knallkapseln, Außenanstrich nach Bedarf ausgebessert

Chronik LAG 4 / E 69 04 / 169 004			(Ende)
16.05.1975 – 13.06.1975	U0	Freimann	Trafo und Aktivteil ausgebaut, vier Tragschrauben erneuert, Behälterarbeiten, Öl- und Ofenbehandlung durchgeführt
06.10. 1975 – 24.11.1975	U2	Freimann	Hauptuntersuchung. Getauscht: Stromabnehmer, Sifa mit Getriebe, Luftpresser, Batterien, Richtungswender, Trennschütz 1, Stufenschütz 1-9 und Schütz für Batterieladung, Radsatz 1 und 2 und Fahrmotor 1 und 2 untersucht, Indusi (gebraucht aus 601 008) eingebaut
30.12.1975		Garmisch	Indusi-Störung nach Kurzschluss in Spitzenlicht
23.03.1977		Garmisch	letzte Frist F1 durchgeführt
21.04.1977			letzter Planeinsatz Murnau - Oberammergau
22.04.1977			letzte Fahrt Murnau – AW Freimann, Lok auf „z"
29.09.1977			Ausmusterung
21.04.1978			Denkmal München, Arnulfstraße
02.09.1997			Denkmal Murnau, Bahnhofsvorplatz
24.08.2023			Denkmal Murnau, Lokalbahnhof

△ **Bild 387** • Ein Porträt der **169 004** zeigt gut die geänderten Seitenmarkierungen, den heller lackierten Nummernhintergrund und die noch von der Ursprungsversion stammenden Zeiss-Scheinwerfer. Ausgerechnet jener beraubte man die Lok, als sie museal hergerichtet wurde. Aufnahme: Dieter Kempf

△ **Bild 388 • 169 004**, Zustand 1975. Ein Seitenfenster ist bereits seit den fünfziger Jahren verblecht, noch ist eine Glocke auf dem Dach und die vergrößerte Kühlschlange hängt neben der Trittleiter. Aufnahme: Dieter Spillner

▽ **Bild 389 • 169 004**, Betriebszustand 1974. Abbildung: Eckehard Jacob

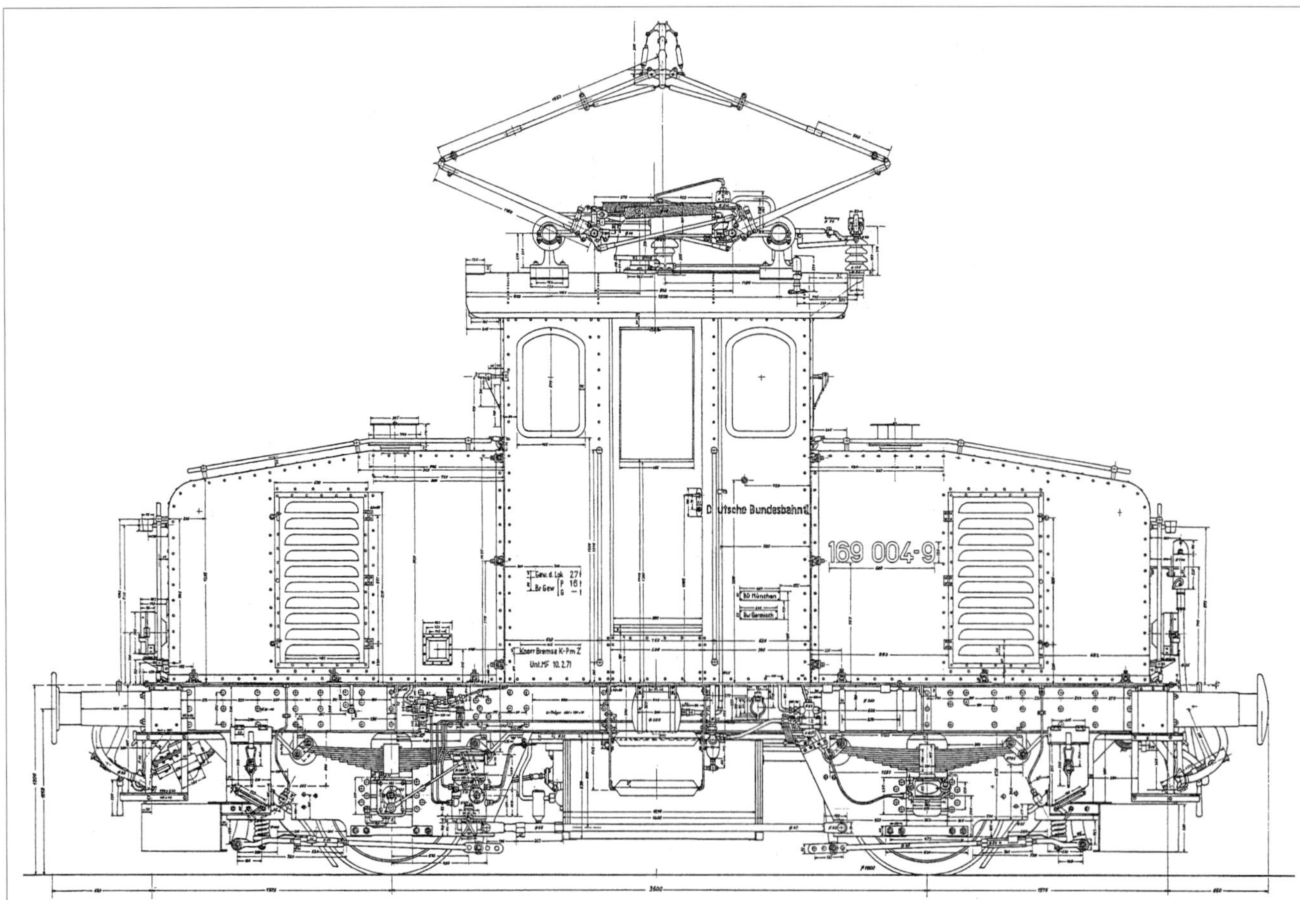

Bild 390 ▷ Ursprünglich und daher besonders klein ist der Fahrtisch auf **E 69 04**. Das wohl älteste Bauteil der Umbau-Lok: das Schaltwerk mit dem waagerechten Fahrstufenrad. Ein Volt- und zwei Motorstromanzeigen und die Sifa machen den Tisch schon komplett.

Aufnahme: Bernd Mühlstrasser

Bild 391 ▷ Das Siemens-Schuckert-Schaltwerk für die Schützensteuerung … das wahrscheinlich älteste Bauteil der **E 69 04**. Es wurde aus der alten LAG 4 entnommen und in die neue Lok eingebaut.

Aufnahme: Bernd Mühlstrasser

△ **Bild 392**• Aufkleber der BSW-Freizeitgruppe.

Abbildung: Sammlung Bernd Mühlstrasser

◁ **Bild 393** Alle elektrischen Stromkreise für die Hilfseinrichtungen kompakt zusammengefasst.

Aufnahme: Bernd Mühlstrasser

Chronik LAG 5 / E 69 05 / 169 005			(Beginn)
01.04.1930			Anlieferung an LAG Murnau
Juni 1930			Abnahme durch LAG Murnau
01.08.1938			Übernahme durch Deutsche Reichsbahn
12.08.1941	E3	Freimann	Hauptuntersuchung, bei Rücküberführung Achslager warmgelaufen
12.08.1941 – 19.08.1941	E0	Murnau	Achslager neu aufgepasst
03.08.1943	E0	Freimann	Ständerschaden an der Erregerwicklung, Erdschluss Motor 2005216
12.10.43	E2	Murnau	Untersuchung der Brems- und Stoßvorrichtungen, Radreifen abgedreht, Lüfter und Fahrmotoren untersucht, Ölumlauf, Kollektor abgeschliffen, sämtliche Kugellager gereinigt
24.08.1944	E2	Murnau	Untersuchung des elektrischen und mechanischen Teils, sämtliche Lager gereinigt, Motor I und II neue Tatzlager auf Zahnradseite
07.02.1945	E0	Murnau	Schaltdrossel durchgebrannt, neu gewickelt
16.01.1946 – 06.04.1946	E4	Murnau	gesamter mechanischer Teil einschließlich Bremse ausgebaut, untersucht und aufgearbeitet, Anrisse am hinteren linken und rechten Rahmenblech elektrisch verschweißt und mit 20 mm starken Platten verstärkt, vordere und hintere Rahmenbleche rechts und links mit Spannschloss und Zugstange verbunden, Hauptluftbehälter geprüft, Radsätze neu bereift, gesamte elektrische Ausrüstung einschließlich Stromabnehmer untersucht und aufgearbeitet. Fahr- und Hilfsmotoren überholt, Kommutatoren abgedreht und geschlitzt, Einrichtung für 1.000-V-Zugheizung eingebaut, Trafo bei 1 kV angezapft, Wicklung gereinigt/überholt, Ölwechsel, Neuanstrich
01.01.1948 – 24.02.1948	E2	Murnau	Radsätze abgedreht, Achslager ausgegossen, großes Zahnrad Ritzel I ausgewechselt wegen Ausbruch von Zähnen, bei Radsatz 1 ein gebrauchtes Zahnrad aufgezogen. Elektr. Revision durchgeführt, bei Fahrmotor 2005216 auf Antriebsseite neues Rollenlager aufgebracht – hier waren Laufring und Läuferwelle gebrochen und die Welle angegriffen, Trafo 1-kV-Anzapfung erneuert
30.03.1948	E2	Murnau	Kommutator geschliffen und geschlitzt, neues Rollenlager (v. 24.2.1948) untersucht und in Ordnung
15.09.1948	E1	Murnau	hinteren Vorbau mit Gummibeilagen abgedichtet, Lüfter zog Wasser ein, am Stromteiler Verspannungen nachgezogen, Zugbeleuchtung von 155 V auf 95 V umgebaut
14.03.1949 – 30.03.1949	E2	Murnau	sämtliche Radreifen abgedreht, am Bremsgestänge verschiedene Bolzen erneuert, Nockenschaltwerk überholt, beide Fahrmotoren oben mit neuer Kohlen-Marke bestückt (bewährt sich gut)
18.08.1949 – 31.08.1949	E0	Murnau	sämtliche Radreifen neu bereift, Oberteilschmierung der Achslager beseitigt, Kompressor EKSt 100 gegen VV 221 getauscht, Kühlschlangen eingebaut
13.02.1950 - 26.04.1950	E3	Murnau	gesamten mechanischen Teil einschließlich Bremse untersucht und nach Befund aufgearbeitet, am linken vorderen Rahmenblech Platten angeschweißt wie bei letzter E4 hinten, gesamte elektrische Ausrüstung untersucht, Stromabnehmer getauscht, Fahr- und Hilfsmotoren überholt, sämtliche Tatzenlager mit WM 80 neu ausgegossen, 5-kV-Einführungsisolator am Umspanner erneuert, Lichtanlage (Umformer) für Zugbeleuchtung neu eingebaut, Radreifen neu bereift, Neuanstrich
05.07.1950 – 10.08.1950	E0	Murnau	Trafoschaden, Überschlag auf 5-kV-Seite, Kern isoliert, Niederspannung neu, Isolation teilweise neu (Trafoarbeiten im AW MF)
xx.01.1951 – 16.01.1951	E0	Murnau	Anbau DeLimon-Spurkranzschmierung
05.03.1951 – 01.05.1951	E0	Murnau	Revision (Motorschaden), Laufwellenbruch bei Motor 2005216
09.10.1951 - 23.11.1951	E2	Murnau	sämtliche Radreifen erneuert, Stoßbarkenführungen erneuert, Stoßbarken egalisiert, Achslager neu ausgegossen, Rahmenriss mit Platten verstärkt und genietet, bei Motor 2005216 Fette in Ständer eingedrungen, Motoren gegenseitig getauscht
08.02.1952 – 18.06.1952	E0	Murnau	Motor 2005216 im AW-Freimann, Ständer 3E- 4 W - 8 K-Spulen neu gewickelt
30.06.1952	E1	Murnau	Entgleisung; Achsen vermessen und zwei Achskastenunterteile erneuert
07.07.1953 – 06.10.1953	E4	Freimann	Radsätze neu bereift, Achs- und Tatzlager mit WM 80 ausgegossen, Rahmen vermessen, zwei Nieten neu, Kompressor getauscht, ges. elektr. Einrichtung nach Befund aufgearbeitet, Trafo umgeb. auf 15 kV, Fahr- und Hilfsmotoren aufgearbeitet, Hochspannungskabel mit Erdverschlüssen, Außenschacht für Hochspannungskabel Seite 1 neu angebaut, Dachsicherungen m. Isolatoren sowie Überspannableitern erneuert, Stromabnehmer getauscht, Zug- und Stoßvorrichtungen m. Schrauben, m. gewöhnlichen Muttern u. Federringen versehen, neue Blitzpfeilschilder angebracht, Schraubfedern ausgebaut
15.10.1953 – 23.10.1953	E0a	Freimann	Isolatoren für Dachsicherung erneuert und auf Gummiunterlagen befestigt, Sicherung neu, Schraubfedern wieder eingebaut
01.01.1954			Umbeheimatung zum Bw Garmisch
14.02.1956 – 28.03.1956	E0	Freimann	Fahrmotor I aufgearbeitet
18.08.1956 – 03.09.1956	E0	Freimann	Motor- und Heizrelais getauscht, Motorstromwandler neu eingebaut, Heizstromwandler neu eingebaut, drittes Spitzenlicht angebracht
14.02.1957 – 29.03.1957	E 2	Freimann	Stromabnehmer und Ölpumpe getauscht, Fahrmotoren und Motorlüfter aufgearbeitet, Räder neu bereift, Rahmen vermessen, Luftpresser getauscht
04.01.1958	E0	Freilassing	sämtliche Radreifen abgedreht
21.09.1959 – 08.12.1959	E3	Freimann	Hauptuntersuchung. Trafo instandgesetzt (Wicklung nachgezogen, Hölzer und Bohlen neu), Schaltwerk revidiert, Neulack in Rot
19.12.1959 – 03.01.1960	E0	Freimann	Fahrmotor 2 Ritzel getauscht, Tatzenlager untersucht
10.06.1960 – 04.07.1960	E0	Freimann	Trafo-Kern und Verspannung nachgezogen, Spannhölzer teilw. neu, zwei Schienen neu, Schaltwerk aufgearbeitet
27.04.1961 – 30.05.1961	E0	Freimann	Rahmen vermessen, Rahmenrisse geschweißt, Achslager und Federspanner aufgearbeitet, Radreifen abgedreht

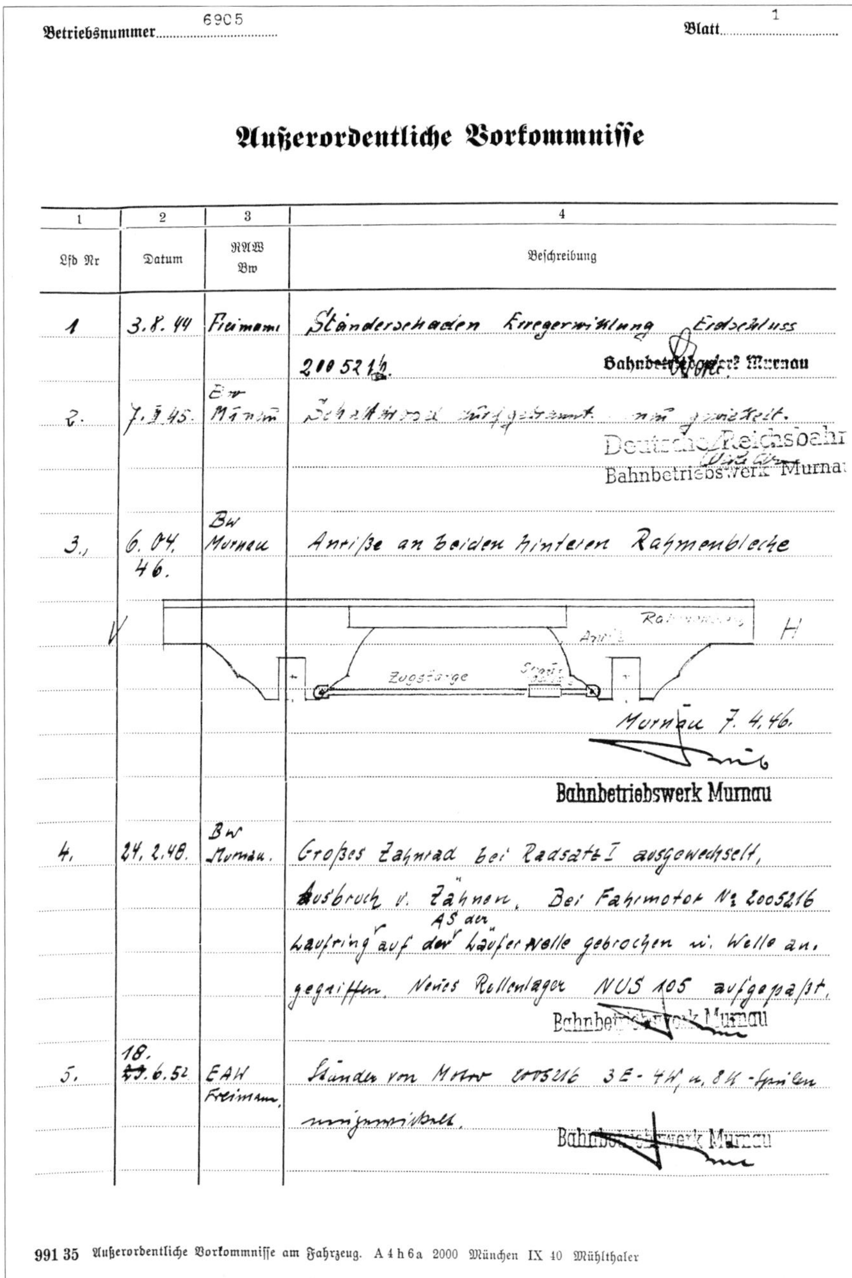

Betriebsnummer 6905 Blatt 1

Außerordentliche Vorkommnisse

1	2	3	4
Lfd Nr	Datum	RAW Bw	Beschreibung
1	3.8.44	Freimann	Ständerschaden Erregerwicklung Erdschluss 2005216. Bahnbetriebswerk Murnau
2.	7.5.45.	Bw Murnau	Schaltwerk [illegible] gereinigt. Deutsche Reichsbahn Bahnbetriebswerk Murnau
3.,	6.04.46.	Bw Murnau	Anrisse an beiden hinteren Rahmenbleche. V Rahmen[illegible] Anriß Zugstange H. Murnau 7.4.46. Bahnbetriebswerk Murnau
4.	24.2.48.	Bw Murnau.	Großes Zahnrad bei Radsatz I ausgewechselt, Ausbruch v. Zähnen. Bei Fahrmotor Nr. 2005216 Laufring AS auf der Läufer-Welle gebrochen u. Welle angegriffen. Neues Rollenlager NUS 105 aufgepaßt. Bahnbetriebswerk Murnau
5.	18.6.52	EAW Freimann.	Ständer von Motor 2005216 3E-4H, u. 8K-Spulen [illegible]. Bahnbetriebswerk Murnau

991 35 Außerordentliche Vorkommnisse am Fahrzeug. A 4 h 6 a 2000 München IX 40 Mühlthaler

Bild 394 ▷
Betriebsbuchauszug von E 69 05 mit einer Skizze zum Rahmenriss.

ABBILDUNG: VM NÜRNBERG, SAMMLUNG BERND MÜHLSTRASSER

Bild 395 ▷
Im Bw Murnau werfen ein Werkstattmitarbeiter und sein „Stift" einen Blick in den Vorbau der **E 69 05**, ca. 1949.

AUFNAHME: SAMMLUNG BERND MÜHLSTRASSER

Chronik LAG 5 / E 69 05 / 169 005			(Ende)
28.01.1963 – 14.03.1963	E0	Freimann	Radsatz 2 und Fahrmotor 2 aufgearbeitet (Ritzelschaden)
12.07.1963 – 31.07.1963	E0	Freimann	Flankenfahrtschäden beseitigt
23.09.1963 – 24.10.1963	E0	Freimann	Fahrmotor 5216 Kohlenbrüche und Spannungsteiler aufgearbeitet
07.12.1963 – 03.02.1964	E2	Freimann	Hauptuntersuchung, Trafo (Überschlag) und Schaltwerk aufgearbeitet, Tausch: Fahrmotorlüfter, Batterie, Sifa, Stromabnehmer
30.06.1964 – 10.08.1964	E0	Freimann	Trafo und Einführungsisolator aus- und eingebaut, repariert, Hochspannungskabel geprüft, Trafo hatte Körperschluss (völlig zerlegt, Heizspule neu)
06.10.1964 – 12.11.1964	E0	Freimann	Fahrmotor 5216 aufgearbeitet (Schluss)
18.01.1965 – 01.03.1965	E0	Freimann	Trafo aufgearbeitet
07.07.1965 – 09.07.1965	U0	Freimann	Rahmenriss geschweißt, Schutzschlauch für Heizleitung instandgesetzt
18.01.1966 – 12.08.1966	U0	Freimann	Fahrmotor 1 Überschlag, Trafo-Unterbrechung behoben
30.08.1966 – 16.11.1966	U0	Freimann	Fahrmotor 2 Überschlag
19.01.1968 – 26.03.1968	U0	Freimann	beide Fahrmotoren mit Rädern aufgearbeitet, Zahnkranzbruch, Achsschenkel riefig, Kollektorschaden Motor 2, Überschlag Motor 1
07.07.1969 – 16.07.1969	U0	Freimann	Radsatz 2 Achswelle auf festen Sitz untersucht, Heizschütz 1 kV getauscht
03.02.1970 – 15.07.1970	U2	Freimann	Hauptuntersuchung
18.01.1971 – 24.02.1971	U1	Freimann	Überschlag Fahrmotor 1 und 2
09.03.1971 – 10.05.1971	U0	Freimann	Fahrmotor 1 aufgearbeitet
21.12.1971 – 19.01.1972	U0	Garmisch	Radsatz aus- und eingebaut, ebenso Motor 1
14.08.1972 – 15.11.1972	U0	Garmisch/Freimann	Fahrmotor 1 ausgebaut, Motorwelle im AW gewesen, Fahrmotor eingebaut
20.12.1973 – 11.11.1974	U0	Freimann	Fahrmotor 1 und Treibsatz 1 aufgearbeitet, betriebssichere Unterbringung der Knallkapseln, Indusi eingebaut
25.06.1975 – 26.09.1975	U2	Freimann	Hauptuntersuchung. Getauscht: Luftpresser, Handluftpumpe, Richtungswender Trennschütz 1, Stufenschütze, Stromabnehmer
15.01.1976 – 22.01.1976	U0	Garmisch	Unfallausbesserung nach Unfall mit Kfz
11.07.1976 – 06.08.1976	U0	Freimann	Fahrmotor 2 ausgebaut und instandgesetzt
21.02.1977 – 20.04.1977	U0	Freimann	Fahrmotor 1 + 2 untersucht, Fahrmotor 2 Ritzel und Laufwelle erneuert
30.12.1977 – 21.03.1978	U0	Freimann	Fahrmotor 1 untersucht
xx.03.1980		Freimann	Neulack
08.09.1980 – 15.10.1980	U0	Freimann	„schlechter Lauf", Achslagerführungen Lokkasten u. Achslagergehäuse instandgesetzt, Fristverl.
27.10.1980 – 20.11.1980	U0	Freimann	Fahrmotor 1 untersucht
11.09.1981			letzte Betriebseinsatz mit Üg Oberammergau – Murnau
24.09.1981			Ausmusterung
27.02.1982			Kaufentscheid durch Bayerischen Localbahn Verein
16.10.1982			erster „Auftritt" bei Bahnhofs-Kirta in Tegernsee
xx.xx.1983			Überführung ins Localbahn-Museum Bayerisch Eisenstein
23.07.2002		Landshut	Abschluss Hauptuntersuchung mit vorläufiger Zulassung, elektrische Ausrüstung instandgesetzt, kleine Roststellen beseitigt, Motoren und Bremsen revisioniert
03.09.2002		Bw München 1	EBA-Abnahme
2004		Landshut	Einbau PZB 90
2008		Landshut	Hauptuntersuchung; kaum Aufarbeitungsaufwand, Luftbehälter geprüft
24.11.2018		Landshut	Abschluss Hauptuntersuchung; Aufarbeitung Tatzlager, Lüfterbälge der Motoren aufgearbeitet, Tausch aller Motorkohlen, Austausch Trafoöl, sämtliche Bremsventile extern aufgearbeitet

◁ **Bild 396**
Das Fahrpult der **169 005** weist auch 2025 nur wenig „modernes Zeugs" auf. Die Hauptelemente sind seit der Umrüstung auf Nockenschaltwerk, Mitte der dreißiger Jahre, unverändert.

Aufnahme: Bernd Mühlstrasser

△ **Bild 397 •** Trotz des gepflegten Äußeren, mit dem sich **E 69 05** im Mai 1959 vor dem Murnauer Lokschuppen sonnt, wird die Lok bald nachdem diese Aufnahme entstanden ist in modernem Rangierlok-Rot erstrahlen. Aufnahme: Joachim Claus

▽ **Bild 398 • 169 005**, Betriebszustand 1980. Abbildung: Eckehard Jacobs

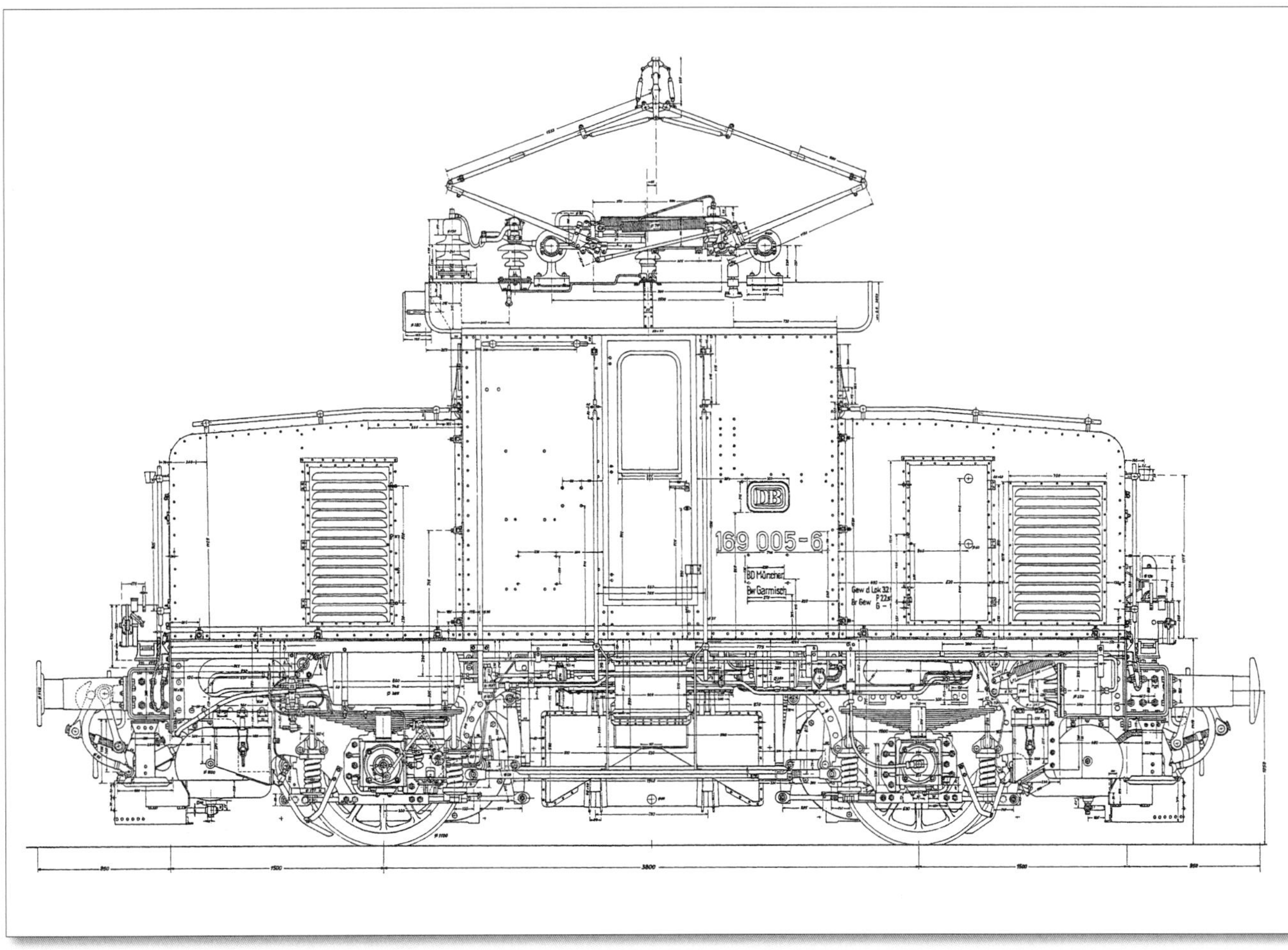

Statistiken Museumsloks

Einsatztage u. Laufkilometer						
	169 002		169 003		169 005	
Jahr	ET	LKM	ET	LKM	ET	LKM
1985	16	2.553	21	2.789		
1986	5	629	7	576		
1987	5	442	3	170		
1988	11	2.296	7	586		
1989	4	332	2	63		
1990	7	507	3	268		
1991	1	112	1	139		
1992	3	134	1	38		
1993	3	136	1	100		
1994	6	457	4	219		
1995	3	312	3	141		
1996	1	46	1	20		
1997	1	38	1	40		
2000			10	840		
2001			14	1.180		
2002			6	790	7	1.268
2003			9	835	25	3.776
2004			4	380	27	3.354
2005			5	385	23	3.547
2006			2	160	18	2.408
2007			0	0	17	2.420
2008			4	83	19	2.187
2009			6	236	18	1.854
2010			5	476	13	1.218
2011			4	450	9	1.045
2012	1	5	7	597	5	2.407
2013			7	356	12	2.003
2014			6	337	19	2.532
2015			5	429	24	3.304
2016			4	374	7	1.030
2017			0	0	0	0
2018			6	701	1	5
2019			4	140	8	1.095
2020			0	0	0	0
2021			0	0	1	35
2022			0	0	11	1.175
2023			1	30	10	1.215
2024			2	41	23	2.957
2025			2	38	17	1.971
2026*			2	40	12	1.635
Ges.	67	7.999	175	14.046	336	47.441

ET – Einsatztage
LKM – Laufkilomter
*bis 31 Mai 2026
Die Einsatztage und Laufkilomter zu 169 003 unter der Regie des DB Museums in Koblenz sind nicht „offiziell“, da dieses die einzige Institution ist, die die Angaben in 120 Jahren Fahrzeuggeschichte nicht zugänglich machen wollte.

Interessante Einsätze der E 69 als Museumsloks der DB		
25.05.1986	Pendelfahrten Murnau – Bad Kohlgrub	E 69 02/E 69 03
05.10.1986	Pendelfahrten Höllriegelskreuth – Wolfratshausen	E 69 02/E 69 03
18.06.1988	Garmisch-Partenkirchen – Reutte i. Tirol	E 69 02/E 69 03
xx.06.1988	Überführung und Führerstandsmitfahrten Koblenz	E 69 02/E 69 03
11.02.1990	Garmisch-Partenkirchen – Reutte i. Tirol	E 69 02
17.08.1991	Garmisch – Oberammergau – Kohlgrub – Oberammergau – Garmisch-Partenkirchen	E 69 03
19.07.1992	Garmisch-Partenkirchen – Mittenwald	E 69 03
21.11.1992	Garmisch-Partenkirchen – Mittenwald	E 69 02
14.02.1993	Garmisch-Partenkirchen – Mittenwald	E 69 02 Schub
11.06.1994	Garmisch-Partenkirchen – Klais	E 69 02 mit E 18 08
02.07.1994	Garmisch-Partenkirchen – Murnau – Mittenwald	E 69 02
14.08.1994	Garmisch-Partenkirchen – Oberammergau	E 69 02
19.02.1995	Garmisch-Partenkirchen – Mittenwald	E 69 03
23.04.1995	Garmisch-Partenkirchen – Reutte i. Tirol	E 69 02/E 69 03
12.01.1997	Garmisch-Partenkirchen – Mittenwald	E 69 02/E 69 03 + E 18 08

Ausgewählte Einsätze E 69 ab dem Jahr 2000		
30.04.2000	Murnau – Oberammergau (Planzüge)	E 69 03
24.11.2001	Nördlingen – Regensburg – Nördlingen	E 69 03
23.07.2002	Landshut – Moosburg u.z. Abnahmefahrt	169 005
26.07.2002	Murnau – Oberammergau (Planzüge)	E 69 03 + 169 005
09.08.2002	Lz München– Laim – Neuoffingen/Dstg	E 69 03
09.08.2002	Neuoffingen – Nördlingen	E 69 03
27.06.2003	Nördlingen – Augsburg (Überführung Lok „Füssen“)	E 69 03
31.05.2003	München – Ruhpolding	169 005
23.08.2003	München – Bad Reichenhall – Salzburg	169 005
11.07.2004	Murnau – Oberammergau (Planzüge)	169 005 + TAG 7
08.05.2005	Fotozüge Huglfing-Oberammergau-Oberau	169 005
21.08.2005	Planzüge Oberammergau (letztmalig)	169 005+70 083
15.09.2007	Rundfahrten Nürnberg – Fürth	169 005
22.03.2008	Dg Donauwörth – Nördlingen	E 69 03
01.06.2012	Landshut – Würzburg – Mainz – Koblenz	169 005
02.06.2012	Lokparade Koblenz	E 69 02 + E 69 03 + 169 005
03.06.2012	Koblenz – Kobern (Pendelzug)	E 69 03 + 169 005
09.09.2012	Augsburg – Geltendorf – München	Vorspann 169 005 vor BR 01
15.09.2018	Lz Koblenz – Mannheim – Offenburg	E 69 03
16.09.2018	Führerstandsmitfahrt Schwarzwaldbahn	E 69 03
26.05.2022	München – Garmisch-Partenkirchen	169 005
10.06.2023	Landshut – Vilshofen – Passau	169 005
15.06.2025	Koblenz-Lützel – Kobern-Gondorf	E 69 03
27.07.2025	München – Garmisch-Partenkirchen	169 005
28.05.2026	Landshut – Stuttgart – Heidelberg	169 005
29.05.2026	Heidelberg – Mainz – Koblenz	169 005
31.05.2026	Koblenz-Lützel – Kobern-Gondorf – Koblenz	E 69 03/169 005

Bild 399 ▷
Nicht alle Sonderfahrten waren „repräsentativ“, doch jede Rückkehr auf die alte Stammstrecke wurde dankbar registriert. Und auch mit Kurzzug macht **E 69 02** bei Jägerhaus im Sommer 1989 „bella Figura“.

Aufnahme: Bernd Mühlstrasser

Verwendungsnachweis

Verwendungsnachweis von E 69 01 – E 69 05 (Beginn)

Jahr	Lok	Einsatztage		Tage in Ausbesserung			Laufkilometer	Laufkilometer	Bemerkung
			kalt	im Bw	im AW	davon Rev		Durchschnitt	
1939	E 69 02	356	0	9	0	0	53.524	150	
	E 69 03	244	25	24	72	72	27.839	114	Umbau
1940	E 69 02	312	3	3	53	53	35.688	114	
	E 69 03	34	2	8	321	329	5.110	150	Umbau
	E 69 04	100	2	8	43	27	13.630	136	ab Aug. 1940
1941	E 69 01	56	66	?	?	?	?	?	unvolls. Sept.–Dez. 1941
	E 69 02	305	44	16	0	0	37.795	124	
	E 69 03	306	49	10	0	0	38.166	125	
	E 69 04	128	86	24	124	134	14.010	109	
1942	E 69 01	122	243	?	?	?	?		lt. Verlängerungsfrist
	E 69 02	335	0	30	0	0	38.892	116	
	E 69 03	331	0	34	0	0	40.287	121	
	E 69 04	313	26	38	0	0	33.925	108	
1943	E 69 01	131	234	0	0	0	4.340	33	
	E 69 02	360	0	5	0	0	42.215	117	
	E 69 03	328	0	37	0	0	38.042	116	
	E 69 04	340	02	23	0	0	32.130	94	
1944	E 69 01	328	16	22	0	0	14.757	45	
	E 69 02	318	0	9	39	39	41.997	132	
	E 69 03	290	1	7	66	66	38.742	134	
	E 69 04	348	1	17	0	0	40.184	115	
	E 69 05	167	0	17			22.708	136	ab Juli 1944
1945	E 69 01	118	189	0	60	60	4.816	41	
	E 69 02	169	143	5	48	48	20.994	124	
	E 69 03	255	69	5	21	0	28.907	113	
	E 69 04	127	130	1	76	0	11.055	87	bis Nov. 1945
	E 69 05	260	105	0	0	0	28.550	110	
1946	E 69 01	12	302	0	49	49	350	29	73 Tage w auf E3
	E 69 02	313	4	10	38	38	42.198	135	
	E 69 03	360	0	5	0	0	49.436	137	
	E 69 04	226	102	37	0	0	14.024	62	
	E 69 05	250	28	02	75	75	21.793	87	
1947	E 69 01	134	53	0	179	179	7.923	59	
	E 69 02	349	4	2	10	0	63.333	181	
	E 69 03	302	0	0	63	63	53.390	177	
	E 69 04	315	14	1	35	0	31.703	101	
	E 69 05	343	20	2	0	0	30.908	90	
1948	E 69 01	187	173	3	0	0	8.059	43	
	E 69 02	344	1	6	15	15	62.140	181	
	E 69 03	334	0	8	24	0	62.269	186	
	E 69 04	338	3	11	14	0	37.416	11	
	E 69 05	316	6	6	38	36	32.062	101	
1949	E 69 01	265	73	1	0	0	24.257	92	
	E 69 02	278	0	11	73	73	67.735	244	
	E 69 03	285	0	2	78	78	63.650	223	
	E 69 04	230	13	9	113	?	35.404	154	neue Motoren
	E 69 05	315	14	5	14	0	46.038	146	
1950	E 69 01	289	43	10	23	23	19.555	68	E2
	E 69 02	333	2	8	22	13	66.990	201	
	E 69 03	344	0	21	0	0	71.946	209	
	E 69 04	330	2	16	17	17	67.399	204	
	E 69 05	232	22	1	110	73	34.156	147	
1951	E 69 01	209	60	2	96	96	14.192	68	E4
	E 69 02	330	0	0	35	34	74.217	225	
	E 69 03	339	7	12	7	0	75.686	223	
	E 69 04	336	9	20	0	0	67.985	202	
	E 69 05	231	19	11	104	46	33.780	146	
1952	E 69 01	147	216	3	0	0	11.679	79	
	E 69 02	337	5	1	23	0	84.859	252	
	E 69 03	282	5	3	76	63	65.883	237	
	E 69 04	262	14	11	80	80	55.706	213	
	E 69 05	215	17	9	125	0	37.064	172	

Verwendungsnachweis von E 69 01 – E 69 05									(Fortsetzung)
Jahr	Lok	Einsatztage		Tage in Ausbesserung			Laufkilometer	Laufkilometer	Bemerkung
			kalt	im Bw	im AW	davon Rev		Durchschnitt	
1953	E 69 01	85	279	0	1	0	6.004	71	
	E 69 02	295	10	06	54	54	67.984	230	
	E 69 03	340	14	11	0	0	79.489	234	
	E 69 04	313	48	4	0	0	55.052	176	
	E 69 05	163	87	9	104	93	26.118	160	Umbau 15 kV
1954	E 69 01	27	154	0	0	147z	2.246	83	z 01.07. / ausgem. 25.11.
	E 69 02	163	8	3	7	184z	34.960	214	z 01.07.
	E 69 03	176	3	2	0	184z	42.147	239	z 01.07.
	E 69 04	161	16	3	0	184z	27.262	169	z 01.07.
	E 69 05	233	117	11	0	0	36.112	155	
1955	E 69 02 Hei	207	48	31	78	x	37.656	181	Umbau 15 kV
	E 69 03 Hei	182	58	1	124	x	27.887	153	Umbau 15 kV
	E 69 04	117	112	3	133	x	11.536	98	Umbau 15 kV
	E 69 05	348	8	4	0	0	63.488	182	
1956	E 69 02	359	0	7	0	0	54.248	151	
	E 69 03	361	0	5	0	0	55.428	153	
	E 69 04	173	186	3	0	0	27.478	159	
	E 69 05	295	10	3	58	0	56.000	190	
1957	E 69 02	309	0	0	56	32	53.390	173	
	E 69 03	334	0	1	30	30	52.273	157	
	E 69 04	136	179	2	48	48	17.296	127	
	E 69 05	256	51	2	58	44	25.770	101	
1958	E 69 02	358	0	7	0	0	60.026	168	
	E 69 03	353	0	12	0	0	57.578	163	
	E 69 04	189	170	6	66	0	26.088	138	
	E 69 05	311	37	11	6	0	33.798	109	
1959	E 69 02	362	0	3	0	0	62.397	172	
	E 69 03	306	0	2	57	57	51.454	168	
	E 69 04	230	102	8	25	0	35.777	155	
	E 69 05	243	18	6	99	96	49.609	204	
1960	E 69 02	325	0	0	40	40	53.349	164	
	E 69 03	366	0	0	0	0	60.492	165	
	E 69 04	142	222	2	0	0	14.696	103	
	E 69 05	262	65	2	29	0	37.291	142	
1961	E 69 02	354	0	0	11	0	58.127	164	
	E 69 03	273	0	0	90	0	45.110	165	
	E 69 04	157	205	3	0	0	4.077	26	
	E 69 05	174	140	5	46	0	16.225	93	
1962	E 69 02	297	2	1	65	0	49.072	165	
	E 69 03	306	0	0	59	59	50.441	165	
	E 69 04	309	22	8	26	0	54.778	177	
	E 69 05	333	15	2	7	0	53.670	162	
1963	E 69 02	327	0	0	38	0	52.425	160	
	E 69 03	316	1	0	48	0	47.430	150	
	E 69 04	307	1	2	55	39	65.724	214	
	E 69 05	219	11	3	132	0	38.554	176	
1964	E 69 02 Hei/Gap	185	19	6	155	155	30.489	165	
	E 69 03 Hei/Gap	316	45	5	0	0	55.536	176	
	E 69 04	345	12	8	1	0	73.230	212	
	E 69 05	214	27	6	119	33	39.375	184	
1965	E 69 02	296	64	5	0	0	52.954	179	
	E 69 03	235	31	8	91	46	39.959	170	
	E 69 04	310	35	20	0	0	56.696	183	
	E 69 05	217	94	0	54	0	14.417	66	
1966	E 69 02	98	0	5	262	0	20.471	208	
	E 69 03	206	11	2	145	0	41.193	199	
	E 69 04	266	3	7	68	38	35.600	133	unvollständig
	E 69 05	42	0	0	286	0	3.441	81	
1967	E 69 02				304	0			unvollständig
	E 69 03	282	35	6	42	0	57.348	203	
	E 69 04	292					46.000	158	unvollständig
	E 69 05	257	96	12	0	0	33.129		

Verwendungsnachweis von E 69 01 – E 69 05 (Ende)

Jahr	Lok	Einsatztage	Einsatztage kalt	Tage in Ausbesserung im Bw	Tage in Ausbesserung im AW	Tage in Ausbesserung davon Rev	Laufkilometer	Laufkilometer Durchschnitt	Bemerkung
1968	169 002								keine Angaben
	169 003	306					57.700	188	unvollständig
	169 004	120			213	0	18.600	155	unvollständig
	169 005	183	127	18	37	0	17.400	95	
1969	169 002								keine Angaben
	169 003	3	0	7	355	w	600	200	w a. Ersatzteile
	169 004	249			32		42.800	172	unvollständig
	169 005	269					36.900	137	unvollständig
1970	169 002	(35)	(22)	(0)	126	110	6.200	177	unvollständig
	169 003	0	0	0	365	w	0	0	w a.Ersatzteile
	169 004	321	9	5	30	24	48.300	150	
	169 005	172	29	1	163	163	23.600	137	
1971	169 002	306	6	20	33	0	55.700	182	
	169 003	0	0	0	365	65	0	0	w a. Ersatzteile
	169 004	314	6	5	40	40	58.100	185	
	169 005	170	52	81	62	0	19.100	112	
1972	169 002	264	61	41	0	0	45.300	172	
	169 003	250	34	73	9	9	41.900	167	
	169 004	257	59	50	0	0	43.300	168	
	169 005	179	51	136	0	0	16.600	93	
1973	169 002	230	31	104	0	0	40.000	174	
	169 003	262	58	45	0	0	44.600	170	
	169 004	184	38	143	0	0	31.300	170	
	169 005	211	111	31	12	0	23.400	111	
1974	169 002	238	27	100	0	0	42.400	178	
	169 003	246	51	68	0	0	45.100	183	
	169 004	247	37	81	0	0	43.200	175	
	169 005	34	12	5	314	0	3.200	93	
1975	169 002	132	55	178	0	0	15.360	116	
	169 003	263	59	19	24	0	47.800	181	
	169 004	223	34	31	77	49	36.300	162	
	169 005	182	67	11	105	105	23.300	128	
1976	169 002	177	58	24	107	107	30.600	172	
	169 003	201	68	5	92	92	37.300	185	
	169 004	215	98	53	0	0	39.800	185	
	169 005	142	195	11	18	0	19.200	135	
1977	169 002	290	65	10	0	0	52.300	180	
	169 003	190	50	44	81	z70	33.300	175	
	169 004	85	18	08	0	0	15.900	187	z 22.04. / ausgem. 29.09.
	169 005	136	153	16	60	0	17.300	127	
1978	169 002	212	93	60	0	0	36.500	172	
	169 003	248	65	02	50	0	43.000	173	
	169 005	115	170	0	80	0	18.050	156	
1979	169 002	148	161	14	42	0	22.925	154	
	169 003	218	143	3	0	0	30.900	141	
	169 005	111	254	0	0	0	10.250	92	
1980	169 002	179	172	5	10	10	21.050	117	
	169 003	160	191	9	6	6	18.100	113	
	169 005	70	194	0	70	44	5.350	76	
1981	169 002	179	104	2	0	z80	16.005	89	
	169 003	101	147	5	32	z80	10.795	106	
	169 005	136	110	21	0	0	13.275	97	ausgem. 24.09.
1982	169 002	3	38	0	0	z168	416	138	ausgem. 29.07.
	169 003	39	32	0	0	z138	1.074	27	ausgem. 29.07.

Leistungskennziffern

Leistungskennziffern von LAG 1 (E 69 01), LAG 2 (LAG 2^2 / 169 002)

Lok	LAG 1	E 69 01	LAG 2	LAG 2^2	169 002
Status	Anlieferung	fünfziger Jahre	Anlieferung	Umbau	siebziger Jahre
Baujahr	1905	1905	1909	1937	
Hersteller Mechan	Katharinahütte		Krauss		
Hersteller E-Teil	SSW		SSW	BBC	
Montage E-Teil	SSW	Murnau	LAG	Thalk./Murnau (LAG)	AW MF/Heidelberg
Länge	7,5	7.5	7,35	7.35	7.35
Gewicht	20 t	23,5 t	24 t	25,5	26,1 t
Höchstgeschw.	40 km/h	40 km/h	40 km/h	50 km/h	50 km/h
Fahrmotor	WBM 285	WBM 281	WBM 280	EDTM 4	EDTM 494/V
Leistung	148 kW	206 kW	258 kW	353 kW	(550 kW)*
Trafo	WBM 1 a	WBM 1 a	WBT 1a	OSTRB	OSTRB
Trafoleistung	170/200 kVA	170/200 kV	170/200 kVA	324/404 kVA	324/404 kV
Steuerung	Walzenschaltwerk	Schützen (em)	Schützen (em)	Nocken	Nocken
Fahrstufen	11	6	7	12	12
Bremsanlagen	Wurfhebel	Westingh./Wurfh.	Westinghouse	Westinghouse	Knorr-Bremse
Lack	braun	grün	grün	grün	grün

*Motorleistung wurde durch den Trafo limitiert und nie neu vermessen. Leistung vermutlich über 400 kW.

Leistungskennziffern von LAG 3 (E 69 03, 169 003), LAG 4 (LAG 4^2 / 169 004)

Lok	LAG 3	E 69 03	169 003	LAG 4	LAG4^2	169 004
Status	Anlieferung	Umbau	Ende Siebziger Jahre	Anlieferung	Neuaufbau	Ende Siebziger Jahre
Baujahr	1912	1940		1901 / 1917 / 1922	1934	
Hersteller Mechan	Krauss			van der Zypen & Charlier	Krauss	
Hersteller E-Teil	SSW	BBC		SSW		SSW/BBC
Montage E-Teil	Murnau	Thalk./Murnau	AW MF/Heidelberg	Murnau	Thalk./Murnau (LAG)	AW Freimann
Länge	7.35 m	7,35 m	7,35 m	7,75 m	7.75 m	7.75 m
Gewicht	25 t	25,5 t	26,5 t	28 t	26,8 t	27 t
Höchstgeschw.	40 km/h	50 km/h	50 km/h	50 km/h	50 km /h	50 km /h
Fahrmotor	WBM 281	EDTM 4	EDTM 4	WBM 285 oder 282	WBM 282	EDTM 4
Leistung	264 kW	352 kW	352 kW	174 kW od. 268 kW	268 kW	352 kW
Trafo	WBT 1a	OSTRB	OSTRB	WBT 360a	WBT 360a	OSTRB
Trafoleistung	170/200 kVA	324/404 kVA	324/404 kV	230/310 kVA	230/310 kW	324/404 kW
Steuerung	Schützen (em)	Nocken	Nocken	Schützen (em)	Schützen (em)	Schützen (em)
Fahrstufen	7	12	12	6	7	9
Bremsanlagen	Westinghouse	Westinghouse	Knorr-Bremse	Westinghouse	Westinghouse	Knorr-Bremse
Lack	grün	grün	rot	grün	grün	flaschengrün

Leistungskennziffern von LAG 5 (169 005)

Lok	LAG 5	169 005
Status		Ende Siebzigere Jahre
Baujahr	1930	
Hersteller Mechan	Maffei	
Hersteller E-Teil	SSW	
Montage E-Teil	SSW	
Länge	8,7 m	
Gewicht	32 t	
Höchstgeschw.	50 km/h	
Fahrmotor	WBM 295	
Leistung	605 kW	
Trafo		
Trafoleistung	470 / 530 kVA	
Steuerung	Schützen (em)	Nocken
Fahrstufen	11	12
Bremsanlagen	Knorr-Bremse	
Lack	grün	rot

Bild 400 ▷

Fest zugeteilt auf die **LAG 3**, wollte sich der Lokführer nichts nachsagen lassen und nutzt die Wendepause in Oberammergau für ein bisschen Schönheitspflege (S. 231, oben links).

Aufnahme: Sammlung Fabian Feiber

Bild 401 ▷

Geschäftstüchtig warten die Gepäckträger auf ankommende Passionsgäste und ihre Koffer. Während erste Reisende aus den Wagen springen, ist der nächste Personenzug mit **LAG 3** nach Murnau noch leer (S. 231, Mitte rechts).

Aufnahme: Sammlung Fabian Feiber

Bild 402 ▷

Traditioneller Lokführerblick auf die eben in Oberammergau angekommenen Reisenden. Zur Passion im Sommer 1930 hat **LAG 2** gerade ihren Zug aus Murnau heraufgefahren und Damen im Persianermantel eilen durch die Bahnsteigsperren (S. 231, unten).

Aufnahme: Sammlung Fabian Feiber

Zum guten Schluss

Diese Fotos erreichten mich, als wir schon fast vor Drucklegung standen – aber diese Aufnahmen mussten unbedingt noch mit ins Buch! Nicht die klassischen Eisenbahnszenen, sondern Urlaubserinnerungen wollte ein US-Tourist im Passionsjahr 1930 festhalten, als er mit seiner professionellen Kameraausrüstung in einem Personenzug am Ziel Oberammergau einrollte. Er hielt dabei Alltagsszenen, zeitgenössische Eisenbahner und Mitreisende fest. Mit diesen bislang noch unveröffentlichten Motiven ermöglicht uns der unbekannte Fotograf einen faszinierenden Blick auf eine lebendige Lokalbahn vor über 100 Jahren.

Quellenverzeichnis

- Bäzold/Rampp/Tietze: Elektrische Lokomotiven deutscher Eisenbahnen, Alba-Verlag 1993
- Beschreibung der Stationsanlage Oberammergau, Direktion der Süddeutschen elektrischen Localbahn
- Bürnheim, Dr. Günther: Die Localbahn AG, Verlag Zeunert 1975
- Braun/Hofmeister: Die E 69, ECM-Verlag 1978
- Deutsches Museum, Unterlagen Archiv Fahrzeugsammlung
- Die Umbauten der Murnauer Drehstrom-Triebwagen, Aufsatz von Wolfgang-D. Richter
- Eisenbahn-Direktion München, Merkheft Durchführung des Passionsspielverkehrs 1950
- Elektrische Bahnen, Heft Oktober 1939
- Führman Alois, private Aufzeichnungen
- Gera-Nova Verlag: Sammelwerk „Deutsche Bahnbetriebswerke“
- Gemeindearchiv Altenau, durch Herrn Wilhelm
- Gemeindearchiv Murnau: Eisenbahn-Akten, Zeitungen
- Gemeindearchiv Oberammergau: Akten X, Der Eisenbahnverkehr 1898 – 1922, Die elektrische Lokalbahn Murnau – Kohlgrub – Oberammergau, Die Bahnprojekte Oberammergau – Ettal – Oberau (1912-14)
- Glanert/Richter/Borbe; Wechselstrom-Zugbetrieb in Bayern, BW & Baden; GeraMond/DGEG, ab 2022
- Historischer Verein Murnau: Jahresbericht 1988
- Localbahn AG, München: Beschreibung und Betriebsvorschriften der Nebeneisenbahn Murnau – O. 25 Jahre Lokalbahn AG 1887 – 1912 Bericht zur Passion 1930
- Neumaier/Rücker/Greinwald: Moor-Bad Kohlgrub, Gemeinde Bad Kohlgrub, 1990
- Obermayer/Scheingraber: Baureihe ET 85, Sonderausgabe Eisenbahn-Journal 1984
- Pospischil, Reinhard; div. Aufsätze v.a. für den Historischen Verein Murnau
- Rampp Brian: Elektrische Triebwagen deutscher Eisenbahnen, Alba-Verlag 1997
- Richter, Wolfgang-D; diverse Archiv-Materialien
- Rossberg, Ralf Roman: Die Lokalbahn Murnau – Oberammergau, Franck-Verlag 1970
- Rossberg, Ralf Roman: Die Lokalbahn Murnau – Oberammergau, EK-Verlag 1995
- Schulze, Claus-Jürgen: Die Isartalbahn, Bufe-Verlag 1978
- Skrzypnik Heinz, umfassende Sammlung Umlaufpläne
- Siemens-Archiv: Die Einphasenbahn Murnau – Oberammergau, Ober-Ing. Ehnhart: Entwicklung der elektr. Bahnen bei Siemens, Rampacher 1943
- Streil, Werner; div. Aufzeichnungen
- Unhoch, Karl; Archiv Gemeinde Saulgrub und private Aufzeichnungen
- Verkehrsmuseum Nürnberg: Betriebsbücher E 69 02-05
- Bayerischer Localbahn Verein e.V., Landshut – Max Umlauft

△ **Bild 403** • Als sich **E 69 05** im Mai 1959 endlich mal auf einem Farbfoto ablichten lässt, ist die Zeit als grüne Lok fast abgelaufen. Im Murnauer Lokalbahnhof wartet sie mit der alten Zwei-Achser-Garnitur, die den ET85-Verkehr mit einzelnen Leistungen ergänzt, auf die nächste Bergfahrt. Aufnahme: Dieter Hauss, Sammlung Wolfgang Löckel/Horst